数值逼近

杨 畅 史晓冉 编

科学出版社
北京

内 容 简 介

本书是根据理科数值逼近教学大纲要求及学科发展需要编写的，全书共 6 章，包括绪论、多项式插值、曲线曲面的拟合、正交多项式与函数逼近、数值积分、有理逼近介绍. 本书以浅显的方法讲解理论，并配以大量的图例进行说明，力求做到让数值逼近的理论知识变得通俗易懂.

本书可作为数学与应用数学专业和信息与计算科学专业本科生的教材，也可以作为工科各专业研究生和科研及工程技术人员的参考书.

图书在版编目(CIP)数据

数值逼近/杨畅，史晓冉编著. —北京：科学出版社，2017.11

ISBN 978-7-03-055045-3

Ⅰ. ①数…　Ⅱ. ①杨…　②史…　Ⅲ. ①数值逼近　Ⅳ. ①O174.41

中国版本图书馆 CIP 数据核字(2017) 第 265189 号

责任编辑：张中兴　梁　清／责任校对：张凤琴
责任印制：赵　博／封面设计：迷底书装

科学出版社 出版
北京东黄城根北街 16 号
邮政编码：100717
http://www.sciencep.com
北京天宇星印刷厂印刷
科学出版社发行　各地新华书店经销
*
2017 年 11 月第　一　版　开本：720 × 1000　B5
2024 年 11 月第五次印刷　印张：15
字数：302 000

定价：69.00 元
(如有印装质量问题，我社负责调换)

前　言

数值逼近是指各种逼近问题的数值分析. 该课程是计算数学学科的核心课程, 也是各学科数值计算的基础. 作者多年来担任哈尔滨工业大学数学系数值逼近课程的任课教师, 将所讲授内容与心得整理成书. 全书所述内容适合数学与应用数学专业和信息与计算科学专业高年级本科生学习, 也可以作为工科各专业研究生和科研人员及工程技术人员的参考材料.

数值逼近课程的首要目标是介绍有哪些逼近问题, 如函数逼近、数据逼近、积分逼近等问题. 其次, 数值逼近课程要介绍针对每种逼近问题有哪些逼近方法, 以及每种方法是如何构造的. 接下来, 也是数值逼近课程的重点, 是对每种逼近方法的逼近效果的分析. 最后, 通过大量的实例来检验数值逼近方法的优劣. 数值逼近课程的教学目标是具有独立的认识逼近问题本质的能力; 针对逼近问题能构造并分析逼近方法; 能用计算机实现逼近问题的数值逼近计算.

本书编写的内容正是呼应数值逼近课程的学习目标. 全书共 6 章, 第 1, 2, 4, 5 章由杨畅编写, 第 3, 6 章由史晓冉编写. 各章节的主要内容和特点如下.

- 第 1 章是绪论, 首先, 主要说明什么是数值逼近; 其次, 给出度量逼近程度的工具, 即误差; 最后, 介绍数值计算中避免和减小误差的若干原则.
- 第 2 章介绍多项式插值问题, 它可以针对已知函数, 也可以针对离散数据. 首先对一般的插值问题给出了多种等价的构造方法, 以及各方法的优劣比较; 接着给出了含有导数插值条件的 Hermite 插值方法; 然后介绍了 Runge 现象以及分段插值插值方法, 其中包括重要的样条插值方法; 最后介绍了几种常用的多元多项式插值方法.
- 第 3 章介绍曲线曲面的拟合方法. 通过控制点设计曲线曲面的形状, 其中数据点不需要被完全匹配而避免了插值的 Runge 现象. 首先介绍了 Bezier 曲线的定义、特殊的几何性质, 以及曲线的求值、分割、升阶及光滑拼接等算法. 并引入了有理 Bezier 曲线、张量积 Bezier 曲面的定义与性质. 接下来介绍 B 样条曲线, 既能保证一定的光滑性, 又克服了 Bezier 曲线控制点的全局控制性. 最后说明 B 样条曲线的求值分割、节点插入等算法, 并简单介绍了最常用的一般有理 B 样条 (NURBS) 方法.
- 第 4 章的目的是介绍函数逼近理论, 即在无穷范数或二范数意义下用多项式对连续函数或离散数据的逼近. 无穷范数意义下的逼近即为最佳一致逼近, 介绍的内容包括最佳一致逼近的存在性、特征、收敛速度、近似方法. 二范数意义下即为最佳平方逼近, 其中针对离散数据的最佳平方逼近又称为最小二乘法. 介绍的内容包括最佳平方逼近的存在唯一性、构造方法及其与最佳一致逼近多项式的比较. 值得说明的是, 由于函数逼近中使用了大量的正交多项式, 所以特别地将正交多项式单独作为一节来介绍.

- 第 5 章的目的是介绍数值积分的基础知识. 首先是插值型求积公式, 它在等距节点情形时就是 Newton-Cotes 求积公式. 接着由于高阶 Newton-Cotes 公式不稳定, 所以引出了复合求积公式. 为了进一步提高复合求积公式的效率, 于是通过外插值法引出了复合求积公式的加速方法, 即 Romberg 方法. 最后, 在非等距节点情形下, 介绍了能达到最高逼近精度的 Gauss 型求积公式及其变形形式.
- 第 6 章的目的是简单介绍非线性问题中常用的有理逼近方法. 对于多项式逼近问题, 求解参数是线性的, 有关计算简单且有很好的光滑性. 但由于多项式不能很好地逼近无界函数等问题, 进而引入有更好逼近效果的有理函数作为复杂函数的近似, 介绍了最佳一致有理逼近的定义、有理函数插值算法以及 Pade 逼近方法.

为了能更好地学习数值逼近课程, 建议读者的学习过程分为以下几个步骤. 首先应该充分掌握各种逼近方法的构造思想, 并能复述出逼近方法; 其次理解各种逼近方法的误差估计, 并应用误差估计去辨别逼近方法的优劣; 最后应用逼近方法练习每章节的习题, 并通过计算机验证数值结果.

本书用通俗简明的语言来描述数值逼近理论知识, 通过大量的算例和图示说明逼近方法的逼近效果. 每章的结尾配以一定数量的习题, 便于读者练习. 为了方便读者上机实践, 本书还给出了部分逼近方法的算法. 本书最后列出了书中提及或相关的参考文献, 供读者进一步的参考学习.

由于作者水平所限, 不妥之处在所难免, 敬请读者予以批评指正.

作　者

2017 年 6 月于哈尔滨工业大学

目　　录

第1章　绪　　论

1.1　数值分析简介

随着数学在工程中应用的不断发展, 许多的工程难题被抽象为各种数学模型. 要实际解决这些工程难题, 就必须找到其对应数学模型的解. 然而, 解决这些数学模型面临着以下困难:

(1) 某些数学问题在理论上没有解决的方法, 解决此类问题必须用数值计算方法求其近似值. 例如求多项式的根, 若多项式的次数大于或等于五次, 则无求根公式.

(2) 某些数学问题在理论上有解决方法, 但在实际中并不实用, 必须寻找新的行之有效的计算方法. 例如克拉默 (Cramer) 法则, 当线性方程组的系数矩阵非奇异时, 可以给出线性方程组的解. 但在实际计算中, 当线性方程组的规模大于 3 时, 应用克拉默法则求解线性方程组是不实用的. 因为克拉默法则中需要计算多个行列式, 而行列式的计算常常要消耗大量的计算资源. 因此克拉默法则的计算效率非常低.

(3) 某些数学问题即使在实践中有解决的方法, 仍然需要进行误差分析. 这里涉及数值稳定性, 会在 1.3 节中详细讲解.

由此可见, 数值求解数学问题显得十分重要, 而研究数值求解的方法和理论称为数值分析. 数值分析中所研究的内容众多, 主要分为三大类: 数值逼近, 即各种逼近问题的数值分析; 数值代数, 即代数问题的数值计算方法及其有关理论; 微分方程数值求解, 即常微分方程和偏微分方程的数值解法.

本书着重介绍数值逼近, 包括函数插值、样条理论、函数及离散数据在特定意义下的逼近及数值积分等. 这里提及的内容会在后续章节中逐一地讲解.

1.2　误差分析

1.2.1　误差的来源

在解决实际问题时, 如果想要系统地研究问题, 就必须将其抽象为数学模型. 例如, 在投射测试中, 希望知道投射物的飞行距离. 设投射物的实际飞行距离为 f_p. 又假设投射物的飞行轨迹可以由以下光滑曲线来逼近:

$$\begin{cases} x(t, d_i, i=1,2,\cdots), \\ y(t, d_i, i=1,2,\cdots), \end{cases}$$

其中 $d_i, i=1,2,\cdots$ 代表模型参数, 例如投射角度、风速等. 于是, 投射物的飞行距离可以表示为

$$f(d_i, i=1,2,\cdots) = \int_0^T \sqrt{x'(t, d_i, i=1,2,\cdots)^2 + y'(t, d_i, i=1,2,\cdots)^2}\mathrm{d}t.$$

因此, 由数学建模所产生的误差为 $e_m = |f_p - f(d_i, i=1,2,\cdots)|$. 注意到数学模型中的参数是通过测量得到的, 而在测量过程中可能产生参数的误差 $\delta d_i, i=1,2,\cdots$. 则由测量误差导致的误差为 $e_s = |f(d_i, i=1,2,\cdots) - f(d_i+\delta d_i, i=1,2,\cdots)|$. 接着数学模型的求解过程中需要用到数值计算方法, 得到的数值解为 $f_n(d_i+\delta d_i, i=1,2,\cdots)$, 而误差为 $e_n = |f(d_i+\delta d_i, i=1,2,\cdots) - f_n(d_i+\delta d_i, i=1,2,\cdots)|$. 最后, 在计算过程中, 计算机数位长度的限制, 也会对最终的计算结果产生影响. 记最终得到的计算结果为 $\hat{f}_n(d_i+\delta d_i, i=1,2,\cdots)$, 则相应的误差为 $e_a = |f_n(d_i+\delta d_i, i=1,2,\cdots) - \hat{f}_n(d_i+\delta d_i, i=1,2,\cdots)|$. 因此, 由计算所产生的误差为 $e_c = e_n + e_a$, 而全局误差为 $e = e_m + e_s + e_c$.

综上所述, 误差的来源分为以下四种情况.

(1) 模型误差, 即实际问题解与数学模型解之间的误差.

(2) 测量误差, 即测量具体数据时产生的误差.

(3) 截断误差 (也称方法误差), 即数学模型的准确解与数值计算方法的解之间的误差.

(4) 舍入误差, 即由计算机字长限制而产生的误差.

各误差之间的联系总结在图 1.1 中.

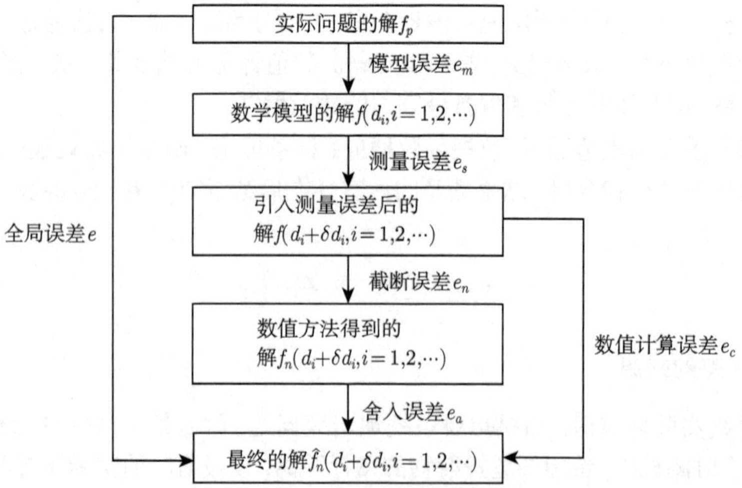

图 1.1 误差的来源

1.2.2 误差的度量

对于同一个数学问题, 采用不同的度量方法会得出不同的结果. 一般度量误差的标准有以下三种形式.

1. 绝对误差与绝对误差限

定义 1.2.1 设 x 为某个量的精确值, x^* 是它的一个近似值, 则称 $E(x^*) = |x-x^*|$ 为近似值 x^* 的绝对误差, 简称误差. 一般情况下, 精确值 x 是未知的, 因此 x^* 的绝对误差 $E(x^*)$ 也就求不出来. 但是如果能求出 x^* 误差一个范围 $E(x^*) = |x-x^*| \leqslant \delta(x^*)$, 则称 $\delta(x^*)$ 为近似值 x^* 的绝对误差限, 简称误差限.

例 1.2.1 设 $x = \pi = 3.1415926535\cdots$. 若取 x 的一个近似值 $x^* = 3.14159$, 则有

$$E(x^*) = |x-x^*| \leqslant 0.5 \times 10^{-5},$$

称 x^* 的误差限为 $\delta(x^*) = 0.5 \times 10^{-5}$.

一个近似数的误差限并不唯一, 通常取满足 $E(x^*) \leqslant 0.5 \times 10^n$($n$ 为整数) 的最小值.

2. 相对误差与相对误差限

绝对误差有时不能完全刻画一个近似数的精确程度. 例如测量一个书桌和一个体育场的面积, 误差都是 1cm^2. 显然后者的测量更精确. 因此, 决定某量的近似值的精度, 除了考虑绝对误差的大小, 还要考虑该量自身的大小.

定义 1.2.2 设 x 为某个量的精确值, x^* 是它的一个近似值, 则称 $E_r(x^*) = \dfrac{|x-x^*|}{|x|}$ 为近似值 x^* 的相对误差. 一般情况下, 精确值 x 是未知的, 因此在实际计算中常取$E_r(x^*) = \dfrac{|x-x^*|}{|x^*|}$ 作为 x^* 的相对误差. 若 $E_r(x^*)$ 小于某个已知正数 $\delta_r(x^*)$, 即 $E_r(x^*) = \dfrac{|x-x^*|}{x^*} \leqslant \delta_r(x^*)$, 则称 $\delta_r(x^*)$ 为近似值 x^* 的相对误差限.

例 1.2.2 取 x 和 x^* 同例 1.2.1, 则有

$$E_r(x^*) = \frac{|x-x^*|}{|x^*|} \leqslant 0.8 \times 10^{-6},$$

称 x^* 的相对误差限为 $\delta_r(x^*) = 0.8 \times 10^{-6}$.

3. 有效数字

当某量的精确值的位数较多时, 通常采用四舍五入的方法取 x 的前面若干位, 作为 x 的近似值.

定义 1.2.3　如果近似值 x^* 的误差不超过 x^* 最后一位数字的半个单位, 若该位数字到 x^* 的第一位非零数字共有 n 位, 那么这 n 位数字称为 x^* 的有效数字, 并称 x^* 具有 n 位有效数字. 如果用数学语言表示, 设

$$x^* = \pm 10^k \times 0.a_1 a_2 \cdots a_n \cdots,$$

其中 $a_i, (i = 1, 2, \cdots)$ 是 $0 \sim 9$ 的整数, 且 $a_1 \neq 0$, k 为整数. 如果

$$|x - x^*| \leqslant \frac{1}{2} \times 10^{k-n},$$

则称 x^* 为 x 的具有 n 位有效数字的近似值.

例 1.2.3　取 x 和 x^* 同例 1.2.1, 且有

$$E(x^*) \approx 0.000003 < 0.000005.$$

故 x^* 具有 6 位有效数字.

例 1.2.4　设 $z = \mathrm{e}^{-5} = 0.0067379\cdots$, 近似值为 $z^* = 0.00673$. 容易验证

$$E(z^*) \approx 0.000008 < 0.00005.$$

故 6, 7 是 z^* 的有效数字, 而 3 不是有效数字.

4. 三种度量间的关系

绝对误差、相对误差和有效数字都是用来度量近似数的误差的, 它们之间必然存在一定的联系. 实际上, 由相对误差的定义可知, 相对误差与绝对误差的关系是: $E_r(x^*) = E(x^*)/|x^*|$. 由有效数字的定义可知, 有效数字与绝对误差的关系如下: 若 $E(x^*) = |x - x^*| \leqslant \dfrac{1}{2} \times 10^{k-n}$, 则 x^* 具有 n 位有效数字. 而有效数字与相对误差的关系可由以下定理得到.

定理 1.2.1　设 x 的近似值为 x^*,

(1) 若 x^* 有 n 位有效数字, 则 $\dfrac{|x - x^*|}{|x^*|} \leqslant \dfrac{1}{2a_1} \times 10^{1-n}$;

(2) 若 $\dfrac{|x - x^*|}{|x^*|} \leqslant \dfrac{1}{2(a_1 + 1)} \times 10^{1-n}$, 则 x^* 至少具有 n 位有效数字.

证明　(1) 由 x^* 的定义有

$$a_1 \times 10^{k-1} \leqslant |x^*|.$$

故当 x^* 有 n 位有效数字时, 有

$$\frac{|x - x^*|}{|x^*|} \leqslant \frac{0.5 \times 10^{k-n}}{a_1 \times 10^{k-1}} = \frac{1}{2a_1} \times 10^{1-n}.$$

即命题 (1) 得证.

(2) 又由 x^* 的定义有

$$|x^*| \leqslant (a_1+1) \times 10^{k-1}.$$

根据命题 (2) 的条件有

$$\begin{aligned} |x-x^*| &\leqslant \frac{1}{2(a_1+1)} \times 10^{1-n}|x^*| \\ &\leqslant \frac{1}{2(a_1+1)} \times 10^{1-n} \times (a_1+1) \times 10^{k-1} \\ &\leqslant \frac{1}{2} \times 10^{k-n}. \end{aligned}$$

故 x^* 具有 n 位有效数字. 即命题 (2) 得证. □

1.2.3 先验估计和后验估计

数值方法的稳定性可以从不同角度来分析, 其中主要分为先验估计和后验估计两类.

先验估计就是度量计算所得结果 f_n 与真实结果 f 之间的误差. 先验估计又分为向前误差分析和向后误差分析两种.

(1) 向前误差分析: 即找到数值结果误差 $\delta f = |f_n - f|$ 的一个上界. 而这个误差可能是由初始数值的误差或者数值算法的截断误差造成的.

(2) 向后误差分析: 假设不考虑计算误差的前提下, 给出初始数据误差的估计. 即将计算结果表示为 $f_n = f(d_i + \delta f_i, i = 1, 2, \cdots)$, 再将 $|\delta d_i|, i = 1, 2, \cdots$ 的上界估计出来.

先验误差估计可以被用在数值方法稳定性的分析中, 也可以用在收敛性分析中.

与先验误差估计不同, 后验误差估计是基于数值方法已计算出来的数值结果, 来给出误差估计.

例 1.2.5 用分段梯形求积公式计算积分. 设定积分准确值为 I, 当区间被划分为 n 段时, 用分段梯形求积公式求得的结果为 I_n. 当区间被划分为 $2n$ 段时, 用分段梯形求积公式求得的结果为 I_{2n}. 则三个量之间有如下关系 (具体分析过程参见 5.5 节):

$$I - I_n \approx \frac{1}{1-(1/2)^4}(I_{2n} - I_n).$$

可见后验误差估计旨在将误差 $\delta f = f_n - f$ 表示为如下形式:

$$|\delta f| \leqslant C|f_n - f_{2n}|,$$

其中 C 为与 n 无关的常数.

后验误差分析在适应性方法中发挥着重要的作用. 实际上, 通过变化离散变量(例如空间步长), 后验误差分析可以使得误差不超过某个固定的上限. 这种应用适应性方式控制误差大小的方法称为适应性数值方法. 误差是否超过某个固定的上限可以看作一种收敛测试. 在实际计算中, 先选择一个数值较大的离散变量, 并计算相应的数值解. 若数值解通过了收敛测试, 则此数值解为所需要的解; 如若不然, 按照一定的方式缩小离散变量, 再重新计算数值解. 重复以上过程, 直到得到的数值解通过收敛测试为止.

1.3　避免和减小误差的若干原则

根据数值计算的经验发现, 舍入误差是不可避免的, 而精确的误差估计通常是不可能的. 所以在计算过程中要尽可能避免误差的危害, 防止有效数字的损失. 通过长期对误差产生原因的分析及误差传播规律的分析, 人们总结出了以下若干计算原则.

1. 避免两个相近数相减

例 1.3.1　设 $x = 1000$, 计算

$$y = \sqrt{x+1} - \sqrt{x}.$$

y 的准确值为 0.015807437428958. 假设在计算中取 4 位有效数字计算, 则 $\sqrt{x+1} \approx 31.64, \sqrt{x} \approx 31.62$, 故 $y \approx y^* = 0.02$. 此时, 结果只剩 1 位有效数字, 相对误差为 $E_r(y^*) = \dfrac{|y-y^*|}{|y^*|} = \dfrac{|0.015807437428958 - 0.02|}{0.02} = 20.96\%$. 可见相对误差超过了 20%, 严重影响了计算精度.

为了解释产生严重误差的原因, 下面给出相对误差的一个估计:

$$\begin{aligned} E_r(y^*) &= \frac{|(x_1 - x_2) - (x_1^* - x_2^*)|}{|x_1^* - x_2^*|} = \frac{|(x_1 - x_1^*) - (x_2 - x_2^*)|}{|x_1^* - x_2^*|} \\ &\leqslant \frac{|x_1 - x_1^*| + |x_2 - x_2^*|}{|x_1^* - x_2^*|} \leqslant \frac{\delta(x_1^*) + \delta(x_2^*)}{|x_1^* - x_2^*|} \leqslant \frac{\delta_r(x_1^*)|x_1^*| + \delta_r(x_2^*)|x_2^*|}{|x_1^* - x_2^*|}. \end{aligned}$$

容易发现, 当两个相近的数相减时, $|x_1^*|/|x_1^* - x_2^*| \gg 1, |x_2^*|/|x_1^* - x_2^*| \gg 1$. 可见两数相减后的相对误差被放大了大约 $|x_1^*|/|x_1^* - x_2^*|$ 倍.

对例 1.3.1 改进的算法如下:

$$y = \sqrt{x+1} - \sqrt{x} = \frac{1}{\sqrt{x+1} + \sqrt{x}}.$$

改进后的算法和原算法在数学上是等价的, 但计算的结果却不一样. 例如 $y^{**}=\dfrac{1}{x_1^*+x_2^*}\approx 0.01581$. 通过与准确值的对比, 发现 y^{**} 有 4 位有效数字. 对改进后算法的相对误差的分析有

$$\begin{aligned}E_r(y^{**})&=\frac{\left|\dfrac{1}{x_1^*+x_2^*}-\dfrac{1}{x_1+x_2}\right|}{\left|\dfrac{1}{x_1^*+x_2^*}\right|}=\left|1-\frac{x_1^*+x_2^*}{x_1+x_2}\right|=\frac{|(x_1-x_1^*)+(x_2-x_2^*)|}{|x_1+x_2|}\\&\leqslant\frac{|x_1-x_1^*|+|x_2-x_2^*|}{|x_1+x_2|}\leqslant\frac{\delta(x_1^*)+\delta(x_2^*)}{|x_1+x_2|}\leqslant\frac{\delta_r(x_1^*)|x_1^*|+\delta_r(x_2^*)|x_2^*|}{|x_1+x_2|}.\end{aligned}$$

可见, 改进后算法不会放大相对误差.

2. 避免用绝对值过小的数作除数

例 1.3.2 计算

$$z=\frac{x}{y}.$$

设 $x=2.7182, y=0.001$, 则准确解为 2718.2. 若分母变为 $y^*=0.0011$, 分子不变, 即 $x^*=x$. 则

$$z^*=\frac{x^*}{y^*}=\frac{2.7182}{0.0011}\approx 2471.1.$$

绝对误差为 $E(z^*)=247.1$, 相对误差为 $E_r(z^*)=10\%$. 可见误差变化巨大.

对例 1.3.2 进行绝对误差分析有

$$\begin{aligned}E(z^*)&=\left|\frac{x^*}{y^*}-\frac{x}{y}\right|=\frac{1}{|y|}\left|x-\frac{x^*y}{y^*}\right|=\frac{1}{|y|}\left|x-x^*+x^*-\frac{x^*y}{y^*}\right|\\&\leqslant\frac{1}{|y|}\left(\delta(x^*)+|x^*|\frac{\delta(y^*)}{|y^*|}\right).\end{aligned}$$

进而有相对误差估计为

$$E_r(z^*)\leqslant\frac{|y^*|}{|y|}(\delta_r(x^*)+\delta_r(y^*)).$$

从以上估计可以看到, 除数很小, 造成了绝对误差被放大. 从相对误差的角度也不难看出, 分母 y^* 的相对误差变化很大, 造成了 $\dfrac{x^*}{y^*}$ 的相对误差变大.

3. 要防止大数"吃掉"小数

大数"吃掉"小数是由计算机数位限制造成的. 例如计算机中最广泛使用的浮点数运算标准是 IEEE754—1985(IEEE Standard for Floating-Point Arithmetic). 其中双精度浮点数定义方式如下:

$$x=s\cdot f\cdot 2^e,$$

其中

- s 表示符号 (sign)：0 代表正数, 1 代表负数.
- f 表示分数 (fraction)：

$$f = 2^{-1} + f_2 2^{-2} + \cdots + f_{53} 2^{-53}, \quad f_i \in \{0,1\}, \quad i \in \{2, \cdots, 53\}.$$

- e 表示指数 (exponent)：

$$e = e_0 2^0 + e_1 2^1 + \cdots + e_{10} 2^{10} - 1022, \quad e_i \in \{0,1\}, \quad i \in \{0, \cdots, 10\}.$$

IEEE754—1985 标准中规定 e 的取值范围是 $e \in [-1022, 1025]$, 其中 $e = -1022$ 时表示 0, $e = 1025$ 时表示无穷大. 双精度浮点数的存储方式如图 1.2 所示.

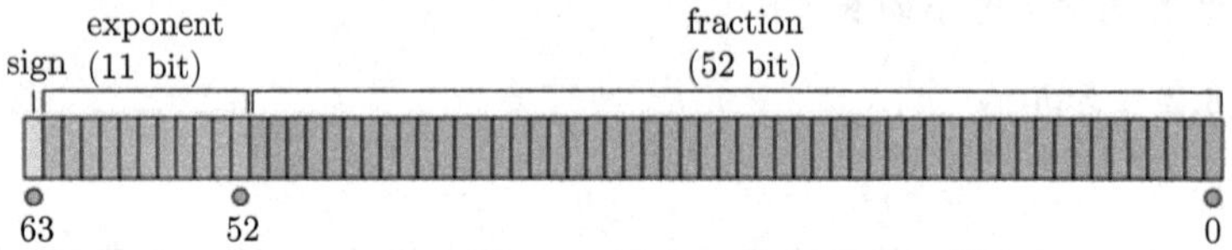

图 1.2　IEEE754—1985 标准中 64bits 存储格式

记由上述方式定义的集合为 $\mathbb{F}$, 则集合 $\mathbb{F}$ 包含有限个数字, 其中最大值为

$$x_{\max} = (2^{-1} + 2^{-2} + \cdots + 2^{-53}) \times 2^{1024} \approx 1.79769 \times 10^{308},$$

最小的正数为

$$x_{\text{posmin}} = 2^{-1} \times 2^{-1021} \approx 2.22507 \times 10^{-308}.$$

设 x 满足 $x_{\text{posmin}} < |x| < x_{\max}$, 则舍入方式为

$$rd(x) = \text{sign}(x) \begin{cases} (0.1f_2 \cdots f_{53})_2 \cdot 2^e, & f_{54} = 0, \\ ((0.1f_2 \cdots f_{53})_2 + 2^{-53}) \cdot 2^e, & f_{54} = 1. \end{cases}$$

当两个数做加法运算时, 首先要对齐指数位, 然后再进行分数位的加法. 根据这个规则, 计算 $1+10^{-16}$ 时, 对齐指数位有 $1 = (0.1)_2 \times 2^1, 10^{-16} = (2^{-55} + \cdots) \times 2^1$, 再做分数相加有 $1+10^{-16} = ((0.1)_2 + 2^{-55} + \cdots) \times 2^1$. 经过舍入后得到 $rd(1+10^{-16}) = 1$, 即舍入算法使大数“吃掉”了小数. 如果仅仅是计算 $1+10^{-16}$ 则影响不大. 但从下面的例子中, 可见大数“吃掉”小数会对最终的结果产生巨大的误差.

例 1.3.3　求解一元二次方程 $x^2 - (1+10^{-16})x + 10^{-16} = 0$ 的根. 易知方程的两个实根为 $x_1 = 1, x_2 = 10^{-16}$. 若用求根公式计算有

$$x_{1,2} = \frac{1 + 10^{-16} \pm \sqrt{(1+10^{-16})^2 - 4 \times 10^{-16}}}{2}.$$

由于 $rd(1+10^{-16})=1$, $rd(\sqrt{(1+10^{-16})^2-4\times10^{-16}})=1$, 从而得到 $x_1=1$, $x_2=0$. 显然 x_2 的结果是错误的. 要防止出现这样的错误, 应将计算 x_2 的公式改为

$$x_2=\frac{10^{-16}}{x_1}=10^{-16}.$$

从而得到正确的结果.

4. 简化计算步骤, 减少重复运算

例 1.3.4 用乘法计算 x^{255}, 有以下两种方法.

解 方法一 直接计算;

方法二 将原式改写为

$$x^{255}=x\cdot x^2\cdot x^4\cdot x^8\cdot x^{16}\cdot x^{32}\cdot x^{64}\cdot x^{128}.$$

首先, 分析两种方法的舍入误差. 假设乘法的舍入误差可以表示为如下形式:

$$rd(ab)=ab(1+\delta).$$

对以上两种方法分别做舍入误差分析有

$$rd(x^{255})=x^{255}\prod_{i=1}^{254}(1+\delta_i),$$

$$rd(x\cdot x^2\cdot x^4\cdot x^8\cdot x^{16}\cdot x^{32}\cdot x^{64}\cdot x^{128})=x^{255}\prod_{i=1}^{254}(1+\tilde{\delta}_i).$$

可以看到, 两种方法的舍入误差具有相似的形式. 若取 $x=\sqrt{2}$, 两种方法的相对误差分别为 1.74×10^{-14} 和 2.84×10^{-14}. 可见两种方法的相对误差在同一数量级.

其次, 从计算成本的角度考虑. 方法一共需要 254 次乘法运算. 而在方法二中除 x 外, 每个因子计算需要 1 次乘法运算, 共 7 次乘法运算, 接着连乘计算 7 次, 总共 14 次乘法运算. 所以方法二相对于方法一大大减少了计算成本.

从例 1.3.4 可以看出, 尽管两种方法在舍入误差上没有太大区别, 但是方法二在计算成本上有着巨大的优势. 所以, 在计算中应该尽量化简计算步骤, 以达到最小的计算成本的目的.

这里还要特别介绍多项式计算中非常重要的一种方法: Horner 方法, 也称为嵌套乘法. 考虑一个标准的多项式

$$a_0+a_1x+a_2x^2+a_3x^3+a_4x^4,$$

将其写成以下嵌套形式

$$a_0+x(a_1+x(a_2+x(a_3+xa_4))).$$

不难验证用标准形式计算多项式时需要 10 次乘法运算和 4 次加法运算, 而用嵌套形式时只要 4 次乘法运算和 4 次加法运算. 显然嵌套形式计算效率要远高于标准形式.

5. 使用数值稳定的算法

对数值方法稳定性的分析也被称为敏感性分析, 即研究计算问题的输入原始数据的误差对输出解的影响. 若输出解的误差无法被控制, 则称方法是病态的, 反之是良态的.

例 1.3.5　设 $I_n = \int_0^1 \frac{x^n}{x+5}\mathrm{d}x$, 求定积分 I_{20}.

解　因为

$$I_n + 5I_{n-1} = \int_0^1 \frac{x^n + 5x^{n-1}}{x+5}\mathrm{d}x = \int_0^1 x^{n-1}\mathrm{d}x = \left.\frac{1}{n}x^n\right|_0^1 = \frac{1}{n}.$$

故有递推公式: $I_n = \frac{1}{n} - 5I_{n-1}$, 并且 $I_0 = \frac{1}{x+5}\mathrm{d}x = \ln(x+5)|_0^1 = \ln\frac{6}{5}$. 于是得到计算 I_n 的递推方法

$$(\mathrm{A})\begin{cases} I_n = \dfrac{1}{n} - 5I_{n-1}, \\ I_0 = \ln\dfrac{6}{5}. \end{cases}$$ □

在例 1.3.5 中, 如果计算的每一步都是准确的, 则经过 20 次迭代便可得到 I_{20} 的准确值 0.007999520844283. 然而, 通过数值计算可以看到, 这个算法是不稳定的 (表 1.1). 在迭代过程中出现正负振荡的结果, 并且远离准确值.

表 1.1　方法 A 的数值迭代结果

n	I_n	n	I_n
1	0.18232	11	9.17278e+005
2	−0.41160	12	−4.58639e+6
3	2.39137	13	2.29319e+7
4	−11.70686	14	−1.14659e+8
5	58.73430	15	5.73299e+8
6	−2.93504e+2	16	−2.86649e+9
7	1.46766e+3	17	1.43324e+10
8	−7.33821e+3	18	−7.16623e+10
9	3.66911e+4	19	3.58311e+11
10	−1.83455e+5	20	−1.79155e+12

下面分析算法不稳定的原因. 为了使说明变得简单, 这里只考虑初始值 I_0 的计算中存在舍入误差, 而迭代过程的计算是准确的. 设初始值 I_0 和它的近似值 I_0^*

之间有如下关系：

$$I_0^* = I_0 + \delta,$$

其中 δ 为舍入误差. 经过一次迭代后有

$$I_1^* = I_1 - 5\delta.$$

经过二次迭代后有

$$I_2^* = I_2 + 25\delta.$$

依此类推, 经过 20 次迭代后有

$$I_{20}^* = I_{20} + (-5)^{20}\delta.$$

可以看到, 最初非常微小的舍入误差 δ, 在每次迭代过程中被放大 5 倍, 最终使计算结果偏离准确值. 即方法 A 不是一种数值稳定的算法.

方法 A 是从 I_0 到 I_{20} 的递推, 类似地也可以做从 I_{40} 到 I_{20} 的递推. 若能计算出 I_{40} 的近似值, 则有下面的递推关系：

$$\text{(B)}\begin{cases} I_{n-1} = \dfrac{1}{5n} - \dfrac{1}{5}I_n, \\ I_{40}. \end{cases}$$

类似地可以分析方法 B 的稳定性. 设初始值 I_{40} 和它的近似值 I_{40}^* 之间有如下关系：

$$I_{40}^* = I_{40} + \delta,$$

则经过 20 次迭代后有

$$I_{20}^* = I_{20} + \left(-\frac{1}{5}\right)^{20}\delta.$$

可以看到最终的误差不但没有变大, 反而比初始误差小了许多. 因此, 方法 B 是一个稳定的方法. 最后的问题是如何计算出 I_{40} 的一个较为精确的近似值. 根据积分 I_n 的性质以及迭代关系式, 可以得到如下的估计：

$$\frac{1}{6n} < I_{n-1} < \frac{1}{5n} \quad (n > 1).$$

因此可以取$I_{40}^* = \dfrac{1}{2}\left(\dfrac{1}{6\times 41} + \dfrac{1}{5\times 41}\right)$ 作为 I_{40} 的近似值. 通过数值计算 (表 1.2), 同样验证了方法 B 是稳定的算法.

表 1.2 方法 B 的数值迭代结果

n	I_n	n	I_n
39	4.10569e-3	29	5.58574e-3
38	4.30706e-3	28	5.77940e-3
37	4.40174e-3	27	5.98697e-3
36	4.52505e-3	26	6.21001e-3
35	4.65054e-3	25	6.45030e-3
34	4.78417e-3	24	6.70993e-3
33	4.92551e-3	23	6.99134e-3
32	5.07550e-3	22	7.29738e-3
31	5.23489e-3	21	7.63143e-3
30	5.40463e-3	20	7.99752e-3

习 题 1

1. 对于下列计算公式, 如何避免有效数字消失.

(a) $(\sqrt{1+x^2}-\sqrt{1-x^2})^{-1}$, x 在 0 附近;

(b) $x-\sin x$, x 在 0 附近;

(c) $\dfrac{1-\sec x}{\tan^2 x}$ 在 0 附近;

(d) $\dfrac{1-(1-x)^3}{x}$ 在 0 附近;

(e) $\dfrac{1}{1+x}-\dfrac{1}{1-x}$ 在 0 附近.

2. 已知近似值 $x^*=2.4560$ 是由真值 x 经舍入得到的, 则相对误差限为多少?

3. 设 x^* 的相对误差为 2%, 求 $(x^*)^n$ 的相对误差.

4. 设 $x_1=1.216$, $x_2=3.654$ 均具有三位有效数字, 则 x_1x_2 的相对误差限为多少?

5. 求方程 $x^2+3x-8^{-14}=0$ 的根, 计算过程中保留三位有效数字.

6. 用下面公式计算三角形面积

$$A(T)=\sqrt{s(s-a)(s-b)(s-c)},$$

其中 s 是三角形周长的一半, a,b,c 分别为三角形三条边的长度. 说明若三角形为强钝角三角形时 $(a\approx b+c)$, 此三角形面积公式会丢失计算精度.

7. 根据 IEEE754—1985 标准计算以下式子.

(a) $(1+(2^{-51}+2^{-53}))-1$;

(b) $(1+(2^{-51}+2^{-52}+2^{-53}))-1$;

(c) $(1+(2^{-51}+2^{-52}+2^{-54}))-1$;

(d) $(1+(2^{-51}+2^{-52}+2^{-60}))-1$.

8. 用 Horner 方法计算下列多项式在 $x=-\dfrac{1}{2}$ 的值.

(a) $P(x)=6x^3-2x^2-3x+7$;

(b) $P(x) = 8x^5 - x^4 - 3x^3 + x^2 - 3x + 1$;

(c) $P(x) = 4x^6 - 2x^4 - 2x + 4$.

9. 尽量化简下列多项式的计算量. 分别需要多少次乘法运算和多少次加法运算?

(a) $P(x) = a_0 + a_5x^5 + a_{10}x^{10} + a_{15}x^{15}$;

(b) $P(x) = a_7x^7 + a_{12}x^{12} + a_{17}x^{17} + a_{22}x^{22} + a_{27}x^{27}$.

10. 计算 $f = (\sqrt{2}-1)^6$, 取 $\sqrt{2} = 1.4$, 直接计算 f 和利用以下式计算:

$$\frac{1}{(\sqrt{2}+1)^6}, \quad (3-2\sqrt{2})^3, \quad \frac{1}{(3+2\sqrt{2})^3}, \quad 99-70\sqrt{2}.$$

哪个误差最小?

11. 求积分

$$I_n = \mathrm{e}^{-1}\int_0^1 x^n\mathrm{e}^x\mathrm{d}x.$$

(a) 推导出递推公式 $I_n = 1 - nI_{n-1}$;

(b) 用 $I_0 = 1 - \mathrm{e}^{-1} = 0.6321205$ 作为初始值求 I_{13}, 并证明此算法不稳定;

(c) 证明

$$\frac{1}{n+1} < I_{n-1} < \frac{1}{n};$$

(d) 用 $I_{26} \approx \frac{1}{2}\left(\frac{1}{27}+\frac{1}{28}\right)$ 作为初始值求 I_{13}, 并证明算法是稳定的.

12. 用以下两种方法计算 π 的近似值

$$\pi = 4\left(1 - \frac{1}{3} + \frac{1}{5} - \frac{1}{7} + \frac{1}{9} - \cdots\right);$$

$$\pi = 6\left(0.5 + \frac{(0.5)^3}{2\cdot 3} + \frac{3(0.5)^5}{2\cdot 4\cdot 5} + \frac{3\cdot 5(0.5)^7}{2\cdot 4\cdot 6\cdot 7} + \cdots\right).$$

哪种方法的舍入误差更小?

13. 指数函数 e^x 在 $x = 0$ 处的 Taylor 展开是

$$\mathrm{e}^x = \sum_{n=0}^{\infty}\frac{x^n}{n!}, \quad x \in \mathbb{R}.$$

将 Taylor 展开截断到前 N 项就可以作为 e^x 的一个近似.

(a) 取 $N = 20$, 用 $\sum_{n=0}^{N}\frac{x^n}{n!}$ 分别计算 e^{10} 和 e^{-10} 的近似值, 并判断近似值的好坏;

(b) 若近似值不理想, 说明产生误差的原因, 并提出改进方法.

14. 考虑以下迭代公式

$$u_{n+1} = 111 - \frac{1130 - \dfrac{3000}{u_{n-1}}}{u_n}.$$

(a) 计算迭代公式的收敛点;

(b) 说明每个收敛点的稳定性质.

第2章 多项式插值

2.1 引　　言

插值理论是数值逼近研究中最为基础的一项内容. 插值的目的可以总结为以下几项.

(1) 数据是由函数表的形式 (如表格、图片等) 给出的, 函数插值的目的是用更精练的函数去描述离散数据.

(2) 函数有解析式, 但是过于复杂, 不利于计算, 所以用形式简单的函数代替原函数.

简而言之, 插值函数的目的是构造既能反映函数本身的特性, 又便于计算的简单函数, 近似代替原函数. 而在所有函数中, 多项式函数是形式最简单且便于计算的. 因此, 在本章中将主要讨论多项式插值理论和构造方法.

本章首先在 2.2 节将证明插值多项式的存在唯一性. 证明的方式实际上就是待定系数法, 它的实质是求解线性方程组, 而其中的矩阵为 Vandermonde 矩阵 (病态矩阵), 所以待定系数法并不是最优方式.

接下来在 2.3 节到 2.5 节介绍三种插值多项式的构造方法, 分别是 Lagrange 插值方法、Neville 插值方法、Newton 插值方法. 这三种方法都不需要求解线性方程组, 都是用显式方法得到的. 值得注意的是三种方法得到的插值多项式实际上是等价的, 但各有优点. Lagrange 插值方法是由基函数方式构造的, 最容易被推广到高维情形; Neville 插值方法是由递归方式构造的, 适合单个插值点上的插值; Newton 插值方法是逐次增加插值节点得到的, 因此适合需要增减插值节点的情况. 特别地, 在 2.6 节中将考虑等距节点时的情况, 此时 Newton 插值方法可进一步化简, 因此可以节省计算量.

Hermite 插值是另一类插值方法, 它不仅要求插值多项式满足插值条件, 还要求满足导数插值条件. 在 2.7 节中将介绍 Hermite 插值多项式的基于基函数的构造方法和基于 Newton 插值的构造方法.

越高次插值多项式并不意味着插值效果越好. 实际上数学家 Runge 发现, 对于函数 $f(x)=\dfrac{1}{1+x^2}, x\in[-5,5]$, 随着插值多项式的次数升高就会在插值区间端点附近产生剧烈的数值振荡现象, 即 Runge 现象. 为了避免 Runge 现象就应该尽量避免使用高次插值多项式, 而应该使用分段插值多项式, 即将插值区间划分为许多子区间, 然后在每个子区间上应用低次插值多项式. 这样得到的分段插值多项式一致收敛到被插值函数. 在 2.8 节和 2.9 节中将分别介绍分段线性插值多项式、分段 3 次 Hermite 插值多项式、3 次样条插值多项式. 对于 3 次样条插值多项式, 又分别介绍了三弯矩构造方法和 B 样条构造方法.

最后, 在 2.10 节中将介绍在矩形区域上的多元多项式插值的几个基本方法, 包括一个方向接着一个方向的插值方法、张量积方法、Newton 插值方法. 这些方法都是一元插值方法在二维平面上的自然推广. 对于更一般区域上的多元多项式插值, 请参考数值分析基础 (关治等, 1998) 第八章.

2.2 插值问题

在具体讨论多项式插值之前, 需要先给出多项式插值问题的定义, 以及插值多项式的存在唯一性.

定义 2.2.1 设 $y=f(x)$ 是定义在区间 $[a,b]$ 内的函数, 已知 $f(x)$ 在 $[a,b]$ 内 $n+1$ 个互异点 $a\leqslant x_0<x_1<\cdots<x_n\leqslant b$ 处的函数值为: $y_i=f(x_i), i=0,\cdots,n$. 记次数不超过 n 的多项式集合为 $\mathcal{P}_n$. 若 $p_n\in\mathcal{P}_n$,

$$p_n(x)=a_0+a_1x+\cdots+a_nx^n \tag{2.1}$$

且满足条件

$$p_n(x_i)=y_i,\quad i=0,\cdots,n, \tag{2.2}$$

则称 $p_n\in\mathcal{P}_n$ 为函数 f 在区间 $[a,b]$ 内通过点列 $\{x_i,y_i\}, i=0,\cdots,n$ 的插值多项式, 其中 $[a,b]$ 称为插值区间, $\{x_i\}, i=0,\cdots,n$ 称为插值节点, f 称为被插值函数, (2.2) 式称为插值条件, $f-p_n$ 称为插值余项, 即误差.

下面定理说明, 由定义 2.2.1 确定的插值多项式的存在唯一性.

定理 2.2.1 给定互异的 $n+1$ 个节点 $x_0,x_1,\cdots,x_n$ 及其对应的函数值 $y_0, y_1,\cdots,y_n$, 则存在唯一次数不超过 n 的多项式 $p_n\in\mathcal{P}_n$, 使得 $p_n(x_i)=y_i, i=0,\cdots,n$.

证明 由 n 次多项式的 p_n 的定义 (2.1) 和插值条件 (2.2), 可以得到 $n+1$ 个方程. 将 $n+1$ 个方程写成矩阵形式为

$$\begin{pmatrix}1 & x_0 & \cdots & x_0^n\\ 1 & x_1 & \cdots & x_1^n\\ \vdots & \vdots & & \vdots\\ 1 & x_n & \cdots & x_n^n\end{pmatrix}\begin{pmatrix}a_0\\ a_1\\ \vdots\\ a_n\end{pmatrix}=\begin{pmatrix}y_0\\ y_1\\ \vdots\\ y_n\end{pmatrix}. \tag{2.3}$$

上式中的矩阵是 $n+1$ 阶的 Vandermond 矩阵, 它的行列式等于

$$\prod_{0 \leqslant i<j \leqslant n}(x_j-x_i).$$

由于插值点 $x_i, i=0,\cdots,n$ 互异, 所以 Vandermond 行列式不等于零. 故多项式系数 $a_0,a_1,\cdots,a_n$ 存在且唯一. □

定理 2.2.1 的证明过程给出了一种求解插值多项式的方法, 即通过求解线性方程组 (2.3) 得到插值多项式的系数 $a_0,a_1,\cdots,a_n$, 这种方法也被称为待定系数法. 然而待定系数法在实践中并不实用：一方面, 求解线性方程组的计算量大; 另一方面, 随着 n 的增大, Vandermonde 矩阵是病态矩阵, 所以由待定系数法得到的插值多项式并不可靠.

接下来的定理将说明插值多项式对被插值函数的逼近程序的好坏.

定理 2.2.2　设 $x_0,x_1,\cdots,x_n$ 是 $[a,b]$ 内 $n+1$ 个互不相同的插值节点, 且 $x\in[a,b]$. 又设 $f\in C^{n+1}([a,b])$. 则插值多项式 $p_n\in\mathcal{P}_n$ 在 x 点处的插值余项为

$$R_n(x)=f(x)-p_n(x)=\frac{f^{(n+1)}(\xi_x)}{(n+1)!}\pi_{n+1}(x), \tag{2.4}$$

其中 $\xi_x\in(a,b)$, $\pi_{n+1}(x)$ 是 $n+1$ 次节点多项式, 即

$$\pi_{n+1}(x)=\prod_{i=0}^{n}(x-x_i).$$

证明　构造如下辅助函数

$$\phi(t)=f(t)-p_n(t)-\frac{f(x)-p_n(x)}{\pi_{n+1}(x)}\pi_{n+1}(t),\quad t\in[a,b]. \tag{2.5}$$

容易验证辅助函数 $\phi(t)$ 有 $n+2$ 个零点, 分别是 $x,x_0,x_1,\cdots,x_n$. 应用 Rolle 定理, 可以证明存在 $\xi_x\in(a,b)$, 使得

$$\phi^{(n+1)}(\xi_x)=0.$$

ξ_x 的下脚标说明 ξ_x 的值与 x 的选取有关. 最后代入 $\phi(t)$ 的表达式 (2.5), 即得证定理结论. □

2.3　Lagrange 插值方法

Lagrange 插值多项式是通过构造方式得到插值多项式. 虽然这种插值方法取名于法国数学家 Lagrange 于 1795 年发表的论文, 但其实早在 1779 年英国数学家 Waring 就已经发现了这种插值方法, 之后在 1783 年瑞士数学家 Euler 同样也发现

了相似的结果. 如前文所述, Lagrange 插值方法避免了待定系数法的两个主要缺点, 是实践中广泛使用的插值方法之一.

为了引出 Lagrange 插值多项式, 将首先考虑线性插值问题, 即构造线性插值多项式. 设有两个节点 x_0, x_1 及其对应的函数值 y_0, y_1, 则关于这两个点的线性插值多项式实际上是能过这两个点的直线. 由直线的两点式容易推导出线性插值多项式为

$$L_1(x) = \frac{x - x_1}{x_0 - x_1} y_0 + \frac{x - x_0}{x_1 - x_0} y_1.$$

记

$$l_{0,1}(x) = \frac{x - x_1}{x_0 - x_1}, \quad l_{1,1}(x) = \frac{x - x_0}{x_1 - x_0},$$

则线性插值多项式可以表示为

$$L_1(x) = l_{0,1}(x) y_0 + l_{1,1}(x) y_1. \tag{2.6}$$

注意到 $l_{0,1}(x)$ 和 $l_{1,1}(x)$ 有如下性质:

$$\begin{cases} l_{0,1}(x_0) = 1, \\ l_{0,1}(x_1) = 0, \end{cases} \qquad \begin{cases} l_{1,1}(x_0) = 0, \\ l_{1,1}(x_1) = 1. \end{cases}$$

由此容易验证

$$L_1(x_0) = 1 \times y_0 + 0 \times y_1 = y_0,$$
$$L_1(x_1) = 0 \times y_0 + 1 \times y_1 = y_1.$$

因此, L_1 是通过 (x_0, y_0) 和 (x_1, y_1) 的唯一的线性插值多项式. 形如 (2.6) 式的线性插值多项式就是一次 Lagrange 插值多项式.

例 2.3.1 求线性 Lagrange 插值多项式, 使其通过点 $(2, 4)$ 和 $(5, 1)$.

解 分别求一次多项式 $l_{0,1}(x)$ 和 $l_{1,1}(x)$

$$l_{0,1}(x) = \frac{x - 5}{2 - 5} = -\frac{1}{3}(x - 5),$$
$$l_{1,1}(x) = \frac{x - 2}{5 - 2} = \frac{1}{3}(x - 2).$$

根据 (2.6) 式得到下面的一次 Lagrange 插值多项式

$$L_1(x) = -\frac{1}{3}(x - 5) \times 4 + \frac{1}{3}(x - 2) \times 1 = -x + 6. \qquad \square$$

通过观察 (2.6) 式发现, 一次 Lagrange 插值多项式可以表示为一次多项式 $l_{i,1}, i \in \{0, 1\}$ 和节点数值 $y_i, i \in \{0, 1\}$ 的线性组合. 依此类推, 高次 Lagrange 插值多项式也应该可以写成线性组合的形式.

定理 2.3.1　设 $x_0, x_1, \cdots, x_n$ 是 $n+1$ 个互异节点, 函数 $f(x)$ 在插值节点上的函数值已知. 那么存在唯一次数不超过 n 的 Lagrange 插值多项式 $L_n(x) \in \mathcal{P}_n$, 满足插值条件

$$L_n(x_k) = f(x_k), \quad k = 0, 1, \cdots, n. \tag{2.7}$$

多项式 $L_n(x)$ 形如

$$L_n(x) = \sum_{k=0}^{n} l_{k,n}(x) f(x_k), \tag{2.8}$$

其中 $l_{k,n}(x)$ 被称为 n 次 Lagrange 插值基函数, 也被称为特征多项式, 具有如下形式:

$$l_{k,n}(x) = \prod_{\substack{i=0 \\ i \neq k}}^{n} \frac{(x - x_i)}{(x_k - x_i)}, \quad k = 0, 1, \cdots, n. \tag{2.9}$$

证明　设次数不超过 n 的 Lagrange 插值多项式可以表示为线性组合的形式 (2.8), 所以要确定 L_n 就只需要确定 $l_{k,n}, k = 0, 1, \cdots, n$. 由定理 2.2.1 可知, L_n 是 n 次插值多项式的必要条件是 L_n 必须满足插值条件 (2.7). 容易发现函数 $l_{k,n}$ 满足以下性质:

$$l_{k,n}(x_i) = \begin{cases} 1, & i = k, \\ 0, & i \neq k, \end{cases} \qquad i, k = 0, 1, \cdots, n.$$

注意到当 $i \neq k$ 时, $l_{k,n}(x_i) = 0$, 说明 $l_{k,n}(x)$ 一定含有因子 $\prod\limits_{\substack{i=0 \\ i \neq k}}^{n} (x - x_i)$. 而且 $\prod\limits_{\substack{i=0 \\ i \neq k}}^{n} (x - x_i)$ 是 n 次多项式, 所以 $l_{k,n}(x)$ 只与 $\prod\limits_{\substack{i=0 \\ i \neq k}}^{n} (x - x_i)$ 相差一个常数倍数. 即

$$l_{k,n}(x) = c \prod_{\substack{i=0 \\ i \neq k}}^{n} (x - x_i).$$

最后由 $l_{k,n}(x_k) = 1$ 推导出常数倍数 $c = \prod\limits_{\substack{i=0 \\ i \neq k}}^{n} \dfrac{1}{(x_k - x_i)}$, 即得证结论.　□

注　Lagrange 插值方式特别适用于插值节点 $x_i, i = 0, 1, \cdots, n$ 及插值点 x 固定, 只有函数值 $y_i, i = 0, 1, \cdots, n$ 变化的情况. 因为 $n+1$ 个 Lagrange 插值基函数的计算复杂度是 $\mathcal{O}(n^2)$, 而线性组合的计算复杂度是 $\mathcal{O}(n)$. 若需要多次计算函数值发生变化的情况, 则可以存储下 $n+1$ 个 Lagrange 插值基函数, 于是计算 Lagrange 插值的计算复杂度就下降为 $\mathcal{O}(n)$.

记 $\pi_{n+1}(x)=\prod_{i=0}^{n}(x-x_i)$, 则 n 次 Lagrange 插值多项式可以表示为如下形式:

$$l_{k,n}(x)=\frac{\pi_{n+1}(x)}{(x-x_k)\pi'_{n+1}(x_k)},\quad k=0,\cdots,n.$$

算法 2.1 Lagrange 插值算法

已知插值节点 $x_i, i=0,\cdots,n$ 及其对应的函数值 $f(x_i), i=0,\cdots,n$, 又设 x_p 为插值点
令 $L_n=0$
for $i=0,\cdots,n$ **do**
  $l_{i,n}=1$
  for $k=0,\cdots,n$ **do**
    if $k\neq i$ **then**
      $l_{i,n}=l_{i,n}\cdot\dfrac{x_p-x_k}{x_i-x_k}$
    end if
  end for
  $L_n=L_n+l_{i,n}f(x_i)$
end for

例 2.3.2 考虑三个节点 $x_0=2$, $x_1=2.75$, $x_2=4$, 找到二次 Lagrange 插值多项式去逼近 $f(x)=1/x$. 再用找到的插值多项式去近似 $f(3)$.

解 三个二次 Lagrange 插值基函数为

$$\begin{aligned}
l_{0,2}(x)&=\frac{(x-x_1)(x-x_2)}{(x_0-x_1)(x_0-x_2)}=\frac{2}{3}(x-2.75)(x-4),\\
l_{1,2}(x)&=\frac{(x-x_0)(x-x_2)}{(x_1-x_0)(x_1-x_2)}=-\frac{16}{15}(x-2)(x-4),\\
l_{2,2}(x)&=\frac{(x-x_0)(x-x_1)}{(x_2-x_0)(x_2-x_1)}=\frac{2}{5}(x-2)(x-2.75).
\end{aligned}$$

另一方面, $f(x_0)=f(2)=\frac{1}{2}$, $f(x_1)=f(2.75)=\frac{4}{11}$, $f(x_2)=f(4)=\frac{1}{4}$. 因此二次 Lagrange 插值多项式为

$$L_2(x)=\sum_{k=0}^{2}f(x_k)l_{k,2}(x)$$

$$=\frac{1}{3}(x-2.75)(x-4)-\frac{64}{165}(x-2)(x-4)+\frac{1}{10}(x-2)(x-2.75)$$
$$=\frac{1}{22}x^2-\frac{35}{88}x+\frac{49}{44}.$$

对 $f(3)$ 的近似结果为

$$f(3)\approx L_2(3)=\frac{9}{22}-\frac{105}{88}+\frac{49}{44}=\frac{29}{88}\approx 0.32955.$$ □

注意到次数不超过 n 的插值多项式是唯一的, 所以由待定系数法得到的插值多项式 (2.1) 和 Lagrange 插值多项式 (2.8) 是等价的. 因此 Lagrange 插值多项式的余项也可以由定理 2.2.2 给出.

例 2.3.3　给出例 2.3.2 中二次 Lagrange 插值多项式 $L_2(x)$ 在区间 $[2,4]$ 的最大误差估计.

解　由余项公式

$$f(x)-L_2(x)=\frac{f^{(3)}(\xi_x)}{3!}\pi_3(x),\quad \xi_x\in(2,4),$$

可以推出以下估计

$$\begin{aligned}|f(x)-L_2(x)|&\leqslant\frac{1}{6}\max_{2\leqslant x\leqslant 4}|f^{(3)}|\max_{2\leqslant x\leqslant 4}|\pi_3(x)|\\&\leqslant\frac{1}{6}\max_{2\leqslant x\leqslant 4}\left|-6x^{-4}\right|\max_{2\leqslant x\leqslant 4}|(x-2)(x-2.75)(x-4)|\\&\leqslant\frac{1}{16}\max_{2\leqslant x\leqslant 4}|(x-2)(x-2.75)(x-4)|.\end{aligned}$$

问题转化为求$|(x-2)(x-2.75)(x-4)|$ 在区间 $[2,4]$ 上的最大值. 通过对 $\pi_3(x)$ 求导容易发现, $\pi_3(x)$ 在 $x=\frac{7}{3}$, $x=\frac{7}{2}$ 达到极值, 且 $\left|\pi_3\left(\frac{7}{3}\right)\right|=\frac{25}{108}$, $\left|\pi_3\left(\frac{7}{2}\right)\right|=\frac{9}{16}$. 因此最大误差的估计为

$$|f(x)-L_2(x)|\leqslant\frac{9}{256}\approx 0.03515625.$$ □

2.4　Neville 插值方法

Neville 插值方法是由英国数学家 Neville (1933) 提出的. Neville 插值方法基于递归构造方式, 所以该方法并不适合求出插值多项式的解析表达式, 而更适合求插值多项式在指定点处的值.

设有 $n+1$ 个互异节点 $x_0, x_1, \cdots, x_n$, 又设插值多项式 $p_n \in \mathcal{P}_n$ 满足插值条件 (2.2). Neville 插值的目的是求给定 x 处插值多项式 p_n 的值. Neville 插值方法可以由下面定理给出.

定理 2.4.1 给定互异的 $n+1$ 个节点 $x_0, x_1, \cdots, x_n$, 及其对应的函数值 $y_0, y_1, \cdots, y_n$. 设 $p_{i,j}$ 为通过 $j+1$ 个数据点 $(x_k, y_k), k=i, \cdots, i+j$ 的 j 次多项式. 则 $p_{i,j}$ 满足以下递归关系式

$$\begin{aligned} &p_{i,0}(x) = y_i, \quad i = 0, 1, \cdots, n, \\ &p_{i,j}(x) = \frac{(x_i - x)p_{i+1,j-1}(x) + (x - x_{i+j})p_{i,j-1}(x)}{x_i - x_{i+j}}, \\ &\qquad 0 < j \leqslant n, \quad 0 \leqslant i \leqslant n-j. \end{aligned} \tag{2.10}$$

应用递归关系式 (2.10) 便得到插值多项式 $p_n \in \mathcal{P}_n$ 在 x 点处的值, 即

$$p_n(x) = p_{0,n}(x).$$

证明 首先证明 $p_{i,j}$ 满足递归关系式 (2.10). 设

$$Q(x) = \frac{(x_i - x)p_{i+1,j-1}(x) + (x - x_{i+j})p_{i,j-1}(x)}{x_i - x_{i+j}}.$$

由归纳假设知 $p_{i+1,j-1}$ 和 $p_{i,j-1}$ 都是次数不超过 $j-1$ 次的多项式, 根据 (2.10) 式容易验证 Q 是次数不超过 j 的多项式. 又根据 $p_{i,j-1}$ 的定义知 $p_{i,j-1}(x_i) = y_i$, 于是

$$Q(x_i) = \frac{(x_i - x_i)p_{i+1,j-1}(x_i) + (x_i - x_{i+j})p_{i,j-1}(x_i)}{x_i - x_{i+j}} = y_i.$$

同理可以验证 $Q(x_{i+j}) = y_{i+j}$. 另一方面, 当 $i < r < i+j$ 时, 由插值条件得

$$p_{i,j-1}(x_r) = p_{i+1,j-1}(x_r) = y_r.$$

因此,

$$Q(x_r) = \frac{(x_i - x_r)p_{i+1,j-1}(x_r) + (x_r - x_{i+j})p_{i,j-1}(x_r)}{x_i - x_{i+j}} = \frac{x_i - x_{i+j}}{x_i - x_{i+j}} y_r = y_r.$$

因此由递归关系式 (2.10) 得到的多项式 $Q \in \mathcal{P}_j$ 满足 $Q(x_k) = y_k, k = i, \cdots, i+j$. 由于通过数据点 $(x_k, y_k), k = i, \cdots, i+j$ 的次数不超过 j 的插值多项式是唯一的, 所以有 $p_{i,j} = Q$.

最后只用令 $i = 0, j = n$ 就得证定理结论. □

定理 2.4.1 提供了用递归方式求插值的方法. 例如当 $n = 4$ 时, 应用递归关系式 (2.10) 可以建立以下三角形表格.

$$
\begin{array}{lllll}
p_{0,0}(x) = y_0 & & & & \\
 & p_{0,1}(x) & & & \\
p_{1,0}(x) = y_1 & & p_{0,2}(x) & & \\
 & p_{1,1}(x) & & p_{0,3}(x) & \\
p_{2,0}(x) = y_2 & & p_{1,2}(x) & & \boxed{p_{0,4}(x)} \\
 & p_{2,1}(x) & & p_{1,3}(x) & \\
p_{3,0}(x) = y_3 & & p_{2,2}(x) & & \\
 & p_{3,1}(x) & & & \\
p_{4,0}(x) = y_4 & & & &
\end{array}
$$

三角形表格最右端的 $p_{0,4}(x)$ 就是五点插值的结果.

算法 2.2　Neville 插值算法

初始化：$Q_i = y_i, i = 0, \cdots, n$
for $i = 1, \cdots, n$ **do**
　　for $k = n, \cdots, i$ **do**
　　　　$Q_k = \dfrac{(x_{k-i} - x)Q_{k+1} + (x - x_k)Q_k}{x_{k-i} - x_k}$
　　end for
end for
$y(x) = Q_n$

例 2.4.1　已知函数表如表 2.1 所示.

表 2.1

i	x_i	$\ln(x_i)$
0	2.0	0.6931
1	2.2	0.7885
2	2.3	0.8329

应用 Neville 插值方法去逼近 $f(x) = \ln(x)$ 在 $x = 2.1$ 处的值. 计算中保留四位有效数字.

解　首先列出三角形表格的第一列：

$$p_{0,0}(2.1) = 0.6931, \quad p_{1,0}(2.1) = 0.7885, \quad p_{2,0}(2.1) = 0.8329.$$

再通过递归公式 (2.10) 计算三角形表格的第二列和第三列

$$p_{0,1}(2.1) = \frac{1}{-0.2}((-0.1) \times 0.7885 + (-0.1) \times 0.6931) = 0.7408,$$

$$p_{1,1}(2.1) = \frac{1}{-0.1}(0.1 \times 0.8329 + (-0.2) \times 0.7885) = 0.7441,$$

$$p_{0,2}(2.1) = \frac{1}{-0.3}((-0.1) \times 0.7441 + (-0.2) \times 0.7408) = 0.7419.$$

ln(2.1) 的准确值约等于 0.7419, 因此通过 Neville 插值方法计算出的 $p_{0,2}(2.1)$ 至少具有四位有效数字. □

例 2.4.2 *用 Neville 方法重新计算例 2.3.2 中的 $f(3)$.*

解 直接建立三角形表格就得到如下插值结果.

$$\frac{1}{2}$$

$$\frac{\frac{4}{11}(2-3) + \left(3 - \frac{11}{4}\right)\frac{1}{2}}{2 - \frac{11}{4}} = \frac{7}{22}$$

$$\frac{4}{11} \qquad\qquad \frac{\frac{15}{44}(2-3) + (3-4)\frac{7}{22}}{2-4} = \frac{29}{88}$$

$$\frac{\frac{1}{4}\left(\frac{11}{4} - 3\right) + (3-4)\frac{4}{11}}{\frac{11}{4} - 4} = \frac{15}{44}$$

$$\frac{1}{4}$$

可见用 Neville 插值方法得到了与 Lagrange 插值方法相同的插值结果. □

注 *Neville 插值方法的计算复杂度是 $\mathcal{O}(n^2)$, 在计算少数几个点上的插值时是比较有效的. 但是若要计算大量点上的插值, Neville 插值方法的计算成本就不如下一节要介绍的 Newton 插值方法.*

2.5 Newton 插值方法

Newton 插值方法得名于英国著名的数学家、天文学家、物理学家 Isaac Newton. 从前几节的分析可知, Newton 插值多项式其实是 Lagrange 插值多项式的一种等价形式. Newton 插值多项式的构造过程中用到了函数差商, 而后者将在本节中展开介绍.

跟前几节一样, Newton 插值的目的是找到一个次数不超过 n 的多项式, 记为 $N_n(x)$, 满足插值条件

$$N_n(x_i) = y_i, \quad i = 0, 1, \cdots, n. \tag{2.11}$$

并且 N_n 可以表示成 N_{n-1} 和一个次数不超过 n 的多项式 $q \in \mathcal{P}_n$ 之和的形式, 即

$$N_n(x) = N_{n-1}(x) + q(x),$$

其中 $N_{n-1} \in \mathcal{P}_{n-1}$ 满足插值条件 $N_{n-1}(x_i) = y_i, i = 0, 1, \cdots, n-1$, $q(x)$ 只与节点 $x_i, i = 0, 1, \cdots, n$ 有关, 且只有一个未知系数. 由插值条件知 $q(x_i) = N(x_i) - N_{n-1}(x_i) = 0, i = 0, 1, \cdots, n-1$. 所以节点 $x_i, i = 0, 1, \cdots, n-1$ 是 $q(x)$ 的零点, 故有

$$q(x) = a_n \prod_{i=0}^{n-1}(x - x_i) = a_n \pi_n(x).$$

接着用最后一个插值条件 $N_n(x_n) = y_n$ 来确定系数 a_n:

$$N_n(x_n) = N_{n-1}(x_n) + q(x_n),$$

$$y_n = N_{n-1}(x_n) + a_n \pi_n(x_n).$$

由此推出

$$a_n = \frac{y_n - N_{n-1}(x_n)}{\pi_n(x_n)}. \tag{2.12}$$

系数 a_n 被称为 n 阶 Newton 差商, 记为

$$a_n = f[x_0, x_1, \cdots, x_n], \quad n \geqslant 1.$$

由此得到 Newton 插值多项式

$$N_n(x) = N_{n-1}(x) + \pi_n(x) f[x_0, \cdots, x_n].$$

如果记 $f[x_0] = y_0$, $\pi_0(x) = 1$, 则由递推法有

$$N_n(x) = \sum_{i=0}^{n} \pi_i(x) f[x_0, \cdots, x_i]. \tag{2.13}$$

容易验证 $N_n(x)$ 满足插值条件 (2.11). 于是由插值多项式的唯一性知 Newton 插值多项式 (2.13) 与 Lagrange 插值多项式 (2.8) 是等价的.

Newton 插值多项式中需要先计算 Newton 差商 $f[x_0, x_1, \cdots, x_i], i \geqslant 1$. 公式 (2.12) 给出了一种求 Newton 差商的方式, 但这种方式中要用到 $N_{n-1} \in \mathcal{P}_{n-1}$, 并不便于计算. 下面将介绍几种 Newton 差商的等价形式, 进而给出实用的 Newton 插值多项式构造方法.

下面介绍 Newton 差商的性质.

(1) 由 (2.13) 式容易发现, n 阶 Newton 差商 $f[x_0, x_1, \cdots, x_n]$ 是 $N_n(x)$ 的首项系数. 另一方面, Lagrange 插值多项式的首项系数为

$$\sum_{i=0}^{n} \frac{y_i}{\pi'_{n+1}(x_i)}. \tag{2.14}$$

由插值多项式的唯一性, 说明 n 阶 Newton 差商等于 Lagrange 插值多项式的首项系数, 即

$$f[x_0,x_1,\cdots,x_n]=\sum_{i=0}^{n}\frac{y_i}{\pi'_{n+1}(x_i)}. \tag{2.15}$$

进而说明 Newton 差商与节点的次序无关.

(2) Newton 差商是线性的. 设 $f=\alpha g+\beta h$, 其中 $\alpha,\beta\in\mathbb{R}$, 那么

$$f[x_0,x_1,\cdots,x_n]=\alpha g[x_0,x_1,\cdots,x_n]+\beta h[x_0,x_1,\cdots,x_n].$$

差商的线性性质可以由 (2.14) 式直接推出.

(3) Newton 差商具有如下的递推关系式.

$$f[x_0,x_1,\cdots,x_n]=\frac{f[x_1,\cdots,x_n]-f[x_0,\cdots,x_{n-1}]}{x_n-x_0},\quad n\geqslant 1. \tag{2.16}$$

证明 证明过程将主要用到 (2.14) 式.

$$\begin{aligned}
&f[x_1,\cdots,x_n]-f[x_0,\cdots,x_{n-1}]\\
=&\sum_{i=1}^{n}\frac{y_i}{\prod\limits_{\substack{k=1\\k\neq i}}^{n}(x_i-x_k)}-\sum_{i=0}^{n-1}\frac{y_i}{\prod\limits_{\substack{k=0\\k\neq i}}^{n-1}(x_i-x_k)}\\
=&\frac{y_n}{\prod\limits_{k=1}^{n-1}(x_n-x_k)}+\sum_{i=1}^{n-1}\frac{y_i}{\prod\limits_{\substack{k=1\\k\neq i}}^{n-1}(x_i-x_k)}\left(\frac{1}{x_i-x_n}-\frac{1}{x_i-x_0}\right)-\frac{y_0}{\prod\limits_{k=1}^{n-1}(x_0-x_k)}\\
=&(x_n-x_0)\sum_{i=0}^{n}\frac{y_i}{\pi'_{n+1}(x_i)}.
\end{aligned}$$

在上式两侧同除以 (x_n-x_0) 即得证递推关系式. □

(4) 设 $f\in C^n[a,b]$, $x_i, i=0,1,\cdots,n$ 是 $[a,b]$ 中互异节点. 则存在 $\xi\in(a,b)$ 使得

$$f[x_0,\cdots,x_n]=\frac{f^{(n)}(\xi)}{n!}.$$

证明 令 $g(x)=f(x)-N_n(x)$, 容易验证 $g(x)$ 有 $n+1$ 个零点. 则由 Rolle 定理, 存在 $\xi\in(a,b)$ 使得

$$g^{(n)}(\xi)=f^{(n)}(\xi)-N_n^{(n)}(\xi)=0.$$

最后代入 Newton 插值多项式 (2.13) 就得证结论. □

值得注意的是如果所有节点 $x_i, i=0,1,\cdots,n$ 都重合, 则 Newton 差商退化为求导. 即

$$f[x,\cdots,x]=\frac{f^{(n)}(x)}{n!}.$$

进而 Newton 插值多项式退化为 Taylor 多项式

$$\lim_{(x_0,\cdots,x_n)\to(z,\cdots,z)}\sum_{i=0}^{n}\pi_i(x)f[x_0,\cdots,x_i]=\sum_{i=0}^{n}\frac{f^{(n)}(z)}{n!}(x-z)^i.$$

(5) Leibniz 公式. 设 $f=gh$, 那么

$$f[x_0,x_1,\cdots,x_n]=\sum_{j=0}^{n}g[x_0,\cdots,x_j]h[x_j,\cdots,x_n]. \tag{2.17}$$

证明 用归纳法证明. 当 $n=0$ 时, (2.17) 式显然成立. 现在假设当 $n=m-1$ 时 (2.17) 式成立, 下面证明当 $n=m$ 时 (2.17) 式也成立. 首先容易发现

$$f[x_0,x_1,\cdots,x_m]=gh[x_0,x_1,\cdots,x_m].$$

接着应用 Newton 递推公式中证明技巧以及归纳假设条件可以得到

$$\begin{aligned}
&gh[x_0,x_1,\cdots,x_m](x_m-x_0)\\
=&gh[x_1,\cdots,x_m]-gh[x_0,\cdots,x_{m-1}]\\
=&\sum_{j=1}^{m}g[x_1,\cdots,x_j]h[x_j,\cdots,x_m]-\sum_{j=0}^{m-1}g[x_0,\cdots,x_j]h[x_j,\cdots,x_{m-1}]\\
=&\sum_{j=1}^{m}g[x_1,\cdots,x_j]h[x_j,\cdots,x_m]-\sum_{j=0}^{m-1}g[x_0,\cdots,x_j]h[x_j,\cdots,x_{m-1}]\\
&-\sum_{j=1}^{m}g[x_0,\cdots,x_{j-1}]h[x_j,\cdots,x_m]+\sum_{j=0}^{m-1}g[x_0,\cdots,x_j]h[x_{j+1},\cdots,x_m]\\
=&\sum_{j=1}^{m}(x_j-x_0)g[x_0,\cdots,x_j]h[x_j,\cdots,x_m]+\sum_{j=0}^{m-1}(x_m-x_j)g[x_0,\cdots,x_j]h[x_j,\cdots,x_m]\\
=&(x_m-x_0)\sum_{j=0}^{m}g[x_0,\cdots,x_j]h[x_j,\cdots,x_m].
\end{aligned}$$

在上式两侧同除以 (x_m-x_0) 即得证 Leibniz 公式. □

注意到如果所有节点 $x_i, i=0,1,\cdots,n$ 都重合, 则公式 (2.17) 就是微积分中的 Leibniz 公式

$$(gh)^{(n)}(x) = \sum_{j=0}^{n} \mathrm{C}_n^j g^{(j)}(x) h^{(n-j)}(x),$$

其中 $\mathrm{C}_n^j = \dfrac{n!}{j!(n-j)!}$ 是二项式系数.

记$\mathrm{D}^j f_i = f[x_i, \cdots, x_{i+j}]$, 应用递推公式 (2.16), 可以构造差商表 (表 2.2)(参见算法 2.3).

表 2.2

x_i	$\mathrm{D}^0 f_i$	$\mathrm{D}^1 f_i$	$\mathrm{D}^1 f_i$	$\cdots$	$\mathrm{D}^n f_i$
x_0	$f[x_0]$				
x_1	$f[x_1]$	$f[x_0, x_1]$			
x_2	$f[x_2]$	$f[x_1, x_2]$	$f[x_0, x_1, x_2]$		
$\vdots$	$\vdots$	$\vdots$	$\vdots$		
x_n	$f[x_n]$	$f[x_{n-1}, x_n]$	$f[x_{n-2}, x_{n-1}, x_n]$	$\cdots$	$f[x_0, \cdots, x_n]$

一旦差商表构造出来, 就可以应用式 (2.13) 计算 Newton 插值多项式.

算法 2.3 Newton 差商计算方法

初始化: $\mathrm{D}^0 f_i = f_i, i = 0, \cdots, n$
令 $b_k = a_k$
for $i = 1, \cdots, n$ **do**
  for $j = 1, \cdots, i$ **do**
    $\mathrm{D}^j f_i = \dfrac{\mathrm{D}^{j-1} f_i - \mathrm{D}^{j-1} f_{i-1}}{x_i - x_{i-j}}$
  end for
end for
$N_k(x) = b_0$

例 2.5.1 用 Newton 方法重新计算例 2.3.2 中的插值多项式.

解 根据递推公式 (2.16) 构造如下差商表 (表 2.3). 于是 2 次 Newton 插值多项式为

$$\begin{aligned} N_2(x) &= \frac{1}{2} - \frac{2}{11}(x-2) + \frac{1}{22}(x-2)\left(x - \frac{11}{4}\right) \\ &= \frac{1}{22}x^2 - \frac{35}{88}x + \frac{49}{44}. \end{aligned}$$

可见由 Newton 插值方法得到的多项式和由 Lagrange 插值方法的多项式是一样的. □

表 2.3

x_i	$\mathrm{D}^0 f_i$	$\mathrm{D}^1 f_i$	$\mathrm{D}^2 f_i$
2	$\frac{1}{2}$		
$\frac{11}{4}$	$\frac{4}{11}$	$\dfrac{\frac{4}{11}-\frac{1}{2}}{\frac{11}{4}-2}=-\frac{2}{11}$	
4	$\frac{1}{4}$	$\dfrac{\frac{1}{4}-\frac{4}{11}}{4-\frac{11}{4}}=-\frac{1}{11}$	$\dfrac{-\frac{1}{11}+\frac{2}{11}}{4-2}=\frac{1}{22}$

Newton 插值多项式的计算量可以进一步被化简. 以下面的 k 次多项式为例

$$N_k(x)=a_0+a_1(x-x_0)+a_2(x-x_0)(x-x_1)+\cdots+a_k(x-x_0)(x-x_1)\cdots(x-x_{k-1}).$$

通过以下 Horner 方法就可以将 N_k 改写为

$$N_k(x)=a_0+(x-x_0)(a_1+(x-x_1)(a_2+(x-x_2)(\cdots+a_k(x-x_{k-1})\cdots))).$$

实际上 Horner 方法将 N_k 写成了嵌套的形式, 因此节省了乘法运算量.

算法 2.4　Newton 插值多项式的 Horner 算法

设 $a_i, i=0,\cdots,k$ 已通过差商表获得
令 $b_k=a_k$
for $i=k-1,\cdots,0$ **do**
　　$b_i=a_i+(x-x_i)b_{i+1}$
end for
$N_k(x)=b_0$

例 2.5.2　已知函数表如表 2.4 所示.

表 2.4

i	0	1	2	3	4
x_i	1	1.5	2	3	3.5
$f(x_i)$	0	0.17609	0.30103	0.47720	0.54407

(i) 建立差商表.

(ii) 构造 4 次 Newton 插值多项式 N_4, 并用 N_4 近似 $f(2.5)$.

(iii) 若增加一个插值点 $(4, 0.60206)$, 构造 5 次 Newton 插值多项式 N_5, 再用 N_5 近似 $f(2.5)$.

解 (i) 根据递推公式 (2.16) 构造如下差商表 (表 2.5).

表 2.5

x_i	$D^0 f_i$	$D^1 f_i$	$D^1 f_i$	$D^2 f_i$	$D^3 f_i$	$D^4 f_i$
1.0	0					
1.5	0.17609	0.35218				
2.0	0.30103	0.24988	−0.10230			
3.0	0.47720	0.17617	−0.04914	0.02658		
3.5	0.54407	0.13374	−0.02829	0.01042	−0.006464	
4.0	*0.60206*	*0.11598*	*−0.01776*	*0.005265*	*−0.002062*	*0.0014673*

(ii) 用 Horner 方法构造 4 次 Newton 插值多项式为

$$N_4(x) = (x-1)(0.35218 + (x-1.5)(-0.10230 + (x-2)(0.02658 - 0.006464(x-3)))).$$

代入 $x = 2.5$ 就得到

$$N_4(2.5) = 0.397179.$$

(iii) 增加一个插值点, 则可以在上面差商表中增加一行 (见斜体数字). 于是基于已有的 N_4 就得到下面的 5 次 Newton 插值多项式

$$N_5(x) = N_4(x) + 0.0014673(x-1)(x-1.5)(x-2)(x-3)(x-3.5).$$

代入 $x = 2.5$ 就得到

$$N_5(2.5) = 0.397729.$$

函数表给出的实际上是函数 $f(x) = \lg(x)$ 在插值节点处的值. 而函数 lg 在 $x = 2.5$ 的准确值为 0.39794. 所以通过增加一个插值点的确提高了插值精度. □

注 1 Newton 插值多项式的误差为

$$R_n(x) = f[x_0, \cdots, x_n, x]\pi_{n+1}(x). \tag{2.18}$$

证明 构造关于节点 $x_i, i = 0, 1, \cdots, n$ 及 x 的 $n+1$ 次 Newton 插值多项式

$$N_{n+1}(t) = N_n(t) + f[x_0, \cdots, x_n, x]\pi_{n+1}(t). \tag{2.19}$$

将上式中的 t 用 x 进行替换得到

$$f(x) = N_n(x) + f[x_0, \cdots, x_n, x]\pi_{n+1}(x).$$

上式两侧同时减去 $N_n(x)$ 即得证结论. □

(2.18) 式给出了插值多项式余项的另一种等价形式. 通过与 (2.4) 式对比得到

$$f[x_0, \cdots, x_n, x] = \frac{f^{(n+1)}(\xi_x)}{(n+1)!}. \tag{2.20}$$

注 2 Newton 插值多项式最大的优点是当要增加一个插值节点时, 可以在之前已经得到的 Newton 插值多项式的基础上加一项就可以. 而 Lagrange 插值多项式则需要完全重新计算. 另一方面当插值节点 $x_i, i=0,1,\cdots,n$ 和函数值 $y_i, i=0,1,\cdots,n$ 不变时, 可以将计算出来的 Newton 差商表保存起来. 当只有插值点 x 频繁变化情况下, Newton 插值方法就可以大大节省计算量. 这也是在 2.4 节注中提到的 Newton 插值方法相对于 Neville 插值方法的优势.

2.6 差分与等距节点插值

当插值节点等距时, 即 $x_i - x_{i-1}, i=1,\cdots,n$ 是常数, 可以进一步对 Newton 插值多项式化简. 为此需要引入差分的概念. 下面首先介绍差分及其性质.

定义 2.6.1 设在等距节点 $x_i = x_0 + ih, i=0,1,\cdots,n$ 上, 已知函数 $f(x)$ 的值为 $y_i, i=0,1,\cdots,n$, 其中 $h>0$ 为相邻两个节点的步长. 称

$$\Delta^1 f_i = f_{i+1} - f_i, \quad i=0,1,\cdots,n$$

为函数 $f(x)$ 在 x_i 处步长为 h 的一阶向前差分, 简称一阶差分. 称

$$\Delta^m f_i = \Delta^{m-1} f_{i+1} - \Delta^{m-1} f_i = \Delta^{m-1}(f_{i+1} - f_i) = \Delta^{m-1}\Delta^1 f_i, \quad m=1,2,\cdots$$

为 m 阶向前差分. 特别地约定零阶差分为

$$\Delta^0 f_i = f_i, \quad i=0,1,\cdots,n.$$

差分有如下的一些性质.

(1) 差分与差商之间的关系.

$$f[x_0,\cdots,x_m] = \frac{\Delta^m f_0}{m!h^m}, \quad m=1,2,\cdots. \tag{2.21}$$

证明 用数学归纳法证明. 当 $m=1$ 时,

$$f[x_0,x_1] = \frac{f_1 - f_0}{x_1 - x_0} = \frac{\Delta^1 f_0}{h}.$$

因此公式 (2.21) 成立.

现在假设 $m=n-1$ 时公式 (2.21) 成立, 下面证明 $m=n$ 时公式 (2.21) 也成立. 根据差商的递推关系式 (2.16) 有

$$f[x_0,\cdots,x_m] = \frac{f[x_1,\cdots,x_n] - f[x_0,\cdots,x_{n-1}]}{x_n - x_0}$$

$$
\begin{aligned}
&= \frac{\dfrac{\Delta^{n-1} f_1}{(n-1)!h^{n-1}} - \dfrac{\Delta^{n-1} f_0}{(n-1)!h^{n-1}}}{nh} \\
&= \frac{\Delta^{n-1}\Delta^1 f_0}{n!h^n} \\
&= \frac{\Delta^n f_0}{n!h^n}.
\end{aligned}
$$

即得证结论. □

更一般地有

$$f[x_i, x_{i+1}, \cdots, x_{i+m}] = \frac{\Delta^m f_i}{m!h^m}.$$

(2) 高阶差分和函数值之间的关系.

$$\Delta^m f_i = \sum_{j=0}^{m} (-1)^j \mathrm{C}_m^j f_{i+m-j}, \quad m = 0, 1, \cdots, \tag{2.22}$$

其中 $\mathrm{C}_m^j = \dfrac{m!}{j!(m-j)!}$为二项式系数.

证明 用数学归纳法证明. 当 $m = 0$ 时,

$$\Delta^0 f_i = f_i.$$

因此公式 (2.22) 成立.

现在假设 $m = n - 1$ 时公式 (2.22) 成立, 下面证明 $m = n$ 时公式 (2.22) 也成立. 根据差分的定义 2.6.1 及归纳假设条件有

$$
\begin{aligned}
\Delta^n f_i &= \Delta^{n-1} f_{i+1} - \Delta^{n-1} f_i \\
&= \sum_{j=0}^{n-1} (-1)^j \mathrm{C}_{n-1}^j f_{i+n-j} - \sum_{j=0}^{n-1} (-1)^j \mathrm{C}_{n-1}^j f_{i+n-j-1} \\
&= (-1)^0 \mathrm{C}_{n-1}^0 f_{i+n} + \sum_{j=1}^{n-1} (-1)^j \mathrm{C}_{n-1}^j f_{i+n-j} \\
&\quad - \sum_{j=1}^{n-1} (-1)^{j-1} \mathrm{C}_{n-1}^{j-1} f_{i+n-j} - (-1)^{n-1} \mathrm{C}_{n-1}^{n-1} f_i \\
&= (-1)^0 \mathrm{C}_n^0 f_{i+n} + \sum_{j=1}^{n-1} (-1)^j (\mathrm{C}_{n-1}^j + \mathrm{C}_{n-1}^{j-1}) f_{i+n-j} + (-1)^n \mathrm{C}_n^n f_i.
\end{aligned}
$$

又根据二项式系数的定义有

$$\begin{aligned}C_{n-1}^{j}+C_{n-1}^{j-1}&=\frac{(n-1)!}{j!(n-1-j)!}+\frac{(n-1)!}{(j-1)!(n-j)!}\\&=\frac{(n-1)!}{(j-1)!(n-1-j)!}\left(\frac{1}{j}+\frac{1}{n-j}\right)\\&=\frac{(n-1)!}{(j-1)!(n-1-j)!}\frac{n}{j(n-j)}\\&=\frac{n!}{j!(n-j)!}=C_n^j.\end{aligned}$$

综合以上所述便得证结论. □

类似 Newton 差商表, 在等距情况下可以建立差分表如表 2.6 所示.

表 2.6

x_i	$\Delta^0 f_i$	$\Delta^1 f_i$	$\Delta^2 f_i$	$\cdots$	$\Delta^n f_i$
x_0	$\Delta^0 f_0$				
x_1	$\Delta^0 f_1$	$\Delta^1 f_0$			
x_2	$\Delta^0 f_2$	$\Delta^1 f_1$	$\Delta^2 f_0$		
$\vdots$	$\vdots$	$\vdots$	$\vdots$		
x_n	$\Delta^0 f_n$	$\Delta^1 f_{n-1}$	$\Delta^2 f_{n-2}$	$\cdots$	$\Delta^n f_0$

应用差分表就可以构造 Newton 向前差分公式

$$N_m(x)=\sum_{i=0}^{m}\frac{\Delta^i f_0}{i!h^i}\prod_{j=0}^{i-1}(x-x_j)=\sum_{i=0}^{m}\frac{\Delta^i f_0}{i!h^i}\pi_i(x).$$

再作线性变换 $x=x_0+th,\quad 0\leqslant t\leqslant m$, 则 $x-x_i=(t-i)h,\quad i=0,1,\cdots,m.$ Newton 向前差分公式简化为

$$N_m(x)=N_m(x_0+th)=\sum_{i=0}^{m}\frac{\Delta^i f_0}{i!}\prod_{j=0}^{i-1}(t-j). \tag{2.23}$$

插值余项可以表示为

$$R_m(x)=R_m(x_0+th)=\frac{h^{m+1}f^{(m+1)}(\xi_x)}{(m+1)!}\prod_{j=0}^{m}(t-j),$$

其中 $\xi_x\in(x_0,x_m)$.

例 2.6.1　给出指数函数 $f(x)=\mathrm{e}^x$ 的函数表如表 2.7 所示.

(i) 建立向前差分表.

(ii) 依次用 $N_1(1.5),N_2(1.5),N_3(1.5),N_4(1.5)$ 近似 $f(1.5)$, 并与准确值 $\mathrm{e}^{1.5}$ 进行比较.

表 2.7

x_i	0	1	2	3	4
$f(x_i)$	1	2.7183	7.3891	20.0855	54.5982

解 (i) 根据前向差分定义 2.6.1 得到如下差分表 (表 2.8).

表 2.8

x_i	$\Delta^0 f_i$	$\Delta^1 f_i$	$\Delta^2 f_i$	$\Delta^3 f_i$	$\Delta^4 f_i$
0	1				
1	2.7183	1.7183			
2	7.3891	4.6708	2.9525		
3	20.0855	12.6964	8.0256	5.0731	
4	54.5982	34.5127	21.8163	13.7907	8.7176

(ii) 应用公式 (2.23) 得到以下插值

$$
\begin{aligned}
N_1(1.5) &= N_0(1.5) + \frac{\Delta^1 f_0}{1!}(x-x_0) = 1 + \frac{1.7183}{1}(1.5-0) = 3.57745, \\
N_2(1.5) &= N_1(1.5) + \frac{\Delta^2 f_0}{2!}(x-x_0)(x-x_1) \\
&= 3.57745 + \frac{2.9525}{2}(1.5-0)(1.5-1) = 4.6846375, \\
N_3(1.5) &= N_2(1.5) + \frac{\Delta^3 f_0}{3!}(x-x_0)(x-x_1)(x-x_2) \\
&= 4.6846375 + \frac{5.0731}{6}(1.5-0)(1.5-1)(1.5-2) = 4.36756875, \\
N_4(1.5) &= N_3(1.5) + \frac{\Delta^4 f_0}{4!}(x-x_0)(x-x_1)(x-x_2)(x-x_3) \\
&= 4.36756875 + \frac{8.7176}{24}(1.5-0)(1.5-1)(1.5-2)(1.5-3) = 4.5718875.
\end{aligned}
$$

误差分别为

$$
\begin{aligned}
|\mathrm{e}^{1.5} - N_1(1.5)| &= 0.904239, \\
|\mathrm{e}^{1.5} - N_2(1.5)| &= 0.202948, \\
|\mathrm{e}^{1.5} - N_3(1.5)| &= 0.11412, \\
|\mathrm{e}^{1.5} - N_4(1.5)| &= 0.090198.
\end{aligned}
$$

可见随着插值多项式的次数提高, 插值误差不断减小. □

注 1 类似于向前差分, 还可以定义向后差分

$$
\begin{aligned}
&\nabla^1 f_i = f_i - f_{i-1}, \\
&\nabla^m f_i = \nabla^{m-1} f_i - \nabla^{m-1} f_{i-1}, \quad m = 1, 2, \cdots.
\end{aligned}
$$

向后差分与差商之间有如下关系:

$$f[x_n, x_{n-1}, x_{n-m}] = \frac{1}{m!h^m}\nabla^m f(x_n). \tag{2.24}$$

Newton 向后差分公式为

$$N_m(x) = \sum_{i=0}^{m} \frac{\nabla^i f_n}{i!h^i} \prod_{j=0}^{i-1}(x - x_{n-j}).$$

再作线性变换 $x = x_n + th, \quad -m \leqslant t \leqslant 0$, 则 $x - x_{n-i} = (t+i)h, \quad i = -m, -m+1, \cdots, 0$. Newton 向后差分公式简化为

$$N_m(x) = N_m(x_n + th) = \sum_{i=0}^{m} \frac{\nabla^i f_n}{i!} \prod_{j=0}^{i-1}(t - n + j). \tag{2.25}$$

注 2　当需要增加节点时, Newton 差分公式都是只适合在一侧增加节点: Newton 向前差分公式适合在最右侧增加节点, 而 Newton 向后差分公式适合在最左侧增加节点.

2.7　Hermite 插值方法

Hermite 插值方法得名于法国数学家 Charles Hermite. Hermite 插值多项式和前几节介绍的插值多项式的最大区别是, 它不仅需要在插值节点上满足插值条件, 还需要满足导数插值条件.

定义 2.7.1　设有 s 个互异节点 $x_i \in [a,b], \quad i = 0, \cdots, s-1$, 以及正整数 $\alpha_i \geqslant 1, \quad i = 0, \cdots, s-1$, 且满足 $\sum\limits_{i=0}^{s-1} \alpha_i = n+1$. 若次数不超过 n 的多项式 H_n 满足以下插值条件:

$$H^{(k)}(x_i) = y_i^{(k)}, \quad k = 0, \cdots, \alpha_i - 1, i = 0, \cdots, s-1, \tag{2.26}$$

则称 H_n 为 Hermite 插值多项式.

注意到, 当 $\alpha_i \equiv 1, i = 0, \cdots, s-1$, 则 Hermite 插值多项式等价于 Lagrange 插值多项式.

同 2.2 节所述插值多项式一样, Hermite 插值多项式也可以通过待定系数法来求解. 实际上插值条件 (2.26) 定义了 $n+1$ 个方程, 而 H_n 具有 $n+1$ 个未知系数. 于是可以建立线性方程组来求解 H_n 的系数. 然而一方面求解方程组的计算量大, 另一方面线性方程组的矩阵是病态的, 所以待定系数法不是求解 H_n 的最优方法.

2.7.1 基于插值基函数的构造方法

本节的目的是构造便于计算 H_n 的方法. 为此, 将首先考虑一个特殊情况: $\alpha_i = 2, i = 0, \cdots, s-1$. 即求多项式 H_{2s-1}, 满足插值条件

$$H_{2s-1}(x_i) = y_i, \quad i = 0, \cdots, s-1 \tag{2.27}$$

和导数条件

$$H'_{2s-1}(x_i) = y'_i, \quad i = 0, \cdots, s-1. \tag{2.28}$$

首先将利用插值基函数来构造 Hermite 插值多项式. 为此令

$$H_{2s-1}(x) = \sum_{i=0}^{s-1} h_i(x) y_i + \sum_{i=0}^{s-1} \bar{h}_i(x) y'_i, \tag{2.29}$$

其中 $h_i, \bar{h}_i$ 均为 $2s-1$ 次多项式, 且满足

$$\begin{cases} h_i(x_j) = \delta_{i,j}, & h'_i(x_j) = 0, \\ \bar{h}_i(x_j) = 0, & \bar{h}'_i(x_j) = \delta_{i,j}, \end{cases} \qquad i, j = 0, \cdots, s-1.$$

由 (2.29) 式定义的 Hermite 多项式 H_{2s-1} 显然满足插值条件 (2.27), (2.28). 于是问题转化为如何确定插值基函数 $h_i, \bar{h}_i$.

一方面令

$$\bar{h}_i(x) = \beta_i (x - x_i) \prod_{\substack{j=0 \\ j \neq i}}^{s-1} (x - x_j)^2, \quad i = 0, \cdots, s-1.$$

容易验证 $\bar{h}_i(x_j) = 0, j = 0, \cdots, s-1$, 且 $\bar{h}'_i(x_j) = 0, j = 0, \cdots, i-1, i+1, \cdots, s-1$. 再由条件 $\bar{h}'_i(x_i) = 1$ 得

$$\beta_i = \prod_{\substack{j=0 \\ j \neq i}}^{s-1} \frac{1}{(x_i - x_j)^2}, \quad i = 0, \cdots, s-1.$$

于是

$$\bar{h}_i(x) = (x - x_i) \prod_{\substack{j=0 \\ j \neq i}}^{s-1} \frac{(x - x_j)^2}{(x_i - x_j)^2} = (x - x_i) l_{i,s-1}^2(x),$$

其中 $l_{i,s-1}(x) = \prod_{\substack{j=0 \\ j \neq i}}^{s-1} \frac{x - x_j}{x_i - x_j}$ 是 Lagrange 插值基函数.

另一方面因为 $x_0, \cdots, x_{i-1}, x_{i+1}, \cdots, x_{s-1}$ 是 h_i 的二重根, 故可以令

$$h_i(x) = (ax+b) l_{i,s-1}^2(x).$$

利用条件 $h_i(x_i) = 1, h_i'(x_i) = 0$ 得

$$\begin{aligned} &ax_i + b = 1, \\ &a + 2(ax_i + b)\sum_{\substack{j=0 \\ j\neq i}}^{s-1} \frac{1}{x_i - x_j} = 0. \end{aligned}$$

求以上方程得

$$\begin{cases} a = -\displaystyle\sum_{\substack{j=0 \\ j\neq i}}^{s-1} \frac{2}{x_i - x_j}, \\ b = 1 + \displaystyle\sum_{\substack{j=0 \\ j\neq i}}^{s-1} \frac{2x_i}{x_i - x_j}, \end{cases} \qquad i = 0, \cdots, s-1.$$

故有

$$h_i(x) = \left(1 - 2(x - x_i)\sum_{\substack{j=0 \\ j\neq i}}^{s-1} \frac{1}{x_i - x_j}\right) l_{i,s-1}^2(x).$$

最终得到 Hermite 插值多项式

$$H_{2s-1}(x) = \sum_{i=0}^{s-1}\left(1 - 2(x - x_i)\sum_{\substack{j=0 \\ j\neq i}}^{s-1} \frac{1}{x_i - x_j}\right) l_{i,s-1}^2(x) y_i + \sum_{i=0}^{s-1}(x - x_i) l_{i,s-1}(x) y_i'$$

特别地, 如果 $s = 2$, 则得到 3 次 Hermite 插值多项式

$$\begin{aligned} H_3(x) = &\left(1 - 2\frac{x - x_0}{x_0 - x_1}\right)\left(\frac{x - x_1}{x_0 - x_1}\right)^2 y_0 + (x - x_0)\left(\frac{x - x_1}{x_0 - x_1}\right)^2 y_0' \\ &+ \left(1 - 2\frac{x - x_1}{x_1 - x_0}\right)\left(\frac{x - x_0}{x_1 - x_0}\right)^2 y_1 + (x - x_1)\left(\frac{x - x_0}{x_1 - x_0}\right)^2 y_1'. \end{aligned} \tag{2.30}$$

例 2.7.1 已知函数 $f(x) = \ln(x)$ 的函数表如表 2.9 所示.

表 2.9

i	x_i	$f(x_i)$	$f'(x_i)$
0	2	0.6931	0.5
1	3	1.0986	0.3333

(i) 利用插值基函数构造 Hermite 插值多项式 H_3.

(ii) 再用 H_3 求 $\ln(2.5)$ 的近似值.

解 (i) 根据 (2.30) 式得到 Hermite 插值多项式的基函数为

$$h_0(x) = (2x-3)(x-3)^2,$$
$$h_1(x) = (7-2x)(x-2)^2,$$
$$\bar{h}_0(x) = (x-2)(x-3)^2,$$
$$\bar{h}_1(x) = (x-3)(x-2)^2.$$

于是 3 次 Hermite 插值多项式为

$$\begin{aligned} H_3(x) =& 0.6931(2x-3)(x-3)^2 + 1.0986(7-2x)(x-2)^2 \\ &+ 0.5(x-2)(x-3)^2 + 0.3333(x-3)(x-2)^2 \\ =& 0.0223x^3 - 0.2506x^2 + 1.2348x - 0.9525. \end{aligned}$$

(ii) 将 $x = 2.5$ 代入 H_3 得到

$$H_3(2.5) = 0.9166875.$$

与准确值的误差为

$$|\ln(2.5) - H_3(2.5)| = 3.96768 \times 10^{-4}.$$ □

Hermite 插值多项式 $H_3(x)$ 的几何意义：若 $H_3(x)$ 是 $f(x)$ 的 3 次 Hermite 插值多项式, 则曲线 $y = H_3(x)$ 在区间 $[x_0, x_1]$ 两端点不仅通过插值点 $(x_0, f(x_0))$, $(x_1, f(x_1))$, 且与 $f(x)$ 在 x_0, x_1 点相切.

定理 2.7.1 设 $f^{(2s-1)}(x)$ 在 $[a, b]$ 上连续, $f^{(2s-1)}(x)$ 在 (a, b) 内存在, 又设 $a \leqslant x_0 < x_1 < \cdots < x_{s-1} \leqslant b$. 则存在唯一次数不超过 $2s-1$ 的 Hermite 插值多项式 $H_{2s-1}(x)$, 且有如下余项公式:

$$f(x) - H_{2s-1}(x) = \frac{f^{(2s)}(\xi_x)}{(2s)!} \prod_{i=0}^{s-1} (x - x_i)^2, \tag{2.31}$$

其中 $\xi_x \in (a, b)$.

证明 首先证明 Hermite 插值多项式的唯一性. 设 $P(x)$ 是另一个满足 Hermite 插值条件 (2.27), (2.28) 的多项式. 令 $D(x) = H_{2s-1}(x) - P(x)$, 则 $D(x)$ 最多为 $2s-1$ 次多项式. 另一方面容易验证 $x_1, \cdots, x_s$ 为 $D(x)$ 的二重零点. 故 $D(x)$ 只能是 0, 即 $P(x) \equiv H_{2s-1}(x)$.

接下来证明余项公式 (2.31). 由于 $f - H_{2s-1}$ 有 s 个二重零点, 即 $x_1, \cdots, x_s$, 因此可令

$$f(x) - H_{2s-1}(x) = K(x) \prod_{i=0}^{s-1} (x - x_i)^2.$$

对任意给定的 x, 作以下辅助函数

$$\phi(t) = f(t) - H_{2s-1}(t) - K(x) \prod_{i=0}^{s} (t - x_i)^2.$$

容易验证 $x_0, \cdots, x_{s-1}$ 是 $\phi(t)$ 的二重零点, 且 x 也是 $\phi(t)$ 的零点. 应用 Rolle 定理, 存在 $\xi_x \in (a, b)$ 使得 $\phi^{(2s)}(\xi_x) = 0$. 代入 $\phi(t)$ 的表达式得到

$$K(x) = \frac{f^{(2s)}(\xi_x)}{(2s)!}.$$

即得证结论. □

注 相同次数的 Hermite 插值多项式一般比 Lagrange 插值多项式误差小. 例如关于节点 $x_i, i = 0, \cdots, 3$ 的 3 次 Lagrange 插值多项式 L_3 的余项为

$$f(x) - L_3(x) = \frac{f^{(4)}(\xi_1)}{4!} \prod_{i=0}^{3} (x - x_i), \quad \xi_1 \in (x_0, x_3).$$

另一方面关于节点 x_1, x_2 的 3 次 Hermite 插值多项式 $H_3(x)$ 的余项为

$$f(x) - H_3(x) = \frac{f^{(4)}(\xi_2)}{4!} (x - x_1)^2 (x - x_2)^2, \quad \xi_2 \in (x_1, x_2).$$

假设函数 $f(x)$ 在 (x_0, x_3) 足够光滑, 则有 $f^{(4)}(\xi_1) \approx f^{(4)}(\xi_2)$. 若 $x \in (x_1, x_2)$, 则容易验证

$$|(x - x_0)(x - x_1)(x - x_2)(x - x_3)| \geqslant |(x - x_1)^2 (x - x_2)^2|.$$

因此有

$$|f(x) - H_3(x)| \leqslant |f(x) - L_3(x)|.$$

例 2.7.2 已知函数 $f(x) = \ln(x)$ 的函数表如表 2.10 所示.

表 2.10

x_i	1	2	3	4
$f(x_i)$	0	0.6931	1.0986	1.3863

(i) 利用 Lagrange 插值多项式 H_3 求 $\ln(2.5)$ 的近似值.

(ii) 与例 2.7.1 中用 Hermite 多项式求得的结果比较.

解 (i) 用 Lagrange 插值法构造 3 次插值多项式为

$$\begin{aligned}L_3(x) =& -\frac{(x-2)(x-3)(x-4)}{6}\times 0+\frac{(x-1)(x-3)(x-4)}{2}\times 0.6931\\&-\frac{(x-1)(x-2)(x-4)}{2}\times 1.0986+\frac{(x-1)(x-2)(x-3)}{6}\times 1.3863\\=&\,0.0283x^3-0.3136x^2+1.4358x-1.1505.\end{aligned}$$

将 $x=2.5$ 代入 L_3 得到

$$L_3(2.5)=0.9211875.$$

(ii) Lagrange 插值方法的误差为

$$|\ln(2.5)-L_3(2.5)|=0.004896768.$$

与例 2.7.1 中用 Hermite 插值方法的结果相比, 同样是 3 次插值多项式, 但是 Hermite 插值多项要准确得多. □

一般的 Hermite 插值多项式 $H_n(x)$ 也可以通过构造插值基函数的方法来求解. 记插值基函数为 $L_{i,k}(x), k=0,\cdots,\alpha_i-1; i=1,\cdots,s$, 满足以下性质:

$$L_{i,k}^{(h)}(x_j)=\begin{cases}1, & i=j, k=h,\\ 0, & \text{其他}.\end{cases}$$

令

$$l_{i,k}(x)=\frac{(x-x_i)^k}{k!}\prod_{\substack{j=1\\ j\neq i}}^{s}\frac{(x-x_j)^{\alpha_j}}{(x_i-x_j)^{\alpha_j}},$$

则插值基函数 $L_{i,k}(x)$ 可以用以下递归公式计算:

$$\begin{aligned}&L_{i,\alpha_i}(x)=l_{i,\alpha_i}(x), \quad i=1,\cdots,s,\\&L_{i,k}(x)=l_{i,k}(x)-\sum_{j=k+1}^{\alpha_i-1}l_{i,k}^{(j)}(x_i)L_{i,j}(x), \quad k=\alpha_i-2,\cdots,0.\end{aligned}$$

所以 Hermite 插值多项式为

$$H_n(x)=\sum_{i=1}^{s}\sum_{k=0}^{\alpha_i-1}L_{i,k}(x)y_i^{(k)}.$$

插值余项为

$$f(x)-H_n(x)=\frac{f^{(n+1)}(\xi_x)}{(n+1)!}\pi_{n+1}(x), \quad \forall x\in\mathbb{R},$$

其中 $\xi_x\in(x_0,x_s)$, $\pi_{n+1}(x)=\prod_{i=1}^{s}(x-x_i)^{\alpha_i}$.

2.7.2 基于 Newton 插值方法的构造方法

类似于 Newton 插值方法, 也可以借助于差商表来构造 Hermite 插值多项式 $H_{2s-1}(x)$. 现在新引入插值节点 $z_i, i=0,\cdots,2s-1$ 如下:

$$z_{2i}=z_{2i+1}=x_i,\quad i=0,\cdots,s-1.$$

接下来可以定义差商表. 零阶差商为

$$f[z_{2i}]=f[z_{2i+1}]=y_i,\quad i=0,\cdots,s-1.$$

一阶差商为

$$\begin{aligned}&f[z_{2i},z_{2i+1}]=y_i',\quad i=0,\cdots,s-1,\\&f[z_{2i+1},z_{2i+2}]=f[x_i,x_{i+1}]=\frac{y_{i+1}-y_i}{x_{i+1}-x_i},\quad i=0,\cdots,s-2.\end{aligned}$$

高阶差商可以由差商的递推公式 (2.16) 得到. 最后应用 Newton 插值公式就得到 Hermite 插值多项式

$$H_{2s-1}(x)=\sum_{i=0}^{2s-1}f[z_0,\cdots,z_i]\prod_{j=0}^{i-1}(z-z_j).$$

现在同样建立 3 次 Hermite 插值多项式 $H_3(x)$. 首先建立如下差商表 (表 2.11).

表 2.11

x_i	$\mathrm{D}^0 f_i$	$\mathrm{D}^1 f_i$	$\mathrm{D}^2 f_i$	$\mathrm{D}^3 f_i$
x_0	$f[x_0]$			
x_0	$f[x_0]$	$f[x_0,x_0]$		
x_1	$f[x_1]$	$f[x_0,x_1]$	$f[x_0,x_0,x_1]$	
x_1	$f[x_1]$	$f[x_1,x_1]$	$f[x_0,x_1,x_1]$	$f[x_0,x_0,x_1,x_1]$

其中

$$\begin{aligned}&f[x_0]=y_0,\quad f[x_1]=y_1,\\&f[x_0,x_0]=y_0',\quad f[x_0,x_0]=\frac{y_1-y_0}{x_1-x_0},\quad f[x_1,x_1]=y_1',\\&f[x_0,x_0,x_1]=\frac{f[x_0,x_1]-f[x_0,x_0]}{x_1-x_0},\quad f[x_0,x_1,x_1]=\frac{f[x_1,x_1]-f[x_0,x_1]}{x_1-x_0},\\&f[x_0,x_0,x_1,x_1]=\frac{f[x_0,x_1,x_1]-f[x_0,x_0,x_1]}{x_1-x_0}.\end{aligned}$$

应用 Newton 插值公式就得到 3 次 Hermite 插值多项式

$$H_3(x)=f[x_0]+f[x_0,x_0](x-x_0)+f[x_0,x_0,x_1](x-x_0)^2+f[x_0,x_0,x_1,x_1](x-x_0)^2(x-x_1).\tag{2.32}$$

例 2.7.3 用 Newton 插值方法再次求例 2.7.1 中的 3 次 Hermite 插值多项式.

解 首先建立差商表如表 2.12 所示.

表 2.12

x_i	$\mathrm{D}^0 f_i$	$\mathrm{D}^1 f_i$	$\mathrm{D}^2 f_i$	$\mathrm{D}^3 f_i$
2	0.6931			
2	0.6931	0.5		
3	1.0986	0.4055	−0.0945	
3	1.0986	0.3333	−0.0722	0.0223

则根据 (2.32) 式就得到了 3 次 Hermite 插值多项式

$$\begin{aligned} H_3(x) &= 0.6931 + 0.5(x-2) - 0.0945(x-2)^2 + 0.0223(x-2)^2(x-3) \\ &= 0.0223x^3 - 0.2506x^2 + 1.2348x - 0.9525. \end{aligned}$$

可见用 Newton 构造方法得到的 3 次 Hermite 插值多项式与例 2.7.1 中得到的结果一致. □

2.8 Runge 现象和分段插值

在本章的引言中说到, 插值多项式是被插值函数的逼近, 因此总是希望插值多项式能一致逼近被插值函数. 那么插值多项式逼近的好坏由什么决定呢?

2.8.1 Runge 现象

回顾 Lagrange 插值余项公式 (2.4)

$$R_n(x) = f(x) - L_n(x) = \frac{f^{(n+1)}(\xi_x)}{(n+1)!}\pi_{n+1}(x), \quad \xi_x \in (a,b).$$

若 $f^{(n+1)}$ 和 π_{n+1} 在区间 $[a,b]$ 内有界, 则当 $n \to \infty$ 时插值多项式 L_n 一致收敛到 f. 例如设插值函数为 $f(x) = \sin(x)$, 插值区间为 $[a,b] = [0,1]$, 则有 $|R_n(x)| \leqslant \dfrac{1}{(n+1)!} \xrightarrow{n\to\infty} 0$.

然而并不总是插值多项式的次数越高逼近效果越好. 1901 年德国数学、物理学家 Carl Runge (Runge, 1901) 发现, 对于函数$f(x) = \dfrac{1}{1+x^2}$, 设 $x_i, i = 0, \cdots, n$ 为区间 $[-5,5]$ 上的等距节点, 则关于插值节点 $x_i, i = 0, \cdots, n$ 的 Lagrange 插值多项式 L_n 不能一致收敛到 f. 这种现象在数值分析中被称为 Runge 现象.

例 2.8.1 用 Lagrange 插值多项式逼近函数$f(x) = \dfrac{1}{1+x^2}$. 分别用到的等距节点的个数为 5, 7, 9, 11. 被插值函数与逼近 Lagrange 插值多项式的对比结果展示在图 2.1 中. 随着 Lagrange 插值多项式次数的提高, Lagrange 插值多项式并没有一致逼近被插值函数. 相反随着 Lagrange 插值多项式次数的提高, 在区间两个端点附近产生了强烈的振荡现象, 即 Runge 现象.

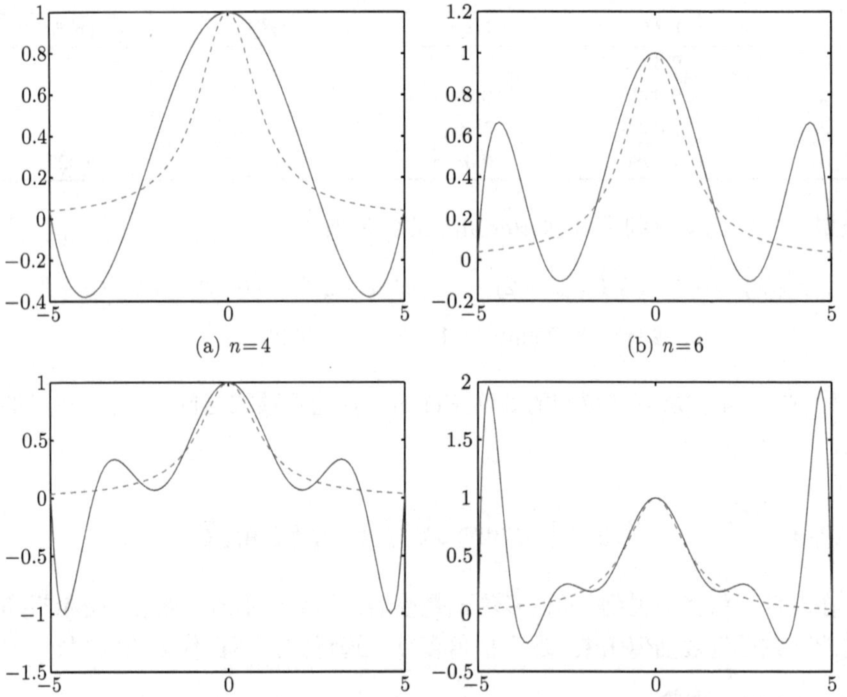

(a) $n=4$　(b) $n=6$

(c) $n=8$　(d) $n=10$

图 2.1 Lagrange 插值多项式逼近函数 $f(x)=\dfrac{1}{1+x^2}$

虚线为函数 $f(x)=\dfrac{1}{1+x^2}$ 的曲线, 实线为 Lagrange 插值多项式的逼近曲线

下面将给出 Runge 现象的简要分析. 首先需要将函数 $f(x)=\dfrac{1}{1+x^2}$ 代入余项公式 (2.4), 于是得到下面引理的结论.

引理 2.8.1 设 $f(x)=\dfrac{1}{1+x^2}$ 及互异节点 $x_j, j=-n,\cdots,n$, 其中 $x_{-j}=-x_j$. 那么有

$$f[x_0,x_{-1},x_1,\cdots,x_{-n},x_n,x]=(-1)^{n+1}\frac{x}{1+x^2}\prod_{j=1}^{n}\frac{1}{1+x_j^2}.$$

引理 2.8.1 的证明中需要用到下面一个命题.

命题 2.8.1 设 $x_i, i=0,\cdots,k$ 及 $y_j, j=0,\cdots,r$, 再设 $g(x)=f[y_0,\cdots,y_r,x]$. 那么有

$$g[x_0,\cdots,x_k]=f[y_0,\cdots,y_r,x_0,\cdots,x_k]. \tag{2.33}$$

证明 用数学归纳法证明. 当 $k=0$ 时 (2.33) 式显然成立. 现在假设 $k=n-1$ 时 (2.33) 式成立, 下面证明 $k=n$ 时 (2.33) 式也成立. 应用 Newton 差商的递推公式 (2.16) 有

$$\begin{aligned}g[x_0,\cdots,x_n]&=\frac{g[x_1,\cdots,x_n]-g[x_0,\cdots,x_{n-1}]}{x_n-x_0}\\&=\frac{f[y_0,\cdots,y_r,x_1,\cdots,x_n]-f[y_0,\cdots,y_r,x_0,\cdots,x_{n-1}]}{x_n-x_0}\\&=f[y_0,\cdots,y_r,x_0,\cdots,x_n].\end{aligned}$$

即得证结论. □

下面证明引理 2.8.1.

证明 首先证明

$$f[x_{-1},x_1,\cdots,x_{-n},x_n,x]=(-1)^n\frac{1}{1+x^2}\prod_{j=1}^{n}\frac{1}{1+x_j^2}. \tag{2.34}$$

用数学归纳法. 当 $n=1$ 时, 由于 $x_{-1}=-x_1$, $f(x_{-1})=f(x_1)$, 以及 Newton 差商性质 (2.15), 有

$$\begin{aligned}f[x_{-1},x_1,x]&=\frac{f(x)}{(x-x_{-1})(x-x_1)}+\frac{f(x_{-1})}{(x_{-1}-x)(x_{-1}-x_1)}+\frac{f(x_1)}{(x_1-x)(x_1-x_{-1})}\\&=\frac{f(x)}{x^2-x_1^2}+\frac{f(x_1)}{2x_1(x_1+x)}+\frac{f(x_1)}{2x_1(x_1-x)}\\&=\frac{f(x)-f(x_1)}{x^2-x_1^2}\\&=\frac{1}{x^2-x_1^2}\left(\frac{1}{1+x^2}-\frac{1}{1+x_1^2}\right)\\&=\frac{-1}{(1+x^2)(1+x_1^2)}.\end{aligned}$$

即 $n=1$ 时 (2.34) 式成立. 现在假设 $n=m-1$ 时 (2.34) 式成立, 下面证明 $n=m$ 时 (2.34) 式也成立. 记

$$g(x)=f[x_{-1},x_1,\cdots,x_{-(m-1)},x_{m-1},x].$$

由命题 2.8.1 有

$$g[x_{-m},x_m,x]=f[x_{-1},x_1,\cdots,x_{-(m-1)},x_{m-1},x_{-m},x_m,x].$$

又根据假设条件有

$$g(x)=(-1)^{m-1}f(x)\prod_{j=1}^{m-1}\frac{1}{1+x_j^2}.$$

所以

$$g[x_{-m},x_m,x]=(-1)^{m-1}f[x_{-m},x_m,x]\prod_{j=1}^{m-1}\frac{1}{1+x_j^2}$$
$$=(-1)^{m-1}\frac{-1}{(1+x^2)(1+x_m^2)}\prod_{j=1}^{m-1}\frac{1}{1+x_j^2}$$
$$=(-1)^m\frac{1}{(1+x^2)}\prod_{j=1}^{m}\frac{1}{1+x_j^2}.$$

即 $n=m$ 时 (2.34) 式成立.

其次,

$$f[x_0,x]=\frac{f(x)-f(x_0)}{x-x_0}=\frac{\frac{1}{1+x^2}-1}{x}=-\frac{x}{1+x^2}.$$

最后再次利用命题 2.8.1 有

$$f[x_0,x_{-1},x_1,\cdots,x_{-n},x_n,x]=(-1)^n f[x_0,x]\prod_{j=1}^{n}\frac{1}{1+x_j^2}$$
$$=(-1)^{n+1}\frac{x}{1+x^2}\prod_{j=1}^{n}\frac{1}{1+x_j^2}.$$

即得证引理. □

借助引理 2.8.1 可以得到插值多项式收敛区间.

命题 2.8.2 设 $f(x)=\dfrac{1}{1+x^2}$ 及互异节点 $x_j, j=-n,\cdots,n$, 其中 $x_{-j}=-x_j$. 记 Lagrange 插值多项式为 $l_{2n}(x)$. 令 $\bar{x}\approx 3.63$, 当 $n\to\infty$ 时, 若 $|x|<\bar{x}$, 则 $|f(x)-l_{2n}(x)|\xrightarrow{n\to\infty}0$; 若 $|x|>\bar{x}$, 则 $|f(x)-L_{2n}(x)|\xrightarrow{n\to\infty}\infty$.

证明 根据引理 2.8.1, 插值余项的绝对值为

$$|f(x)-l_{2n}(x)|=\frac{x^2}{1+x^2}\prod_{j=1}^{n}\frac{|x^2-x_j^2|}{1+x_j^2}.$$

由于 $\dfrac{x^2}{1+x^2}$ 在 $[-5,5]$ 内有界, 所以只用分析 $\displaystyle\prod_{j=1}^{n}\frac{|x^2-x_j^2|}{1+x_j^2}$. 令

$$r_{2n}(x)=h\ln\left|\prod_{j=1}^{n}\frac{|x^2-x_j^2|}{1+x_j^2}\right|=\sum_{j=1}^{n}h\ln\frac{|x^2-x_j^2|}{1+x_j^2},$$

其中 $h=\dfrac{5}{n}$. 取极限有

$$r_{2n}(x) \xrightarrow{n\to\infty} r(x) = \int_0^5 \ln\frac{|t^2 - x^2|}{1+t^2}\mathrm{d}t.$$

求积分得

$$r(x) = x\ln(5+x) - x\ln(5-x) - 5(\ln(2)+\ln(13)) + 5(\ln(5-x)+\ln(5+x)) - 2\arctan(5).$$

$r(x)$ 的零点约等于 3.63. 并且可以验证 $r(x)$ 是 $[0,5]$ 上的有界单调增函数. 综合以上分析有

$$|f(x) - l_{2n}(x)| = \frac{x^2}{1+x^2}\mathrm{e}^{\frac{r_{2n}(x)}{h}} = \frac{x^2}{Hx^2}\mathrm{e}^{\frac{r_{2n}(x)\cdot n}{5}}$$

显然, 当 $|x| < \bar{x}$ 时有 $|f(x)-l_{2n}(x)| \xrightarrow{n\to\infty} 0$; 而当 $|x| > \bar{x}$ 时有 $|f(x)-l_{2n}(x)| \xrightarrow{n\to\infty} \infty$. □

命题 2.8.2 的结论与图 2.1 是一致的, 即在插值区间的中部有较好的插值结果, 而在插值区间的两端点附近难以保证收敛性. 因此, 高次插值多项式不能保证收敛性, 并且可能产生严重的数值振荡现象. 所以在插值计算中通常都避免使用高次插值多项式, 取而代之的是使用分段插值多项式.

2.8.2 分段插值

分段插值的主要思想是将插值区间划分为若干小区间, 然后在每个小区间上用低次插值多项式逼近被插值函数. 最简单的分段插值方法是分段线性插值.

定义 2.8.1 设 $y = f(x)$ 是定义在区间 $[a,b]$ 内的函数, 已知 f 在 $[a,b]$ 内 $n+1$ 个互异点 $a \leqslant x_0 < x_1 < \cdots < x_n \leqslant b$ 处的函数值为 $y_i = f(x_i), i = 0,\cdots,n$. 设 s_1 是定义在区间 $[a,b]$ 的函数, 若 s_1 满足下列条件:

(i) s_1 在每个小区间 $[x_i, x_{i+1}], i = 0,\cdots,n-1$ 内是线性函数,

(ii) s_1 满足插值条件: $s_1(x_i) = y_i, i = 0,\cdots,n$,

(iii) s_1 是插值区间 $[a,b]$ 内的连续函数,

则称 s_1 是插值区间 $[a,b]$ 内的分段线性插值函数.

分段线性插值的几何意义是在每个小区间内用直线段把插值点连接起来. 图 2.2 所示是用分段线性插值多项式逼近函数$f(x) = \dfrac{1}{1+x^2}$. 实际上就是用直线段将相邻两个插值点连接起来, 随着插值点个数的增加, 就得到了更好的逼近结果.

定义如下函数空间

$$S^{0,1} = \{s \in C^0[a,b] : s|_{I_i} \in \mathcal{P}_1(I_i), I_i = [x_i, x_{i+1}], i = 0,\cdots,n-1\}.$$

则容易验证 $s_1 \in S^{0,1}$. 函数空间 $S^{0,1}$ 的维数是 $n+1$, 即分段线性插值多项式的自由度为 $n+1$, 而这 $n+1$ 个自由度正是函数值 $y_i, i = 0,\cdots,n-1$. 函数 $s_1(x)$ 在

$[x_{i-1}, x_i], i = 1, \cdots, n$ 内的表达式为

$$\begin{aligned} s_1(x) &= \frac{x - x_i}{x_{i-1} - x_i} y_{i-1} + \frac{x - x_{i-1}}{x_i - x_{i-1}} y_i \\ &= l_{i-1,1}(x) y_{i-1} + l_{i,1}(x) y_i. \end{aligned}$$

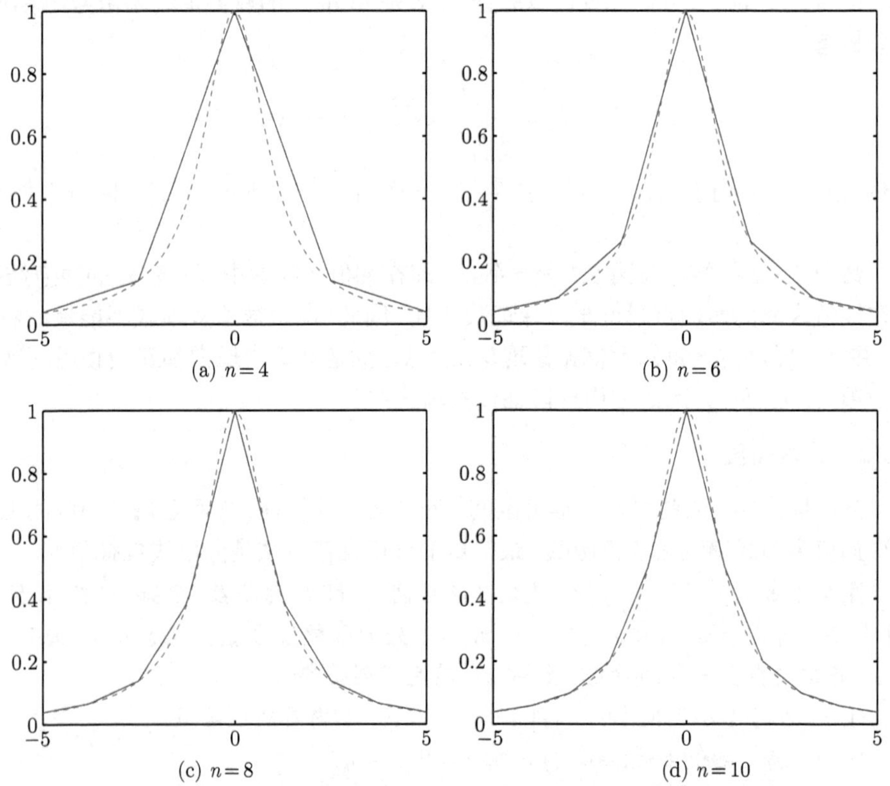

图 2.2　分段线性插值多项式逼近函数 $f(x) = \dfrac{1}{1+x^2}$

虚线为函数 $f(x) = \dfrac{1}{1+x^2}$ 的曲线, 实线为分段线性插值多项式的逼近曲线

函数 $s_1(x)$ 在区间 $[s_i, s_{i+1}], i = 0, \cdots, n-1$ 内的表达式为

$$\begin{aligned} s_1(x) &= \frac{x - x_{i+1}}{x_i - x_{i+1}} y_i + \frac{x - x_i}{x_{i+1} - x_i} y_{i+1} \\ &= l_{i,1}(x) y_i + l_{i+1,1}(x) y_{i+1}. \end{aligned}$$

用基函数表示, 则 $s_1(x)$ 在插值区间 $[a, b]$ 内的表达式可以统一为

$$s_1(x) = \sum_{i=0}^{n} l_{i,1}(x) y_i,$$

其中

$$
l_{i,1}(x)=\begin{cases}\dfrac{x-x_{i-1}}{x_i-x_{i-1}}, & x_{i-1}\leqslant x\leqslant x_i, (i=0\text{略去}),\\ \dfrac{x-x_{i+1}}{x_i-x_{i+1}}, & x_i\leqslant x\leqslant x_{i+1}, (i=n\text{略去}),\\ 0, & x\in[a,b]/[x_{i-1},x_{i+1}].\end{cases} \tag{2.35}
$$

$l_{i,1}(x)$ 只在 $[x_{i-1},x_{i+1}]$ 不为 0, 在其他区域为 0, 因此 $l_{i,1}(x)$ 具有局部非零性质, 如图 2.3 所示. 并且 $\{l_{i,1}\}, i=0,\cdots,n$ 构成了函数空间 $S^{0,1}$ 的一组基函数.

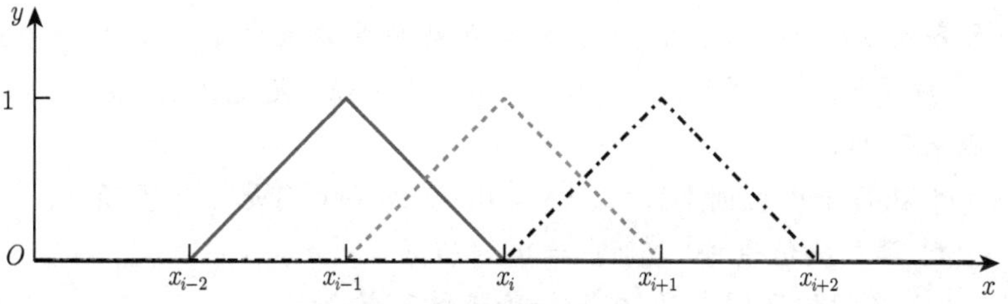

图 2.3 分段线性插值基函数

分段线性插值多项式是否具有一致收敛性呢？下面一个定理将给出答案.

定理 2.8.1 设 $y=f(x)$ 是定义在区间 $[a,b]$ 内的函数, 已知 $f(x)$ 在 $[a,b]$ 内 $n+1$ 个互异点 $a\leqslant x_0<x_1<\cdots<x_n\leqslant b$ 处的函数值为: $y_i=f(x_i), i=0,\cdots,n$. 又设 $f(x)\in C^1[a,b]$, $f''(x)$ 在 (a,b) 内存在. 分段线性插值多项式 $s_1(s)\in S^{0,1}$ 满足插值条件 $s_1(x_i)=y_i, i=0,\cdots,n$. 则有下面的余项估计

$$
|R(x)|=|f(x)-s_1(x)|\leqslant\frac{h^2}{8}M, \tag{2.36}
$$

其中 $h=\max\limits_{0\leqslant i\leqslant n-1}|x_{i+1}-x_i|$, $M=\max\limits_{a\leqslant x\leqslant b}|f''(x)|$.

证明 在每个小区间 $[x_i,x_{i+1}], i=0,\cdots,n-1$ 内线性插值的误差估计为

$$
|R_i(x)|\leqslant\frac{(x_{i+1}-x_i)^2}{8}\max_{x_i\leqslant x\leqslant x_{i+1}}|f''(x)|.
$$

因此在整个区间 $[a,b]$ 内的误差估计为

$$
|R(x)|\leqslant\max_{0\leqslant i\leqslant n-1}|R_i(x)|\leqslant\frac{h^2}{8}M.
$$

□

从余项估计式 (2.37) 可以看出, 当 $n\to\infty$ 时有 $|R(x)|\xrightarrow{n\to\infty}0$. 所以分段线性插值多项式具有一致收敛性.

例 2.8.2 求 $[0,1]$ 上等距节点的个数, 使正弦函数 $f(x)=\sin(x)$ 在 $[0,1]$ 上的分段线性插值误差不超过 5×10^{-5}.

解 应用定理 2.8.1 的结论有

$$|f(x)-s_1(x)|\leqslant \frac{h^2}{8}\sin(1)\leqslant 5\times 10^{-5}.$$

计算得到 $h\leqslant 0.0218$, 即 $n\geqslant 46$. 故至少需要 47 个节点才能达到要求的精度. □

分段线性插值多项式计算简便, 但是光滑性较差, 且收敛速度慢. 为了得到光滑性更好的插值函数, 就要在每个小区间上应用高次插值多项式. 下面将在每个小区间上构造 3 次 Hermite 插值多项式.

定义 2.8.2 设 $y=f(x)$ 是定义在区间 $[a,b]$ 内的函数, 已知 $f(x)$ 在 $[a,b]$ 内 $n+1$ 个互异点 $a\leqslant x_0<x_1<\cdots<x_n\leqslant b$ 处的函数值为 $y_i=f(x_i),i=0,\cdots,n$, 以及一阶导数值为 $y_i'=f'(x_i),i=0,\cdots,n$. 设 $s_3(x)$ 是定义在区间 $[a,b]$ 的函数, 若 $s_3(x)$ 满足下列条件.

(i) $s_3(x)$ 在每个小区间 $[x_i,x_{i+1}],i=0,\cdots,n-1$ 内是 3 次多项式,

(ii) $s_3(x)$ 满足插值条件: $s_3(x_i)=y_i,s_3'(x_i)=y_i',i=0,\cdots,n$,

(iii) $s_3(x)$ 是插值区间 $[a,b]$ 内为一阶连续可导函数,

则称 $s_3(x)$ 是插值区间 $[a,b]$ 内的分段 3 次 Hermite 插值函数.

类似地定义如下函数空间

$$S^{1,3}=\{s\in C^1[a,b]\,:\,s|_{I_i}\in\mathcal{P}_3(I_i),I_i=[x_i,x_{i+1}],i=0,\cdots,n-1\}.$$

容易验证 $s_3\in S^{1,3}$. 函数空间 $S^{1,3}$ 的维数是 $2(n+1)$, 即分段 3 次 Hermite 插值多项式的自由度为 $2(n+1)$, 分别为函数值 $y_i,i=0,\cdots,n$ 和一阶导数值 $y_i',i=0,\cdots,n$.

3 次 Hermite 插值多项式也可以表示为基函数线性组合的形式

$$s_3(x)=\sum_{i=0}^{n}(h_i(x)y_i+\bar{h}_i(x)y_i'),$$

其中 $h_i(x),\bar{h}_i(x)$ 为插值基函数, 表达式为

$$h_i(x)=\begin{cases}\left(1+2\dfrac{x-x_i}{x_{i-1}-x_i}\right)\left(\dfrac{x-x_{i-1}}{x_i-x_{i-1}}\right)^2, & x_{i-1}\leqslant x\leqslant x_i(i=0\text{略去}),\\ \left(1+2\dfrac{x-x_i}{x_{i+1}-x_i}\right)\left(\dfrac{x-x_{i+1}}{x_i-x_{i+1}}\right)^2, & x_i\leqslant x\leqslant x_{i+1}(i=n\text{略去}),\\ 0, & x\in[a,b]/[x_{i-1},x_{i+1}].\end{cases}$$

$$\bar{h}_i(x)=\begin{cases}(x-x_i)\left(\dfrac{x-x_{i-1}}{x_i-x_{i-1}}\right)^2, & x_{i-1}\leqslant x\leqslant x_i(i=0\text{略去}),\\ (x-x_i)\left(\dfrac{x-x_{i+1}}{x_i-x_{i+1}}\right)^2, & x_i\leqslant x\leqslant x_{i+1}(i=n\text{略去}),\\ 0, & x\in[a,b]/[x_{i-1},x_{i+1}].\end{cases}$$

同样可以验证 $h_i(x), \bar{h}_i(x)$ 具有局部非零性质, 如图 2.4 所示, 且 $\{h_i\}, i = 0, \cdots, n, \{\bar{h}_i\}, i = 0, \cdots, n$ 构成了函数空间 $S^{1,3}$ 的一组基函数.

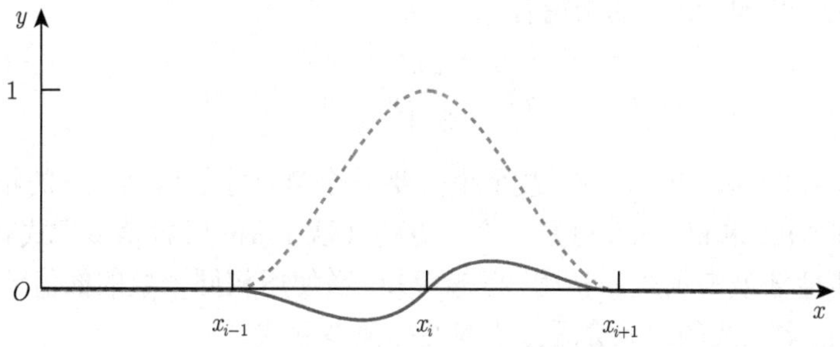

图 2.4 分段 Hermite 插值基函数

虚线为 h_i, 实线为 $\bar{h}_i$

分段 3 次 Hermite 插值多项式的收敛结果如下定理所述.

定理 2.8.2 设 $y = f(x)$ 是定义在区间 $[a, b]$ 内的函数, 已知 $f(x)$ 在 $[a, b]$ 内 $n+1$ 个互异点 $a \leqslant x_0 < x_1 < \cdots < x_n \leqslant b$ 处的函数值为 $y_i = f(x_i), i = 0, \cdots, n$, 以及一阶导数值为 $y_i' = f'(x_i), i = 0, \cdots, n$. 又设 $f(x) \in C^3[a, b]$, $f^{(4)}(x)$ 在 (a, b) 内存在. 分段 3 次 Hermite 插值多项式 $s_3(s) \in S^{1,3}$ 满足插值条件 $s_3(x_i) = y_i, s_3'(x_i) = y_i', i = 0, \cdots, n$. 则有下面的余项估计

$$|R(x)| = |f(x) - s_3(x)| \leqslant \frac{h^4}{384} M, \tag{2.37}$$

其中 $h = \max\limits_{0 \leqslant i \leqslant n-1} |x_{i+1} - x_i|$, $M = \max\limits_{a \leqslant x \leqslant b} |f^{(4)}(x)|$.

证明 在每个小区间 $[x_i, x_{i+1}], i = 0, \cdots, n-1$ 内, 根据 Hermite 插值余项公式有

$$R_i(x) = \frac{f^{(4)}(\xi_x)}{4!}(x - x_i)^2 (x - x_{i+1})^2, \quad \xi_x \in (x_i, x_{i+1}).$$

故 3 次 Hermite 性插值的误差估计为

$$|R_i(x)| \leqslant \frac{(x_{i+1} - x_i)^4}{384} \max_{x_i \leqslant x \leqslant x_{i+1}} |f^{(4)}(x)|.$$

因此在整个区间 $[a, b]$ 内的误差估计为

$$|R(x)| \leqslant \max_{0 \leqslant i \leqslant n-1} |R_i(x)| \leqslant \frac{h^4}{384} M.$$

□

从余项估计式 (2.37) 可以看出, 当 $n \to \infty$ 时有 $|R(x)| \xrightarrow{n \to \infty} 0$. 所以分段 3 次 Hermite 插值多项式也具有一致收敛性, 且收敛速度远高于分段线性插值多项式.

例 2.8.3　在例 2.8.2 中将分段线性插值多项式替换为分段 3 次 Hermite 插值多项式, 则需要多少个等距节点?

解　应用定理 2.8.2 的结论有

$$|f(x)-s_3(x)|\leqslant\frac{h^4}{384}\sin(1)\leqslant 5\times 10^{-5}.$$

计算得到 $h\leqslant 0.3887$, 即 $n\geqslant 3$. 故至少需要 4 个节点才能达到要求的精度. □

对比例 2.8.2 和例 2.8.3 可知 4 个节点的 3 次 Hermite 插值多项式就能达到 47 个节点的线性插值多项式的精度. 可想而知, 当使用相同个数的插值节点时, 3 次 Hermite 插值多项式的效果会远好于线性插值多项式.

2.9 样条插值

上一节介绍的分段线性插值多项式光滑性差, 只有连续性. 而分段 3 次 Hermite 插值多项式具有一阶连续可导性, 但是需要已知节点处的导数. 这一节将介绍 3 次样条插值多项式, 它具有 2 次连续可导性. 正是 3 次样条插值多项式良好的整体光滑性, 使得它在实践中得到广泛的应用.

2.9.1　3 次样条插值多项式

定义 2.9.1　设 $y=f(x)$ 是定义在区间 $[a,b]$ 内的函数, 已知 $f(x)$ 在 $[a,b]$ 内 $n+1$ 个互异点 $a\leqslant x_0<x_1<\cdots<x_n\leqslant b$ 处的函数值为 $y_i=f(x_i), i=0,\cdots,n$. 设 $s_3(x)$ 是定义在区间 $[a,b]$ 的函数, 若 $s_3(x)$ 满足下列条件.

(i) $s(x)$ 在每个小区间 $[x_i,x_{i+1}], i=0,\cdots,n-1$ 内是次数不超过 3 次多项式,

(ii) $s(x)$ 满足插值条件: $s(x_i)=y_i, i=0,\cdots,n$,

(iii) $s(x)$ 是插值区间 $[a,b]$ 内为二阶连续可导函数,

则称 $s(x)$ 是插值区间 $[a,b]$ 内的 3 次样条插值函数, 简称 3 次样条.

例 2.9.1　已知如下分段函数

$$\begin{aligned}
s_0(x)&=2-\frac{13}{8}(x-1)+\frac{5}{8}(x-1)^3,\quad x\in[1,2],\\
s_1(x)&=1+\frac{1}{4}(x-2)+\frac{15}{8}(x-2)^2-\frac{5}{8}(x-2)^3,\quad x\in[2,4],\\
s_2(x)&=4+\frac{1}{4}(x-4)-\frac{15}{8}(x-4)^2+\frac{5}{8}(x-4)^3,\quad x\in[4,5].
\end{aligned}$$

验证此分段函数为插值点 $(1,2),(2,1),(4,4),(5,3)$ 上的 3 次样条.

解　要验证分段函数为 3 次样条函数就要验证其满足定义 2.9.1 中的三个条件. 首先, 显然此分段函数在每个子区间内是一个 3 次多项式. 下面验证其满足插

值条件. 利用分段函数的定义, 并代入插值节点有

$$\begin{aligned} s_0(1) = 2, &\quad s_0(2) = 1, \\ s_1(2) = 1, &\quad s_1(4) = 4, \\ s_2(4) = 4, &\quad s_2(5) = 3. \end{aligned}$$

因此分段函数满足插值条件.

接着验证一阶导数连续性. 对分段函数求一阶导数有

$$\begin{aligned} s_0'(x) &= -\frac{13}{8} + \frac{15}{8}(x-1)^2, \\ s_1'(x) &= \frac{1}{4} + \frac{15}{4}(x-2) - \frac{15}{8}(x-2)^2, \\ s_2'(x) &= \frac{1}{4} - \frac{15}{4}(x-4) + \frac{15}{8}(x-4)^2. \end{aligned}$$

代入插值节点得

$$\begin{aligned} s_0'(2) &= -\frac{13}{8} + \frac{15}{8} = \frac{1}{4}, \quad s_1'(2) = \frac{1}{4}, \\ s_1'(4) &= \frac{1}{4} + \frac{15}{4}(4-2) - \frac{15}{4}(4-2)^2 = \frac{1}{4}, \quad s_2'(4) = \frac{1}{4}. \end{aligned}$$

因此在插值节点 $x = 2, x = 4$ 处, 分段函数是一阶导数连续的.

最后验证二阶导数连续性. 对分段函数求二阶导数有

$$\begin{aligned} s_0''(x) &= \frac{15}{4}(x-1), \\ s_1''(x) &= \frac{15}{4} - \frac{15}{4}(x-2), \\ s_2''(x) &= -\frac{15}{4} + \frac{15}{4}(x-4). \end{aligned}$$

代入插值节点得

$$\begin{aligned} s_0''(2) = s_1''(2) &= \frac{15}{4}, \\ s_1''(4) = s_2''(4) &= -\frac{15}{4}. \end{aligned}$$

因此在插值节点 $x = 2, x = 4$ 处, 分段函数二阶导数也是连续的. 故分段函数的确是 3 次样条, 如图 2.5 所示. □

再定义如下函数空间

$$S^{2,3} = \{s \in C^2[a,b] : s|_{I_i} \in \mathcal{P}_3(I_i), I_i = [x_i, x_{i+1}], i = 0, \cdots, n-1\}.$$

容易验证 $s \in S^{2,3}$. 函数空间 $S^{2,3}$ 的维数是 $n+3$, 即 3 次样条的自由度为 $n+3$. 插值条件 $s(x_i)=y_i, i=0,\cdots,n$ 提供了 $n+1$ 个自由度, 于是要确定 3 次样条还需要另外 2 个自由度.

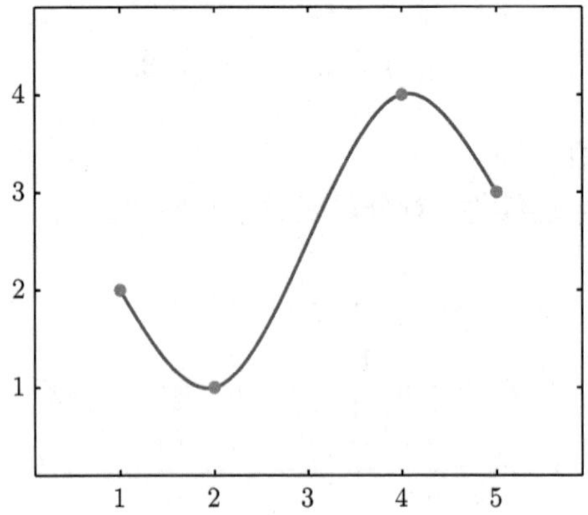

图 2.5　通过四个插值点的 3 次样条

由于 3 次样条 $s(x)$ 在每个子区间 $[x_i, x_{i+1}], i=0,\cdots,n-1$ 内是一个 3 次多项式, 记为

$$s_i(x)=a_i+b_ix+c_ix^2+d_ix^3, \quad x \in [x_i, x_{i+1}],$$

其中 4 个系数 a_i, b_i, c_i, d_i 待定. 因此要在整个插值区间 $[a,b]$ 上确定 3 次样条 $s(x)$, 就必须确定 $4n$ 个定解条件, 即建立 $4n$ 个定解方程.

根据 3 次样条二阶连续可导的条件可以建立以下 $3(n-1)$ 个方程:

$$\begin{aligned} s_i(x_i)&=s_{i+1}(x_i), \quad i=1,\cdots,n-1,\\ s_i'(x_i)&=s_{i+1}'(x_i), \quad i=1,\cdots,n-1,\\ s_i''(x_i)&=s_{i+1}''(x_i), \quad i=1,\cdots,n-1. \end{aligned}$$

再由 $n+1$ 个插值条件

$$s(x_i)=y_i, \quad i=0,\cdots,n.$$

故共有 $4n-2$ 个条件. 显然还缺少两个条件, 而缺少的两个条件只能在区间 $[a,b]$ 的两个端点给出, 即边界条件.

通常有以下几种边界条件.

(i) 自然边界条件:

$$s''(x_0)=s''(x_n)=0.$$

这样构造的样条也称为自然样条.

(ii) 固支边界条件:

$$s'(x_0) = y_0', \quad s'(x_n) = y_n'.$$

由于固支边界条件使插值样条包含了更多的信息, 所以通常比自然条件更精确.

(iii) 周期边界条件:

$$s(x_0) = s(x_n), \quad s'(x_0) = s'(x_n), \quad s''(x_0) = s''(x_n).$$

同时去掉一个插值条件 $s(x_0) = y_0$ 或 $s(x_n) = y_n$. 这时的样条称为周期样条.

两个边界条件恰好补充了缺少的两个自由度. 现在通过求解 $4n$ 个方程就能确定 $4n$ 个系数, 此方法也称为待定系数法. 显然求解一个 $4n$ 大小的线性方程组需要消耗大量的计算资源, 所以人们希望进一步的化简 3 次样条的计算复杂度.

2.9.2 三弯矩构造方法

三弯矩构造方法利用了 3 次样条在内部分节点上的二阶连续可导性来化简计算, 最终可以将问题化简为求解一个规模为 n 的线性方程组. 下面具体讨论三弯矩方法的构造过程.

记 3 次样条在节点处的二阶导数值为 $M_i = s''(x_i), i = 0, \cdots, n$. 由于 $s''(x)$ 在 $[x_i, x_{i+1}], i = 0, \cdots, n-1$ 上是一次多项式, 故有

$$s_i''(x) = \frac{x_{i+1} - x}{h_i} M_i + \frac{x - x_i}{h_i} M_{i+1},$$

其中 $h_i = x_{i+1} - x_i$. 将上式积分两次有

$$s_i(x) = \frac{(x_{i+1} - x)^3}{6h_i} M_i + \frac{(x - x_i)^3}{6h_i} M_{i+1} + A_i(x - x_{i+1}) + B_i.$$

由插值条件

$$\begin{cases} s_i(x_i) = y_i, \\ s_i(x_{i+1}) = y_{i+1}, \end{cases}$$

可以求解常数 A_i, B_i, 即

$$\begin{cases} A_i = \dfrac{y_{i+1} - y_i}{h_i} - \dfrac{h_i}{6}(M_{i+1} - M_i), \\ B_i = y_{i+1} - \dfrac{h_i^2}{6} M_{i+1}. \end{cases}$$

通过整理有

$$\begin{aligned} s_i(x) = & \frac{(x_{i+1} - x)^3}{6h_i} M_i + \frac{(x - x_i)^3}{6h_i} M_{i+1} \\ & + \left[y_i - \frac{M_i}{6} h_i^2 \right] \frac{x_{i+1} - x}{h_i} + \left[y_{i+1} - \frac{M_{i+1}}{6} h_i^2 \right] \frac{x - x_i}{h_i}, \\ & i = 0, \cdots, n-1, \end{aligned} \tag{2.38}$$

其中 $M_i, i=0,\cdots,n$ 是待定系数.

最后利用一阶导数连续条件, 即

$$s_i'(x_{i+1}) = s_{i+1}'(x_{i+1}), \quad i=0,\cdots,n-2,$$

来确定待定系数. 对 $s_i(x)$ 求导有

$$s_i'(x) = -\frac{(x_{i+1}-x)^2}{2h_i}M_i + \frac{(x-x_i)^2}{2h_i}M_{i+1} + \frac{y_{i+1}-y_i}{h_i} - \frac{M_{i+1}-M_i}{6}h_i.$$

用 x_{i+1} 替换 x 得到

$$s_i'(x_{i+1}) = \frac{h_i}{6}M_i + \frac{h_i}{3}M_{i+1} + f[x_i, x_{i+1}].$$

同理可以计算 $s_{i+1}'(x_{i+1})$ 为

$$s_{i+1}'(x_{i+1}) = -\frac{h_{i+1}}{3}M_{i+1} - \frac{h_{i+1}}{6}M_{i+2} + f[x_{i+1}, x_{i+2}].$$

整理有

$$\frac{h_i}{6}M_i + \frac{h_i+h_{i+1}}{3}M_{i+1} + \frac{h_{i+2}}{6}M_{i+2} = f[x_{i+1}, x_{i+2}] - f[x_i, x_{i+1}].$$

上式两边同时除以 $\dfrac{h_i+h_{i+1}}{6}$ 得

$$\mu_{i+1}M_i + 2M_{i+1} + \lambda_{i+1}M_{i+2} = d_{i+1}, \quad i=0,\cdots,n-2,$$

其中

$$\begin{cases} \mu_{i+1} = \dfrac{h_i}{h_i+h_{i+1}}, \\ \lambda_{i+1} = \dfrac{h_{i+1}}{h_i+h_{i+1}}, \\ d_{i+1} = 6f[x_i, x_{i+1}, x_{i+2}], \end{cases} \qquad i=0,\cdots,n-2.$$

接下来考虑边界条件.

(i) 自然边界条件:

即已知 $M_0 = M_n = 0$, 所以线性方程组为

$$\begin{pmatrix} 2 & \lambda_1 & & & \\ \mu_2 & 2 & \lambda_2 & & \\ & \ddots & \ddots & \ddots & \\ & & \mu_{n-2} & 2 & \lambda_{n-2} \\ & & & \mu_{n-1} & 2 \end{pmatrix} \begin{pmatrix} M_1 \\ M_2 \\ \vdots \\ M_{n-2} \\ M_{n-1} \end{pmatrix} = \begin{pmatrix} d_1 \\ d_2 \\ \vdots \\ d_{n-2} \\ d_{n-1} \end{pmatrix}. \tag{2.39}$$

(ii) 固支边界条件:

已知两端的一阶导数值

$$s_0'(x_0) = y_0', \quad s_{n-1}'(x_n) = y_n'.$$

代入 (2.38) 式得

$$\begin{aligned} 2M_0 + M_1 &= \frac{6}{h_0}\left(f[x_0, x_1] - y_0'\right) = d_0, \\ M_{n-1} + 2M_n &= \frac{6}{h_{n-1}}\left(y_n' - f[x_{n-1}, x_n]\right) = d_n. \end{aligned}$$

因此线性方程组为

$$\begin{pmatrix} 2 & 1 & & & \\ \mu_1 & 2 & \lambda_1 & & \\ & \ddots & \ddots & \ddots & \\ & & \mu_{n-1} & 2 & \lambda_{n-1} \\ & & & 1 & 2 \end{pmatrix} \begin{pmatrix} M_0 \\ M_1 \\ \vdots \\ M_{n-1} \\ M_n \end{pmatrix} = \begin{pmatrix} d_0 \\ d_1 \\ \vdots \\ d_{n-1} \\ d_n \end{pmatrix}. \tag{2.40}$$

(iii) 周期边界条件:

由二阶连续导数条件 $s_0''(x_0) = s_{n-1}''(x_n)$ 知 $M_0 = M_n$, 又由一阶连续导数条件 $s_0'(x_0) = s_{n-1}'(x_n)$ 得到

$$\mu_n M_{n-1} + 2M_n + \lambda_n M_1 = d_n,$$

其中 $\mu_n = \dfrac{h_{n-1}}{h_0 + h_{n-1}}$, $\lambda_n = \dfrac{h_0}{h_0 + h_{n-1}}$, $d_n = 6\dfrac{f[x_0, x_1] - f[x_{n-1}, x_n]}{h_0 + h_{n-1}}$. 因此线性方程组为

$$\begin{pmatrix} 2 & \lambda_1 & & & \mu_1 \\ \mu_2 & 2 & \lambda_2 & & \\ & \ddots & \ddots & \ddots & \\ & & \mu_{n-1} & 2 & \lambda_{n-1} \\ \lambda_n & & & \mu_n & 2 \end{pmatrix} \begin{pmatrix} M_1 \\ M_2 \\ \vdots \\ M_{n-1} \\ M_n \end{pmatrix} = \begin{pmatrix} d_1 \\ d_2 \\ \vdots \\ d_{n-1} \\ d_n \end{pmatrix}. \tag{2.41}$$

记上面三个线性方程组为 $AM = B$, 则方程组是否存在唯一解 M 归结于矩阵 A 的行列式 $\det(A)$ 是否为零. 在线性代数中已知结论: 若矩阵 A 是严格对角占优, 则 $\det(A) \neq 0$. 在方程组 (2.39)—(2.41) 的矩阵中, 对角线上的元素为 2, 而非对角线元素的绝对值之和小于等于 1. 所以矩阵 A 的确是严格对角占优矩阵, 故方程组 (2.39)—(2.41) 都存在唯一解. 也就是说三种类型的 3 次样条是唯一的.

例 2.9.2 用三弯矩方法构造例 2.9.1 中的 3 次样条. 在边界上, 将应用固支边界条件, 即 $s'(1) = s'(5) = -\dfrac{13}{8}$.

解　求 3 次样条就是要解线性方程组 (2.40). 为此首先构造如下差商表 (表 2.13).

表 2.13

x_i	$\mathrm{D}^0 f_i$	$\mathrm{D}^1 f_i$	$\mathrm{D}^2 f_i$
1	2		
1	2	$-\frac{13}{8}$	
2	1	-1	$\frac{5}{8}$
4	4	$\frac{3}{2}$	$\frac{5}{6}$
5	3	-1	$-\frac{5}{6}$
5	3	$-\frac{13}{8}$	$-\frac{5}{8}$

于是构造出下面的线性方程组

$$\begin{pmatrix} 2 & 1 & 0 & 0 \\ \frac{1}{3} & 2 & \frac{2}{3} & 0 \\ 0 & \frac{2}{3} & 2 & \frac{1}{3} \\ 0 & 0 & 1 & 2 \end{pmatrix} \begin{pmatrix} M_0 \\ M_1 \\ M_2 \\ M_3 \end{pmatrix} = \begin{pmatrix} \frac{15}{4} \\ 5 \\ -5 \\ -\frac{15}{4} \end{pmatrix}.$$

解上面方程组得到

$$\begin{pmatrix} M_0 \\ M_1 \\ M_2 \\ M_3 \end{pmatrix} = \begin{pmatrix} 0 \\ \frac{15}{4} \\ -\frac{15}{4} \\ 0 \end{pmatrix}.$$

最后将 $M_i, i = 0, \cdots, 3$ 代入 (2.38) 式就得到了 3 次样条

$$\begin{aligned} s_0(x) &= \frac{5}{8}(x-1)^3 + 2(2-x) + \frac{3}{8}(x-1), \quad x \in [1,2], \\ s_1(x) &= \frac{5}{16}(4-x)^3 - \frac{5}{16}(x-2)^3 - \frac{3}{4}(4-x) + \frac{13}{4}(x-2), \quad x \in [2,4], \\ s_2(x) &= -\frac{5}{8}(4-x)^3 + \frac{37}{8}(5-x) + 3(x-4), \quad x \in [4,5]. \end{aligned}$$

可以验证用三弯矩方法得到的 3 次样条就是例 2.9.1 中定义的 3 次样条.　□

3 次样条有一个重要的能量极小性质. 定义一个函数集合 $\mathbb{M}$, 使得任何 $t(x) \in \mathbb{M}$ 满足以下性质.

(i) 插值条件：$t(x_i) = y_i, i = 0, \cdots, n$.

(ii) 边界条件：$t''(x_0) = t''(x_n) = 0$.

(iii) 二阶连续可导性：$t(x) \in C^2[a,b]$.
容易发现自然样条属于 $\mathbb{M}$, 且有以下弹性势能极小定理.

定理 2.9.1 设 $s(x)$ 是插值区间 $[a,b]$ 上函数 $f(x)$ 在节点 $x_i, i=0,\cdots,n$ 处的自然样条, 那么对任何 $t(x) \in \mathbb{M}$ 都成立

$$\int_a^b (s''(x))^2 \mathrm{d}x \leqslant \int_a^b (t''(x))^2 \mathrm{d}x,$$

且等式仅当 $t(x) \equiv s(x)$ 时成立.

证明 $\forall t(x) \in \mathbb{M}$, 令 $\eta(x) = t(x) - s(x)$. 于是 $\eta(x) \in C^2[a,b]$, 且满足 $\eta''(x_0) = \eta''(x_n) = 0$, $\eta(x_i) = 0, i = 0, \cdots, n$.

于是函数 $t(x)$ 的弹性势能有

$$\begin{aligned}\int_a^b (t''(x))^2 \mathrm{d}x &= \int_a^b (s''(x) + \eta''(x))^2 \mathrm{d}x \\ &= \int_a^b (s''(x))^2 \mathrm{d}x + 2\int_a^b s''(x)\eta''(x)\mathrm{d}x + \int_a^b (\eta''(x))^2 \mathrm{d}x.\end{aligned}$$

利用分部积分和函数 $\eta(x)$ 的性质有

$$\begin{aligned}\int_a^b s''(x)\eta''(x)\mathrm{d}x &= \sum_{i=0}^{n-1}\int_{x_i}^{x_{i+1}} s''(x)\eta''(x)\mathrm{d}x \\ &= \sum_{i=0}^{n-1} s''(x)\eta'(x)\Big|_{x_i}^{x_{i+1}} - \sum_{i=0}^{n-1}\int_{x_i}^{x_{i+1}} s'''(x)\eta'(x)\mathrm{d}x \\ &= -\sum_{i=0}^{n-1}\int_{x_i}^{x_{i+1}} s'''(x)\eta'(x)\mathrm{d}x \\ &= -\sum_{i=0}^{n-1} s'''(x)\eta(x)\Big|_{x_i}^{x_{i+1}} + \sum_{i=0}^{n-1}\int_{x_i}^{x_{i+1}} s^{(4)}(x)\eta(x)\mathrm{d}x \\ &= 0.\end{aligned}$$

因此,

$$\int_a^b (t''(x))^2 \mathrm{d}x = \int_a^b (s''(x))^2 \mathrm{d}x + \int_a^b (\eta''(x))^2 \mathrm{d}x \geqslant \int_a^b (s''(x))^2 \mathrm{d}x,$$

且等式成立的条件是 $\eta''(x) = 0$, 即 η 是一次多项式. 又因为 η 有 $n+1$ 个零点, 所以 $\eta(x) \equiv 0$. 即只能是 $s(x) \equiv t(x)$. □

定理 2.9.1 说明在对于函数 $f(x)$ 的所有插值函数中, 自然样条是总曲率最小的 (曲率正是由曲线的二阶导数来度量的). 而曲线的弹性势能与曲率成比例, 所以

自然样条是受到 $n+1$ 个点约束的最小能量形状, 因而能很好地描述物理中的弹性样条.

最后来讨论一下 3 次样条插值的收敛性质.

定理 2.9.2 设 $f \in C^4[a,b]$ 且 $\max\limits_{a \leqslant x \leqslant b} |f^{(4)}(x)| = M$, 如果 $s(x)$ 是 $f(x)$ 在节点 $a = x_0 < x_1 < \cdots < x_n = b$ 上的唯一固支 3 次样条插值, 则

$$\max_{a \leqslant x \leqslant b} |f(x) - s(x)| \leqslant \frac{5M}{384} h^4,$$

其中 $h = \max\limits_{0 \leqslant j \leqslant n-1} (x_{i+1} - x_i)$.

定理 2.9.2 的证明中需要用到以下引理.

引理 2.9.1 设条件同定理 2.9.2, 则

$$\max_{1 \leqslant i \leqslant n-1} |f'(x_i) - s'(x_i)| \leqslant \frac{1}{24} h^3 M.$$

引理 2.9.1 的证明请参考 (Schultz, 1973) 的引理 4.2 或 (Sonneveld, 1969). 下面将利用引理 2.9.1 的结论证明定理 2.9.2.

证明 设 $H(x)$ 是函数 $f(x)$ 的分段 3 次 Hermite 插值多项式, 则

$$H(x) = \sum_{i=0}^{n} \left(f(x_i) h_i(x) + f'(x_i) \bar{h}_i(x) \right),$$

其中 $h_i(x), \bar{h}_i(x), i = 0, \cdots, n$ 是 3 次 Hermite 插值基函数. 利用 $h_i(x), \bar{h}_i(x), i = 0, \cdots, n$ 不难发现, 3 次样条可以被表示为

$$s(x) = \sum_{i=0}^{n} \left(f(x_i) h_i(x) + s'(x_i) \bar{h}_i(x) \right).$$

求 $H(x)$ 和 $s(x)$ 之差得到

$$z(x) = H(x) - s(x) = \sum_{i=0}^{n} \left(f'(x_i) - s'(x_i) \right) \bar{h}_i(x).$$

注意到其中 $z'(x_0) = z'(x_n) = 0$. 进一步可以验证对于 $x_i \leqslant x \leqslant x_{i+1}, i = 0, \cdots, n-1$ 有

$$z(x) = \frac{(x - x_i)(x - x_{i+1})}{(x_{i+1} - x_i)^2} [z'(x_i)(x - x_{i+1}) + z'(x_{i+1})(x - x_i)].$$

由引理 2.9.1 的结论得到

$$|z(x)| \leqslant \frac{|(x - x_i)(x - x_{i+1})|}{24(x_{i+1} - x_i)} h^3 M, x_i \leqslant x \leqslant x_{i+1}, \quad i = 0, \cdots, n-1.$$

进一步放大得到

$$|z(x)| \leqslant \frac{1}{96} h^4 M, \quad \forall x \in [a,b].$$

最后利用 3 次 Hermite 插值的余项估计可得

$$
\begin{aligned}
|f(x)-s(x)| &\leqslant |f(x)-H(x)|+|H(x)-s(x)| \\
&\leqslant \frac{1}{384}h^4M+\frac{1}{96}h^4M \\
&\leqslant \frac{5}{384}h^4M.
\end{aligned}
$$

即得证结论. □

例 2.9.3 用 3 次样条逼近函数 $f(x)=\dfrac{1}{1+x^2}$, 得到的插值结果如图 2.6 所示. 可见 3 次样条不仅是收敛的, 而且相对于分段线性插值多项式, 3 次样条有较快的收敛速度.

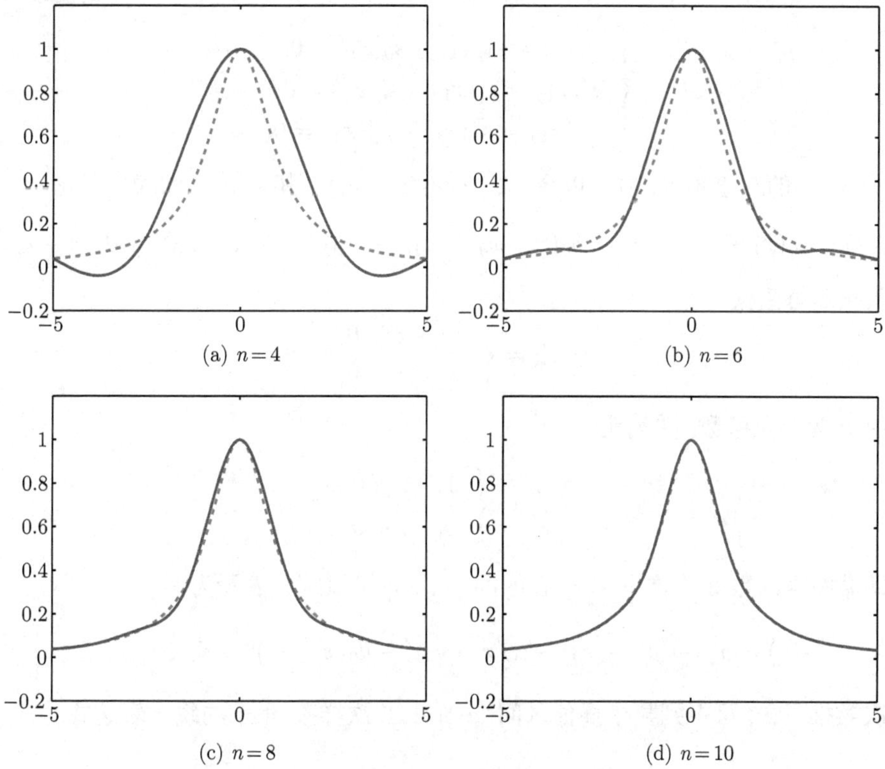

图 2.6 3 次样条逼近函数 $f(x)=\dfrac{1}{1+x^2}$

虚线为函数 $f(x)=\dfrac{1}{1+x^2}$ 的曲线, 实线为 3 次样条逼近曲线

2.9.3 B 样条构造方法

由三弯矩构造样条的方法并不是将样条写成基函数的形式, 所以在多元插值中

并不方便. 下面将介绍如何用基函数的形式表示样条.

已知插值节点 $a=x_0<x_1<\cdots<x_n=b$. 3 次样条在插值子区间 $[x_i,x_{i+1}]$ 内是 3 次多项式, 设为

$$s(x)=s_i(x)=a_i+b_i(x-x_i)+c_i(x-x_i)^2+d_i(x-x_i)^3,\quad i=0,\cdots,n-1.$$

当 $i=0$ 时, $x\in[x_0,x_1]$ 有

$$s_0(x)=a_0+b_0(x-x_0)+c_0(x-x_0)^2+d_0(x-x_0)^3.$$

当 $i=1$ 时, $x\in[x_1,x_2]$ 有

$$s_1(x)=a_1+b_1(x-x_1)+c_1(x-x_1)^2+d_1(x-x_1)^3.$$

令 $r(x)=s_1(x)-s_0(x)$, $r(x)$ 是次数不超过 3 次的多项式. 由 3 次样条的连续性有

$$\begin{cases} r(x_1)=s_1(x_1)-s_0(x_1)=0,\\ r'(x_1)=s_1'(x_1)-s_0'(x_1)=0,\\ r''(x_1)=s_1''(x_1)-s_0''(x_1)=0. \end{cases}$$

x_1 是 $r(x)$ 的三重零点, 故可以令 $r(x)=\tilde{d}_1(x-x_1)^3$, 其中 $\tilde{d}_1$ 为常数. 于是

$$s_1(x)=s_0(x)+r(x)=a_0+b_0(x-x_0)+c_0(x-x_0)^2+d_0(x-x_0)^3+\tilde{d}_1(x-x_1)^3.$$

引入截断幂函数

$$z_+^k=\begin{cases} z^k, & z\geqslant 0,\\ 0, & z<0, \end{cases}$$

其中 k 为非负整数. 并约定

$$z_+^0=\begin{cases} 1, & z\geqslant 0,\\ 0, & z<0, \end{cases}$$

借助截断幂函数 3 次样条 $s(x)$ 在区间 $[x_0,x_2]$ 可以统一表示为

$$s(x)=a_0+b_0(x-x_0)+c_0(x-x_0)^2+d_0(x-x_0)^3+\tilde{d}_1(x-x_1)_+^3.$$

依次类推下去, 可得到整个插值区间 $[a,b]$ 上 3 次样条 $s(x)$ 的统一表达式

$$s(x)=a_0+b_0(x-x_0)+c_0(x-x_0)^2+d_0(x-x_0)^3+\sum_{i=1}^{n-1}\tilde{d}_i(x-x_i)_+^3.$$

若令 $\tilde{a}=a_0-b_0x_0+c_0x_0^2$, $\tilde{b}=b_0-2c_0x_0$, $\tilde{c}=c_0$, $\tilde{d}=d_0$, 则有

$$s(x)=\tilde{a}+\tilde{b}x+\tilde{c}x^2+\sum_{i=0}^{n-1}\tilde{d}_i(x-x_i)_+^3.$$

可以验证 $\{1, x, x^2, (x-x_0)_+^3, \cdots, (x-x_{n-1})_+^3\}$ 在区间 $[a,b]$ 上线性无关, 并且构成函数空间 $S^{2,3}[a,b]$ 的一组基, 称为截断幂基函数. 这组基函数在理论上非常重要, 但在实践中并不常用. 因为截断幂基函数不具有局部非零性质. 为此下面将介绍更为广泛应用的 B 样条基函数.

首先从一次 B 样条基函数开始. 记一次 B 样条基函数为 $B_{i,1}$

$$B_{i,1}(x) = \begin{cases} \dfrac{x-x_i}{x_{i+1}-x_i}, & x \in [x_i, x_{i+1}], \\ \dfrac{x_{i+2}-x}{x_{i+2}-x_{i+1}}, & x \in [x_{i+1}, x_{i+2}], \\ 0, & \text{其他}. \end{cases}$$

于是一次 B 样条函数可以写成

$$\begin{aligned} s_1(x) &= y_0 B_{-1,0}(x) + y_1 B_{0,1}(x) + \cdots + y_n B_{n-1,1}(x) \\ &= \sum_{i=-1}^{n-1} y_{i+1} B_{i,1}(x). \end{aligned}$$

不难发现一次 B 样条函数就是 2.8.2 节介绍的分段线性插值多项式. 一次 B 样条基函数 $\{B_{i,1}\}, i=-1, \cdots, n-1$ 线性无关, 构成了函数空间 $S^{0,1}$ 的一组基. 这组基函数还可以写成

$$B_{i,1}(x) = \begin{cases} (x_{i+2}-x_i)\dfrac{x-x_i}{(x_i-x_{i+1})(x_i-x_{i+2})}, & x \in [x_i, x_{i+1}], \\ (x_{i+2}-x_i)\left[\dfrac{x-x_i}{(x_i-x_{i+1})(x_i-x_{i+2})} + \dfrac{x-x_{i+1}}{(x_{i+1}-x_i)(x_{i+1}-x_{i+2})}\right], & \\ & x \in [x_{i+1}, x_{i+2}], \\ 0, & \text{其他}. \end{cases}$$

记 $\pi_{i,3}(x) = \prod_{j=0}^{2}(x-x_{i+j})$, 并采用截断幂函数, 则 $B_{i,1}(x)$ 可进一步写成

$$B_{i,1}(x) = \begin{cases} (x_{i+2}-x_i)\displaystyle\sum_{j=0}^{1}\frac{(x-x_{i+j})_+^1}{\pi'_{i,3}(x_{i+j})}, & x \leqslant x_{i+2}, \\ 0, & x > x_{i+2}. \end{cases}$$

一次 B 样条基函数 $B_{i,1}(x)$ 的特点是: $B_{i,1}(x) \in S^{0,1}$, $B_{i,1}(x)$ 只在 $[x_i, x_{i+1}]$ 和 $[x_{i+1}, x_{i+2}]$ 上非零, x_i 和 x_{i+2} 是 $B_{i,1}(x)$ 的零点, 并且 $B_{i,1}(x)$ 在 x_{i+1} 连续. 将其

推广到 3 次 B 样条基函数 $B_{i,3}(x)$, 则 $B_{i,3}(x)$ 应该满足以下性质: $B_{i,3}(x) \in S^{2,3}$, $B_{i,3}(x)$ 只在

$$[x_i, x_{i+1}], [x_{i+1}, x_{i+2}], [x_{i+2}, x_{i+3}], [x_{i+3}, x_{i+4}]$$

上非零, x_i 和 x_{i+4} 是 $B_{i,3}(x)$ 的三重零点, 并且 $B_{i,3}(x)$ 在 $x_{i+1}, x_{i+2}, x_{i+3}$ 二阶连续可导. 因此可以设 $B_{i,3}(x)$ 的表达式为

$$B_{i,3}(x) = \begin{cases} a_1(x-x_i)^3, & x \in [x_i, x_{i+1}], \\ a_1(x-x_i)^3 + a_2(x-x_{i+1})^3, & x \in [x_{i+1}, x_{i+2}], \\ a_1(x-x_i)^3 + a_2(x-x_{i+1})^3 + a_3(x-x_{i+2})^3, & \\ & x \in [x_{i+2}, x_{i+3}], \\ a_1(x-x_i)^3 + a_2(x-x_{i+1})^3 + a_3(x-x_{i+2})^3 + a_4(x-x_{i+3})^3, & \\ & x \in [x_{i+3}, x_{i+4}], \\ 0, & \text{其他}. \end{cases}$$

再利用 $B_{i,3}(x_{i+4}) = B'_{i,3}(x_{i+4}) = B''_{i,3}(x_{i+4}) = 0$ 得到以下三个方程:

$$\begin{aligned} &a_1(x_{i+4}-x_i)^3 + a_2(x_{i+4}-x_{i+1})^3 + a_3(x_{i+4}-x_{i+2})^3 + a_4(x_{i+4}-x_{i+3})^3 = 0, \\ &a_1(x_{i+4}-x_i)^2 + a_2(x_{i+4}-x_{i+1})^2 + a_3(x_{i+4}-x_{i+2})^2 + a_4(x_{i+4}-x_{i+3})^2 = 0, \\ &a_1(x_{i+4}-x_i) + a_2(x_{i+4}-x_{i+1}) + a_3(x_{i+4}-x_{i+2}) + a_4(x_{i+4}-x_{i+3}) = 0. \end{aligned}$$

将 a_1 视为参数, 通过求解方程组得到

$$\begin{aligned} a_2 &= -\frac{(x_{i+4}-x_i)(x_{i+3}-x_i)(x_{i+2}-x_i)}{(x_{i+4}-x_{i+1})(x_{i+3}-x_{i+1})(x_{i+2}-x_{i+1})} a_1, \\ a_3 &= \frac{(x_{i+4}-x_i)(x_{i+3}-x_i)(x_{i+1}-x_i)}{(x_{i+4}-x_{i+2})(x_{i+3}-x_{i+2})(x_{i+1}-x_{i+2})} a_1, \\ a_4 &= -\frac{(x_{i+4}-x_i)(x_{i+2}-x_i)(x_{i+1}-x_i)}{(x_{i+4}-x_{i+3})(x_{i+2}-x_{i+3})(x_{i+1}-x_{i+3})} a_1. \end{aligned}$$

当取 $a_1 = \dfrac{1}{(x_i-x_{i+1})(x_i-x_{i+2})(x_i-x_{i+3})}$ 时就得到 $B_{i,3}(x)$

$$B_{i,3}(x) = \begin{cases} (x_{i+4}-x_i) \displaystyle\sum_{j=0}^{3} \frac{(x-x_{i+j})_+^3}{\pi'_{i,5}(x_{i+j})}, & x \leqslant x_{i+4}, \\ 0, & x > x_{i+4}, \end{cases} \tag{2.42}$$

其中 $\pi_{i,5}(x) = \prod_{j=0}^{4}(x - x_{i+j}), i = -3, \cdots, n-1$. 于是 3 次样条可以表示为

$$s(x) = \sum_{i=-3}^{n-1} c_i B_{i,3}(x). \tag{2.43}$$

利用 $n+1$ 个插值条件及 2 个边界条件就可以确定 $n+3$ 个系数 $c_i, i = -3, \cdots, n-1$.

例 2.9.4 已知 $n+1$ 个插值点上的函数值 $y_i, i = 0, \cdots, n$, 以及两个端点处的导数值 y_0', y_n', 则 3 次样条满足

$$\begin{cases} s'(x_0) = \sum_{i=-3}^{n-1} c_i B_{i,3}'(x_0) = y_0', \\ s(x_k) = \sum_{i=-3}^{n-1} c_i B_{i,3}(x_k) = y_k, \quad k = 0, \cdots, n, \\ s'(x_n) = \sum_{i=-3}^{n-1} c_i B_{i,3}'(x_n) = y_n'. \end{cases} \tag{2.44}$$

解上面线性方程组得到系数 $c_i, i = -3, \cdots, n-1$, 代入 (2.43) 式就得 3 次样条.

特别地, 在等距节点时 $B_{i,3}(x)$ 可以化简为 (图 2.7)

$$B_{i,3}(x) = \begin{cases} \frac{1}{6h^3}(x - x_i)^3, & x \in [x_i, x_{i+1}], \\ \frac{1}{6} + \frac{1}{2h}(x - x_{i+1}) + \frac{1}{2h^2}(x - x_{i+1})^2 - \frac{1}{2h^3}(x - x_{i+1})^3, \\ & x \in [x_{i+1}, x_{i+2}], \\ \frac{1}{6} + \frac{1}{2h}(x_{i+3} - x) + \frac{1}{2h^2}(x_{i+3} - x)^2 - \frac{1}{2h^3}(x_{i+3} - x)^3, \\ & x \in [x_{i+2}, x_{i+3}], \\ \frac{1}{6h^3}(x_{i+4} - x)^3, & x \in [x_{i+3}, x_{i+4}], \\ 0, & \text{其他}. \end{cases}$$

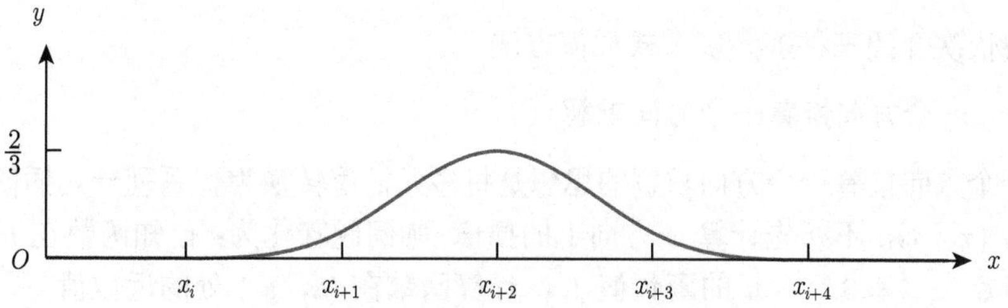

图 2.7 等距节点时的 B 样条基函数

于是方程组 (2.44) 可以化简为

$$\begin{cases} -\dfrac{1}{2h}c_{-1}+\dfrac{1}{2h}c_{-3}=y_0', \\ \dfrac{1}{6}c_{i-3}+\dfrac{2}{3}c_{i-2}+\dfrac{1}{6}c_{i-1}=y_i, \quad i=0,\cdots,n, \\ -\dfrac{1}{2h}c_{n-3}+\dfrac{1}{2h}c_{n-1}=y_n'. \end{cases}$$

更一般地, 对于 k 次样条基函数有

$$B_{i,k}(x)=\begin{cases} (x_{i+k+1}-x_i)\displaystyle\sum_{j=0}^{k}\frac{(x-x_{i+j})_+^k}{\pi_{i,k+2}'(x_{i+j})}, & x\leqslant x_{i+k+1}, \\ 0, & x>x_{i+k+1}, \end{cases}$$

其中 $\pi_{i,k+2}(x)=\displaystyle\prod_{j=0}^{k+1}(x-x_{i+j}), i=-k,\cdots,n-1$. 并且 B 样条有以下递推关系式:

$$B_{i,0}(x)=\begin{cases} 1, & x\in[x_i,x_{i+1}], \\ 0, & 其他. \end{cases} \tag{2.45}$$

$$B_{i,k}(x)=\frac{x-x_i}{x_{i+k}-x_i}B_{i,k-1}(x)+\frac{x_{i+k+1}-x}{x_{i+k+1}-x_{i+1}}B_{i+1,k-1}(x), k\geqslant 1. \tag{2.46}$$

2.10　多元多项式插值

这一节将介绍二元多项式插值中的常用方法, 这些方法可以很容易的推广到三元及以上的多项式插值中.

设矩形区域 $[a,b]\times[c,d]$ 中有节点组 $\mathcal{N}=\{(x_i,y_j)|0\leqslant i\leqslant n,0\leqslant j\leqslant m\}$. 已知节点组上对应的函数值为 $f_{i,j}$, 则二元插值多项式 $p_{n,m}(x,y)$ 应该满足如下插值条件:

$$p_{n,m}(x_i,y_j)=f_{i,j}, \quad 0\leqslant i\leqslant n, 0\leqslant j\leqslant m. \tag{2.47}$$

下面将依次介绍三种多元多项式插值方法.

2.10.1　一个方向接着一个方向求解

一个方向接着一个方向求解的思想是将多元插值转换为一系列一元插值. 记插值点为 (x_p,y_p), 不妨先计算 x 方向上的插值, 则问题转化为: 已知函数在 $n+1$ 个插值节点 $x_i, i=0,\cdots,n$ 的函数值 $f_{i,j}$, 计算函数在 (x_p,y_j) 处的近似值. 用任何一种一元插值方法都可以计算出 $f(x_p,y_j)$ 的近似值, 记为 $f_{p,j}, j=0,\cdots,m$. 接着计

算一次 y 方向的一元插值便得到 $p(x_p, y_p)$ 的值. 于是只需要计算 $m+2$ 次一元多项式插值就可以得到二元插值的结果 (图 2.8(a)). 同样, 可以先做 $n+1$ 次 y 方向的一元插值得到 $f_{i,p}, i=0,\cdots,n$, 再做一次 x 方向的一元插值得到 $p(x_p, y_p)$ 的值. (图 2.8(b)) 这时总共需要计算 $n+2$ 次一元插值. 注意到不论先计算哪个方向的一元插值, 最后得到的计算结果是一样的.

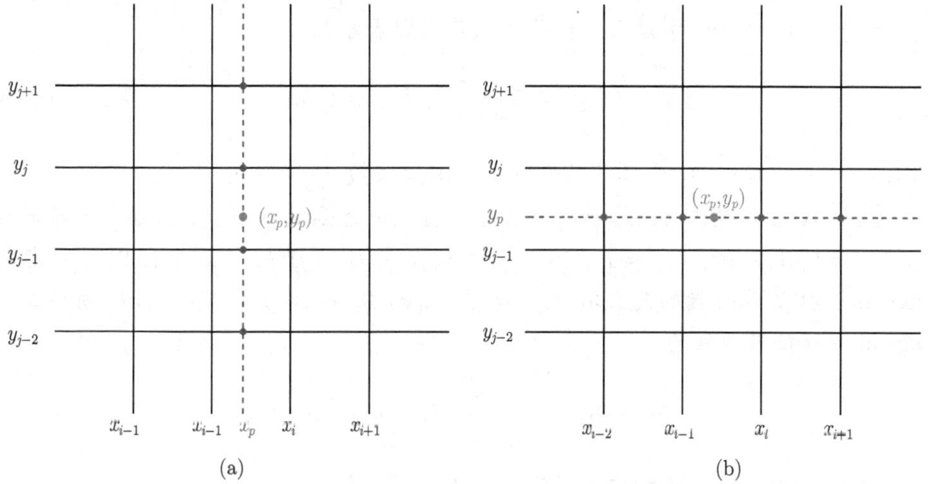

图 2.8 一个方向接着一个方向插值示意

例 2.10.1 已知二元函数表如表 2.14 所示.

表 2.14

(x_i, y_j)	$f(x_i, y_j)$
(0,0)	1
(0,1)	2.7183
(1,0)	2.7183
(1,1)	7.3891

求在 $(0.3, 0.7)$ 点处的插值.

解 首先求 x 方向的线性插值, 得到

$$f(0.3,0) \approx 0.7\times 1 + 0.3\times 2.7183 = 1.51549,$$

$$f(0.3,1) \approx 0.7\times 2.7183 + 0.3\times 7.3891 = 4.11954.$$

再求一次 y 方向的线性插值得到

$$f(0.3,0.7) \approx 0.3\times 1.51549 + 0.7\times 4.11954 = 3.338325.$$

□

注 一个方向接着一个方向插值方法最大的优点是计算量小. 特别是当只

需要对某个特定点做插值时, 一个方向接着一个方向插值方法的计算效率非常高. 但是一个方向接着一个方向插值方法的缺点是不能给出多元插值多项式的显式表达式.

2.10.2　张量积方法

记 x 方向上的插值基函数为 $b_{i,n}(x), i=0,\cdots,n$, y 方向上的插值基函数为 $b_{j,m}(y), j=0,\cdots,m$. 于是二元插值多项式可以表示为

$$p_{n,m}(x,y)=\sum_{i=0}^{n}\sum_{j=0}^{m}c_{i,j}b_{i,n}(x)b_{j,m}(y). \tag{2.48}$$

利用 $(n+1)\times(m+1)$ 个插值条件就可以确定系数 $c_{i,j}, i=0,\cdots,n, j=0,\cdots,m$.

例 2.10.2　用二元 Lagrange 插值多项式逼近函数 $f(x,y)$, 则插值基函数为 $b_{i,n}(x)=l_{i,n}(x)$, $b_{j,m}(y)=l_{j,m}(y)$, 其中 $l_{i,n}(x)$, $l_{j,m}(y)$ 的定义同 (2.9) 式. 根据 Lagrange 插值基函数的定义有 $c_{i,j}=f_{i,j}, i=0,\cdots,n, j=0,\cdots,m$, 所以二元 Lagrange 插值多项式为

$$p_{n,m}(x,y)=\sum_{i=0}^{n}\sum_{j=0}^{m}f_{i,j}l_{i,n}(x)l_{j,m}(y).$$

例 2.10.3　用张量积方法求例 2.10.1 中的插值.

解　x 方向和 y 方向上的插值基函数为

$$l_{0,1}(x)=1-x,\quad l_{1,1}(x)=x,$$
$$l_{0,1}(y)=1-y,\quad l_{1,1}(y)=y.$$

因此插值多项式为

$$\begin{aligned}p_{1,1}(x,y)=&f(0,0)l_{0,1}(x)l_{0,1}(y)+f(0,1)l_{0,1}(x)l_{1,1}(y)\\&+f(1,0)l_{1,1}(x)l_{0,1}(y)+f(1,1)l_{1,1}(x)l_{1,1}(y)\\=&(x-1)(y-1)-2.7183(x-1)y-2.7183x(y-1)+7.3891xy\\=&2.9525xy+1.7183x+1.7183y+1.\end{aligned}$$

代入 $(x,y)=(0.3,0.7)$ 得到

$$f(0.3,0.7)\approx 3.338325.$$

□

例 2.10.4　用二元分段线性插值多项式逼近函数 $f(x,y)$, 则插值基函数为 $b_{i,n}(x)=l_{i,1}(x)$, $b_{j,m}(y)=l_{j,1}(y)$, 其中 $l_{i,1}(x)$, $l_{j,1}(y)$ 的定义同 (2.35) 式. 根据分段线性插值基函数的定义有 $c_{i,j}=f_{i,j}, i=0,\cdots,n, j=0,\cdots,m$, 所以二元分段线性插值多项式为

$$p_{n,m}(x,y)=\sum_{i=0}^{n}\sum_{j=0}^{m}f_{i,j}l_{i,1}(x)l_{j,1}(y).$$

例 2.10.5 用二元 3 次样条插值多项式逼近函数 $f(x,y)$, 则插值基函数为 $b_{i,n}(x)=B_{i-1,3}(x)$, $b_{j,m}(y)=B_{j-1,3}(y)$, 其中 $B_{i,3}(x)$, $B_{j,3}(y)$ 的定义同 (2.42) 式. 所以二元 3 次样条为

$$p_{n,m}(x,y)=\sum_{i=-3}^{n-1}\sum_{j=-3}^{m-1}c_{i,j}B_{i,3}(x)B_{j,3}(y).$$

令 $d_i(y)=\sum\limits_{j=-3}^{m-1}c_{i,j}B_{j,3}(y)$, 则有

$$p_{n,m}(x,y)=\sum_{i=-3}^{n-1}d_i(y)B_{i,3}(x),$$

$$\frac{\partial}{\partial y}p_{n,m}(x,y)=\sum_{i=-3}^{n-1}d_i'(y)B_{i,3}(x).$$

若固定 $y=y_j, j=0,\cdots,m$, 则有

$$p_{n,m}(x,y_j)=\sum_{i=-3}^{n-1}d_i(y_j)B_{i,3}(x).$$

记 $d_{i,j}=d_i(y_j)$, 考虑固支边界条件, 则有

$$\begin{cases}\sum\limits_{i=-3}^{n-1}d_{i,j}B_{i,3}'(x_0)=\dfrac{\partial}{\partial x}f(x_0,y_j),\\ \sum\limits_{i=-3}^{n-1}d_{i,j}B_{i,3}(x_k)=f(x_k,y_j),\quad k=0,\cdots,n,\\ \sum\limits_{i=-3}^{n-1}d_{i,j}B_{i,3}'(x_n)=\dfrac{\partial}{\partial x}f(x_n,y_j).\end{cases}$$

应用 x 方向上的一元 3 次样条插值就可以得到系数

$$d_{i,j}, i=-3,\cdots,n-1, j=0,\cdots,m.$$

接着利用 y 方向的固支边界条件有

$$\frac{\partial}{\partial y}p_{n,m}(x,y_0)=\sum_{i=-3}^{n-1}d_i'(y_0)B_{i,3}(x),$$

$$\frac{\partial}{\partial y}p_{n,m}(x,y_m)=\sum_{i=-3}^{n-1}d_i'(y_m)B_{i,3}(x).$$

记 $d'_{i,0}=d'_i(y_0), d'_{i,m}=d'_i(y_m)$, 则有

$$\begin{cases}\displaystyle\sum_{i=-3}^{n-1} d'_{i,0}B'_{i,3}(x_0)=\frac{\partial^2}{\partial x\partial y}f(x_0,y_0),\\ \displaystyle\sum_{i=-3}^{n-1} d'_{i,0}B_{i,3}(x_k)=\frac{\partial}{\partial y}f(x_k,y_0),\quad k=0,\cdots,n,\\ \displaystyle\sum_{i=-3}^{n-1} d'_{i,0}B'_{i,3}(x_n)=\frac{\partial^2}{\partial x\partial y}f(x_n,y_0),\end{cases}$$

$$\begin{cases}\displaystyle\sum_{i=-3}^{n-1} d'_{i,m}B'_{i,3}(x_0)=\frac{\partial^2}{\partial x\partial y}f(x_0,y_m),\\ \displaystyle\sum_{i=-3}^{n-1} d'_{i,m}B_{i,3}(x_k)=\frac{\partial}{\partial y}f(x_k,y_m),\quad k=0,\cdots,n,\\ \displaystyle\sum_{i=-3}^{n-1} d'_{i,m}B'_{i,3}(x_n)=\frac{\partial^2}{\partial x\partial y}f(x_n,y_m).\end{cases}$$

同样应用 x 方向上的一元 3 次样条插值就可以得到系数

$$d'_{i,0}, d'_{i,m}, i=-3,\cdots,n-1.$$

最后再由 y 方向上的插值条件

$$\begin{cases}\displaystyle\sum_{j=-3}^{m-1} c_{i,j}B'_{j,3}(y_0)=d'_{i,0},\\ \displaystyle\sum_{j=-3}^{m-1} c_{i,j}B_{j,3}(y_k)=d_{i,k},\quad k=0,\cdots,m,\\ \displaystyle\sum_{j=-3}^{m-1} c_{i,j}B'_{j,3}(y_m)=d'_{i,m},\end{cases}$$

并应用 y 方向上的一元 3 次样条插值就可以得到系数

$$c_{i,j},\quad i=-3,\cdots,n-1, j=-3,\cdots,m-1.$$

综上所述, 计算二元 3 次样条共需要计算 $n+3$ 次 x 方向上的一元 3 次样条和 $m+3$ 次 y 方向上的一元 3 次样条.

2.10.3　Newton 插值方法

Newton 插值的思想是先将一个自变量视为参数, 不妨设为 y, 然后对自变量 x 进行 Newton 插值. 然后再对自变量 y 也做 Newton 插值, 从而得到二元插值多项式.

记

$$\tilde{X}_\mu = \prod_{i=0}^{\mu-1}(x - x_i), \quad \tilde{X}_{-1} = 1,$$

$$\tilde{Y}_\nu = \prod_{i=0}^{\nu-1}(y - y_i), \quad \tilde{Y}_{-1} = 1,$$

$$\tilde{f}_{\mu,\nu} = f[x_0, \cdots, x_\mu; y_0, \cdots, y_\nu].$$

将二元函数 $f(x, y)$ 中的自变量 y 视为参数, 而对自变量 x 按照 Newton 插值方式进行展开得到

$$f(x, y) = \sum_{\mu=0}^{n} f[x_0, \cdots, x_\mu; y]\tilde{X}_\mu + f[x_0, \cdots, x_n, x; y]\tilde{X}_{n+1}.$$

接着将上式中的差商对自变量 y 按照 Newton 插值方式进行展开得到

$$f[x_0, \cdots, x_\mu; y] = \sum_{\nu=0}^{m} f[x_0, \cdots, x_\mu; y_0, \cdots, \nu]\tilde{Y}_\nu + f[x_0, \cdots, x_\mu; y_0, \cdots, y_m, y]\tilde{Y}_{m+1}.$$

将上面两个式子整理得到

$$\begin{aligned} f(x, y) =& \sum_{\mu=0}^{n}\sum_{\nu=0}^{m} \tilde{f}_{\mu,\nu}\tilde{X}_\mu\tilde{Y}_\nu + \sum_{\mu=0}^{n} f[x_0, \cdots, x_\mu; y_0, \cdots, y_m, y]\tilde{Y}_{m+1}\tilde{X}_\mu \\ &+ f[x_0, \cdots, x_n, x; y]\tilde{X}_{n+1}, \end{aligned}$$

其中

$$p_{n,m}(x, y) = \sum_{\mu=0}^{n}\sum_{\nu=0}^{m} \tilde{f}_{\mu,\nu}\tilde{X}_\mu\tilde{Y}_\nu \tag{2.49}$$

是二元 Newton 插值多项式, 剩下部分是插值余项

$$\begin{aligned} R_{n,m}(x, y) =& \sum_{\mu=0}^{n} f[x_0, \cdots, x_\mu; y_0, \cdots, y_m, y]\tilde{Y}_{m+1}\tilde{X}_\mu + f[x_0, \cdots, x_n, x; y]\tilde{X}_{n+1} \\ =& \tilde{Y}_{m+1}(f[x; y_0, \cdots, y_m, y] - f[x_0, \cdots, x_n, x; y_0, \cdots, y_m, y]\tilde{X}_{n+1}) \\ &+ f[x_0, \cdots, x_n, x; y]\tilde{X}_{n+1} \\ =& \frac{\tilde{X}_{n+1}}{(n+1)!} f_x^{(n+1)}[\xi, y] + \frac{\tilde{Y}_{m+1}}{(m+1)!} f_y^{(m+1)}[x, \eta] \\ &- \frac{\tilde{X}_{n+1}\tilde{Y}_{m+1}}{(n+1)!(m+1)!} f_{x,y}^{(n+1,m+1)}[\bar{\xi}, \bar{\eta}], \end{aligned}$$

其中 $\xi, \bar{\xi} \in (x_0, x_n)$, $\eta, \bar{\eta} \in (y_0, y_m)$.

二元差商则可以用以下递推公式得到.

$$f[x_0,\cdots,x_\mu;y_j]=\frac{f[x_1,\cdots,x_\mu;y_j]-f[x_0,\cdots,x_{\mu-1};y_j]}{x_\mu-x_0},$$

$$f[x_0,\cdots,x_\mu;y_0,\cdots,y_\nu]=\frac{f[x_0,\cdots,x_\mu;y_1,\cdots,y_\nu]-f[x_0,\cdots,x_\mu;y_0,\cdots,y_{\nu-1}}{y_\nu-y_0}.$$

利用差商递推公式就可以建立以下二元差商表 (表 2.15).

表 2.15

x_i	$\mathrm{D}^0 f_i$	$\mathrm{D}^1 f_i$	$\mathrm{D}^2 f_i$	$\cdots$	$\mathrm{D}^n f_i$
x_0	$f[x_0;y_j]$				
x_1	$f[x_1;y_j]$	$f[x_0,x_1;y_j]$			
x_2	$f[x_2;y_j]$	$f[x_1,x_2;y_j]$	$f[x_0,x_1,x_2;y_j]$		
$\vdots$	$\vdots$	$\vdots$	$\vdots$	$\ddots$	
x_μ	$f[x_\mu;y_j]$	$f[x_{\mu-1},x_\mu;y_j]$	$f[x_{\mu-2},x_{\mu-1},x_\mu;y_j]$	$\cdots$	$f[x_0,\cdots,x_\mu;y_j]$

$j=0,\cdots,\nu.$

y_j	$\mathrm{D}^0 f_j$	$\mathrm{D}^1 f_j$	$\mathrm{D}^2 f_j$	$\cdots$	$\mathrm{D}^n f_j$
y_0	$f[x_0,\cdots,x_\mu;y_0]$				
y_1	$f[x_0,\cdots,x_\mu;y_1]$	$f[x_0,\cdots,x_\mu;y_0,y_1]$			
y_2	$f[x_0,\cdots,x_\mu;y_2]$	$f[x_0,\cdots,x_\mu;y_1,y_2]$	$f[x_0,\cdots,x_\mu;y_0,y_1,y_2]$		
$\vdots$	$\vdots$	$\vdots$	$\vdots$	$\ddots$	
y_ν	$f[x_0,\cdots,x_\mu;y_\nu]$	$f[x_0,\cdots,x_\mu;y_{\nu-1},y_\nu]$	$f[x_0,\cdots,x_\mu;y_{\nu-2},y_{\nu-1},y_\nu]$	$\cdots$	$f[x_0,\cdots,x_\mu;y_0,\cdots,y_\nu]$

例 2.10.6　用 Newton 插值方法求例 2.10.1 中的插值.

解　首先求二元差商

$$f[x_0;y_0]=f(x_0,y_0)=1,$$

$$f[x_0,x_1;y_0]=\frac{f(x_1,y_0)-f(x_0,y_0)}{x_1-x_0}=1.7183,$$

$$f[x_0;y_0,y_1]=\frac{f(x_0,y_1)-f(x_0,y_0)}{y_1-y_0}=1.7183,$$

$$f[x_1;y_0,y_1]=\frac{f(x_1,y_1)-f(x_1,y_0)}{y_1-y_0}=4.6708,$$

$$f[x_0,x_1;y_0,y_1]=\frac{f[x_1;y_0,y_1]-f[x_0;y_0,y_1]}{x_1-x_0}=2.9525.$$

接着根据公式 (2.49) 得到插值多项式

$$p_{1,1}(x,y)=f[x_0;y_0]+f[x_0,x_1;y_0](x-x_0)$$

$$+ f[x_0; y_0, y_1](y - y_0) + f[x_0, x_1; y_0, y_1](x - x_0)(y - y_0)$$
$$= 2.9525xy + 1.7183x + 1.7183y + 1.$$ □

习 题 2

1. 求通过以下插值点的 Lagrange 插值多项式.

(a) $(0,1)$, $(2,3)$, $(3,0)$;

(b) $(-1,0)$, $(2,1)$, $(3,1)$, $(5,2)$;

(c) $(0,-2)$, $(2,1)$, $(4,4)$.

2. 用 Newton 插值方法再次求习题 1 中的插值多项式, 并验证与 Lagrange 插值方法得到的结果一致.

3. (a) 证明 n 次 Lagrange 插值函数函数 $l_{i,n}, i = 0, \cdots, n$ 满足以下式子

$$\sum_{i=0}^{n} x_i^k l_{i,n}(x) = x^k, \quad k = 0, \cdots, n.$$

(b) 利用上式证明

$$\sum_{i=0}^{n} x_i^k l_{i,n}(0) = \begin{cases} 0, & k = 0, \cdots, n, \\ (-1)^n x_0 x_1 \cdots x_n, & k = n+1. \end{cases}$$

(c) 最后证明

$$\sum_{i=0}^{n} (x_i - x)^k l_{i,n}(x) = 0, \quad k = 1, \cdots, n.$$

4. 设 P 是一个 10 次多项式, $x = 1, \cdots, 10$ 是 P 的零点, 并且 $P(12) = 44$. 求 $P(0)$ 的值.

5. 说明一个 3 次多项式能否与一个 4 次多项式在 5 个点上相交?

6. 设 $l_{0,n}$ 是 n 次 Lagrange 插值基函数

$$l_{0,n}(x) = \prod_{i=1}^{n} \frac{x - x_i}{x_0 - x_i}.$$

求 $l_{0,n}$ 的 Newton 插值形式.

7. 设 6 个插值节点分别为 $x_1 = 0.1, x_2 = 0.2, x_3 = 0.3, x_4 = 0.4, x_5 = 0.5, x_6 = 0.6$, 又设函数 f 关于插值节点的 5 次插值多项式是 P. 那么在点 $x = 0.35$ 和 $x = 0.55$ 处, 插值余项 $|f - P|$ 在哪个点取值更小?

8. 设 $P_k(x) = a_0 + a_1(x - x_0) + a_2(x - x_0)(x - x_1) + \cdots + a_k(x - x_0)\cdots(x - x_{k-1})$, 由插值条件 $f(x_i) = P_k(x_i), i = 0, \cdots, k$ 可以得到方程组

$$Ma = F.$$

(a) 证明矩阵 M 是一个下三角矩阵;

(b) 证明线性方程组有唯一解;

(c) 证明 $a_i = f[x_0, \cdots, x_i]$, $i = 0, \cdots, k$.

9. 设 $x_i, i=0,\cdots,n$ 为等距节点, h 为等距步长. 证明以下估计式:

(a) $|(x-x_0)(x-x_1)| \leqslant \frac{h^2}{4}$, $x \in [x_0, x_1]$;

(b) $|(x-x_0)(x-x_1)(x-x_2)| \leqslant \frac{2\sqrt{3}}{9}h^3$, $x \in [x_0, x_2]$;

(c) $|(x-x_0)(x-x_1)(x-x_2)(x-x_3)| \leqslant h^4$, $x \in [x_0, x_3]$;

(d) $|(x-x_0)(x-x_1)(x-x_2)(x-x_3)| \leqslant \frac{9}{16}h^4$, $x \in [x_1, x_2]$;

(e) $|(x-x_0)\cdots(x-x_n)| \leqslant \frac{h^{n+1}}{4}n!$, $x \in [x_0, x_n]$.

10. 证明当考虑等距节点时, Lagrange 插值余项有以下估计:

$$|R_n(f)| = |f(x) - L_n(x)| \leqslant \frac{Mh^{n+1}}{4(n+1)},$$

其中 h 为等距步长, $M = \max\limits_{x_0 \leqslant x \leqslant x_n} |f^{n+1}(x)|$.

11. (a) 证明后向差分与差商关系式 (2.24);

(b) 证明 Newton 向后差分公式 (2.25).

12. 若 f 是次数不超过 n 次的多项式, 证明 f 的 $n+1$ 阶差商为零.

13. 构造 3 次 Hermite 插值多项式 H_3, 满足以下插值条件:

$$H_3(0) = 0, \quad H_3(1) = 1, \quad H_3'(0) = 1, \quad H_3'(1) = 0.$$

14. 设函数 $f(x) = x^5$.

(a) 证明以 $x_0 = 0, x_1 = a$ 为插值点的 3 次 Hermite 插值多项式为 $H_3(x) = 3a^2x^3 - 2a^3x^2$;

(b) 证明此时定理 2.7.1 中的 $\xi_x = \frac{1}{5}(x+2a)$.

15. 设 $s \geqslant 1$, x_j, $j=0,\cdots,2s-1$ 为 $2s$ 个互异节点, 其中 $x_{s+j} = x_j + \varepsilon$, $j = 0,\cdots,s-1$.

(a) 证明函数 f 的 $2s-1$ 次插值多项式 L_{2s-1} 为

$$L_{2s-1}(x) = \sum_{j=0}^{s-1} \frac{\varphi_j(x)\varphi_j(x-\varepsilon)}{\varepsilon\varphi_j(x_j)} \left\{ \frac{x-x_j}{\varphi_j(x_j+\varepsilon)} f(x_j+\varepsilon) - \frac{x-x_j-\varepsilon}{\varphi(x_j-\varepsilon)f(x_j)} \right\},$$

其中 $\varphi_j(x) = \prod\limits_{\substack{i=0 \\ j\neq i}}^{s-1} (x - x_j)$;

(b) 设 H_{2s-1} 是 f 的 $2s-1$ 次 Hermite 插值多项式, 且满足如下插值条件:

$$H_{2s-1}(x_j) = f(x_j), \quad j = 0,\cdots,s-1,$$
$$H_{2s-1}'(x_j) = f'(x_j), \quad j = 0,\cdots,s-1.$$

证明

$$L_{2s-1}(x) \xrightarrow{\varepsilon \to 0} H_{2s-1}(x).$$

16. 设 $n \geqslant 1$, 函数 f 在区间 $[a,b]$ 内有 $2n+1$ 阶连续导数. $x_i, i=0,\cdots,n$ 为 $[a,b]$ 内的 $n+1$ 个互异的插值节点.

(a) 求满足插值条件

$$p_{2n}(x_i) = f(x_i), \quad i = 0, \cdots, n,$$
$$p'_{2n}(x_i) = f'(x_i), \quad i = 1, \cdots, n$$

的 $2n$ 次插值多项式

$$p_{2n}(x) = l_0(x)f(x_0) + \sum_{i=1}^{n}[h_i(x)f(x_i) + \bar{h}_i(x)f'_{x_i}].$$

确定其中的多项式 l_0, $h_i, \bar{h}_i, i = 1, \cdots, n$.

(b) 证明插值多项式 p_{2n} 的插值余项为

$$f(x) - p_{2n}(x) = \frac{(x - x_0)\prod_{i=1}^{n}(x - x_i)^2}{(2n+1)!} f^{(2n+1)}(\xi_x), \quad \xi_x \in (a, b).$$

17. 设 $n \geqslant 2$, 函数 f 在区间 $[a, b]$ 内有 $2n$ 阶连续导数. $x_i, i = 0, \cdots, n$ 为 $[a, b]$ 内的 $n+1$ 个互异的插值节点.

(a) 求满足插值条件

$$p_{2n}(x_i) = f(x_i), \quad i = 0, \cdots, n,$$
$$p'_{2n}(x_i) = f'(x_i), \quad i = 1, \cdots, n-1$$

的 $2n-1$ 次插值多项式

$$p_{2n-1}(x) = l_0(x)f(x_0) + \sum_{i=1}^{n-1}[h_i(x)f(x_i) + \bar{h}_i(x)f'_{x_i}] + l_n(x)f(x_n).$$

确定其中的多项式 l_0, l_n, $h_i, \bar{h}_i, i = 1, \cdots, n-1$.

(b) 证明插值多项式 p_{2n-1} 的插值余项为

$$f(x) - p_{2n-1}(x) = \frac{(x - x_0)(x - x_n)\prod_{i=1}^{n-1}(x - x_i)^2}{(2n)!} f^{(2n)}(\xi_x), \quad \xi_x \in (a, b).$$

18. (a) 定义等距节点 $x_i = x_0 + ih, i = 0, \cdots, n$, 其中 h 为常数. 证明定义在 $[x_0, x_n]$ 内的多项式 π_{n+1} 在相邻子区间内轮流变号, 在每个子区间都能达到极值, 且极值的绝对值在中间子区间最小, 并向两端逐渐增大.

(b) 利用 (a) 的结论证明用等距节点在 $[-5, 5]$ 上对函数 $f(x) = \dfrac{1}{1+x^2}$ 插值, 插值误差先随 n 的增大而减小, 然后误差随 n 的增大而迅速增大.

19. 已知函数 f 的固支 3 次样条 s 定义为

$$\begin{cases} s_0(x) = 2x + 3x^2 + 4x^3, & 0 \leqslant x \leqslant 1, \\ s_1(x) = a + b(x-1) + c(x-1)^2 + d(x-1)^3, & 1 \leqslant x \leqslant 4. \end{cases}$$

且有边界条件 $f'(0) = f'(4)$. 确定 s 中的系数 a, b, c, d.

20. (a) 证明任何定义在闭区间上的 3 次多项式的固支样条是它本身.

(b) 说明 (a) 中的结论对 3 次自然样条是否成立? 并举例说明.

21. 证明严格对角矩阵是非奇异的. 进而证明用三弯矩方法构造的 3 次样条是唯一的.

22. (a) 证明存在 2 次样条

$$s_i(x) = a_i x^2 + b_i x + c_i, \quad x_i \leqslant x \leqslant x_{i+1}, i = 0, \cdots, n-1,$$

满足以下条件

i. $s_i(x_i) = f_i$, $i = 0, \cdots, n-1$;

ii. $s_i(x_{i+1}) = f_{i+1}$, $i = 0, \cdots, n-1$;

iii. $s_i'(x_i) = s_{i-1}'(x_i)$, $i = 1, \cdots, n-1$;

iv. $s_0''(x_0) = 0$.

(b) 构造通过插值点 $(0,0), (1,1), (2,2)$ 的 2 次样条.

23. 证明定理 2.9.1 中的结论对 3 次固支样条同样成立.

24. 对于 $[a, b]$ 上给定的节点 $a = x_1 < x_2 < \cdots < x_n = b$, 记 S_Δ 为节点上对应的 3 次样条的集合, 即

$$S_\Delta = \{s_\Delta \in C^2[a, b] : s_\Delta \in \mathcal{P}_3([x_i, x_{i+1}]), i = 0, \cdots, n-1\}.$$

设 s 是函数 f 的 3 次固支样条, 证明:

$$\int_a^b [f''(x) - s''(x)]^2 \mathrm{d}x \leqslant \int_a^b [f''(x) - s_\Delta''(x)]^2 \mathrm{d}x, \quad \forall s_\Delta \in S_\Delta.$$

25. 用 B 样条构造方法求满足以下插值条件的 3 次固支样条.

$$s(0) = 1, \quad s(1) = 3, \quad s(2) = 3, \quad s(3) = 4, \quad s(4) = 2,$$
$$s'(0) = 0, \quad s'(4) = 1.$$

26. 已知如下两元函数表.

$$f(1,1) = 0.69314, \quad f(1,2) = 1.09861, \quad f(1,3) = 1.38629,$$
$$f(2,1) = 1.09861, \quad f(2,2) = 1.38629, \quad f(2,3) = 1.60943,$$
$$f(3,1) = 1.38629, \quad f(3,2) = 1.60943, \quad f(3,3) = 1.79175.$$

(a) 分别用 Lagrange 插值方法和 Newton 方法构造二元 2 次插值多项式;

(b) 构造二元分段线性插值函数;

(c) 构造二元 3 次样条插值函数.

第 3 章　曲线曲面的拟合

3.1　引　　言

几何造型中需要对几何体外形进行表示、逼近与修改. 例如, 轮船的船体, 飞机的机身, 汽车的引擎罩等形状的设计与处理. 问题可分为①已知实物模型, 构建计算机中的表示; ②给定部分信息, 构建符合形状的几何体; ③自由形式的设计等. 对几何外形曲线和曲面的设计是构造对可采用数据的插值或对数据的形状逼近的过程.

在插值数据中, 有时余项并不会随着插值点的增多而减小. 例如 1901 年 Runge 给出了一个例子:

$$f(x) = \frac{1}{1+25x^2}.$$

对它在 $[-1,1]$ 上做等距插值时, 插值多项式的情况见图 3.1. 对横轴产生振荡, 因此插值多项式的形状没有反应数据的形状. 即使当数据越来越多时, 这些不希望出现的振荡也不可能消失. 这种插值多项式当节点增加时不能很好地接近插值多项式的现象被称为 Runge 现象.

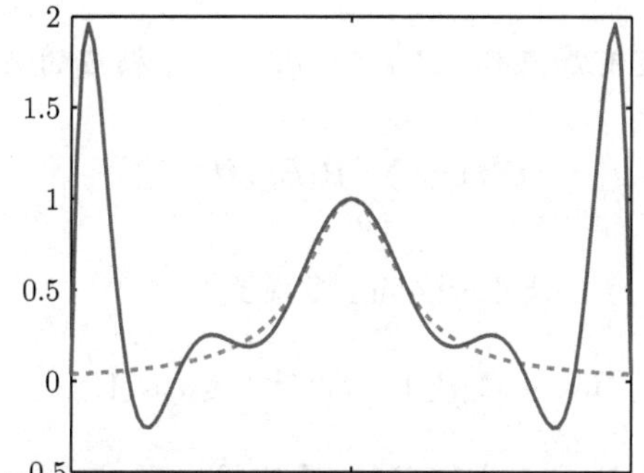

图 3.1　多项式插值的 Runge 现象

逼近的目的是从几个设计点出发捕捉所期望的曲线或曲面的形状, 而不需要必须插值这些点. 在逼近中, 给定数据不需要被完全的匹配, 这些数据点被称为控制点, 它们控制并设计着曲线或曲面的形状. 可以通过对控制点的调控, 以达到所期待形状的更好表示, 并保持良好的几何性质, 例如保凸性、光滑性、仿射不变性等, 见图 3.2.

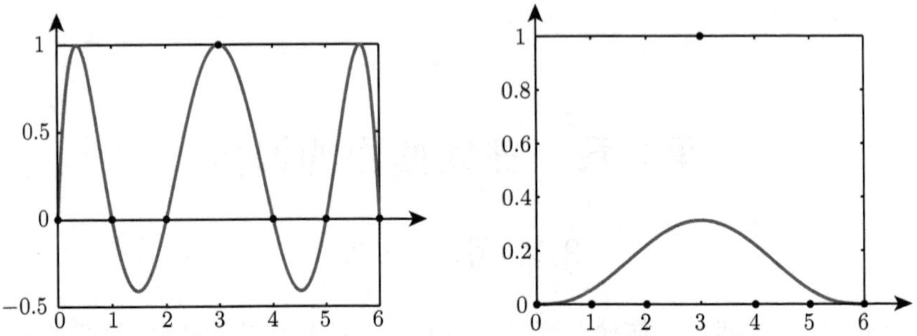

(a) 插值多项式存在振荡　　(b) Bezier曲线逼近控制点描绘的形状

图 3.2　插值曲线与 Bezier 曲线的对比图

本章的目的是建立 Bezier 曲线曲面以及 B 样条曲线曲面的基本理论, 掌握曲线曲面的相关性质以及求值、分割、升阶、光滑拼接等运算.

3.2　Bezier 曲线的定义及性质

Bezier 曲线是由法国雷诺汽车公司的 P. Bezier 于 20 世纪 70 年代初为解决汽车外型设计而提出的一种新的表示法. 更早一些, 法国 P. de Casteljau 给出以稳定数值的方法求出 Bezier 曲线, 就是 3.3 节中将要介绍的 de Casteljau 算法. 但源于 Bezier 更快地完成了软件开发并得到迅速推广, 因此这种参数曲线构造方法以他的名字命名.

定义 3.2.1　给定有序点列 $\{\mathbf{P}_i\}, i=0,\cdots,n$. 相应的 n 次 Bezier 曲线定义为

$$\mathbf{P}(t)=\sum_{i=0}^{n}\mathbf{P}_i B_{i,n}(t), \tag{3.1}$$

其中基函数 $\{B_{i,n}(t)\}$ 为 n 次 Bernstein 多项式

$$B_{i,n}=\mathrm{C}_n^i t^i(1-t)^{n-i}, 0\leqslant t\leqslant 1. \tag{3.2}$$

几何系数 $\{\mathbf{P}_i\}$ 称为此 Bezier 曲线 $\mathbf{P}(t)$ 的控制 (顶) 点.

由定义可知, Bezier 曲线的形状只与控制点 $\{\mathbf{P}_i\}$ 有关. 控制点依次连接构成的多边形称为控制多边形. 在了解 Bezier 曲线的几何特性之前, 回顾一下 Bernstein 多项式的性质.

基函数 $\{B_{i,n}\}$ 具有如下性质 (其中当 $i<0$ 或 $i>n$ 时, 定义 $B_{i,n}(t)\equiv 0$).

(1) 单位分解性:

$$\sum_{i=0}^{n}B_{i,n}(t)=(t+(1-t))^n\equiv 1;$$

(2) 非负性:

$$B_{i,n}(t) \geqslant 0,$$

对一切 $0 \leqslant t \leqslant 1$ 成立;

(3) $B_{0,n}(0) = B_{n,n}(1) = 1$. 且对 $0 < i < n$ 满足

$$B_{i,n}^{(k)}(0) = 0, k = 0, 1, \cdots, i-1; \quad B_{i,n}^{(k)}(1) = 0, k = 0, 1, \cdots, n-i-1;$$

(4) $B_{i,n}(t)$ 在 $t = \frac{i}{n}$ 处达到其在 $[0,1]$ 上的最大值;

(5) 对称性: $B_{i,n}(t) = B_{n-i,n}(1-t)$;

(6) 递推关系: $B_{i,n}(t) = tB_{i-1,n-1}(t) + (1-t)B_{i,n-1}(t)$;

(7) 导数: $B'_{i,n}(t) \triangleq (B_{i,n}(t))' = n(B_{i-1,n-1}(t) - B_{i,n-1}(t))$;

(8) $\{B_{i,n}(t)\}_{i=0}^{n}$ 构成 $\mathbb{P}_n$ 的一组基, 其中 $\mathbb{P}_n$ 表示所有次数不超过 n 的多项式的集合.

证明可作为课后作业.

利用 Bernstein 基函数, 得到以下结论.

例 3.2.1 当 $n = 1$ 时,

$$\mathbf{P}(t) = (1-t)\mathbf{P}_0 + t\mathbf{P}_1$$

表明 1 次 Bezier 曲线是以 $\mathbf{P}_0$ 和 $\mathbf{P}_1$ 为端点的一条线段, 见图 3.3(a).

例 3.2.2 当 $n = 2$ 时,

$$\mathbf{P}(t) = (1-t)^2\mathbf{P}_0 + 2(1-t)t\mathbf{P}_1 + t^2\mathbf{P}_2.$$

它是一条过点 $\mathbf{P}_0$ 和 $\mathbf{P}_2$ 的抛物线, $\mathbf{P}_1$ 控制曲线的形状. 根据导数的计算, 可知端点处的切线分别平行于 $\mathbf{P}_1 - \mathbf{P}_0$ 和 $\mathbf{P}_2 - \mathbf{P}_1$, 见图 3.3(b).

例 3.2.3 $n = 3$ 时,

$$\mathbf{P}(t) = (1-t)^3\mathbf{P}_0 + 3(1-t)^2t\mathbf{P}_1 + 3(1-t)t^2\mathbf{P}_2 + t^3\mathbf{P}_3.$$

它是 1 条 3 次曲线, 并且无论控制点 $\mathbf{P}_1$ 和 $\mathbf{P}_2$ 的位置如何变化, 曲线过点 $\mathbf{P}_0$ 和 $\mathbf{P}_3$, 且端点处的切线分别平行于 $\mathbf{P}_1 - \mathbf{P}_0$ 和 $\mathbf{P}_3 - \mathbf{P}_2$, 见图 3.3(c) 和 (d).

根据简单实例, 推广得到一般 n 次 Bezier 曲线的性质.

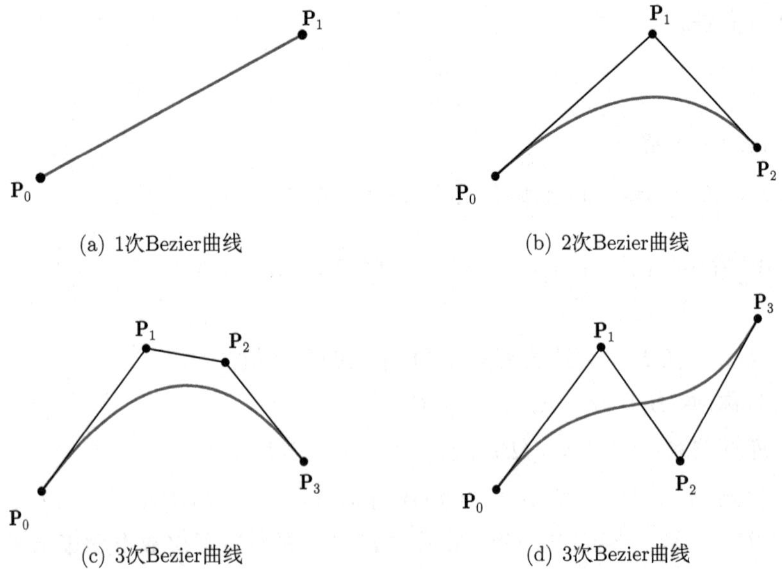

(a) 1次Bezier曲线　(b) 2次Bezier曲线

(c) 3次Bezier曲线　(d) 3次Bezier曲线

图 3.3　低次 Bezier 曲线

定理 3.2.1　Bezier 曲线的几何特性有以下几点.

(1) Bezier 曲线总是插值首末控制点:

$$\mathbf{P}(0)=\mathbf{P}_0,\quad \mathbf{P}(1)=\mathbf{P}_n.$$

(2) 首末点处的切矢方向分别平行于 $\mathbf{P}_1-\mathbf{P}_0$ 和 $\mathbf{P}_n-\mathbf{P}_{n-1}$.

(3) 仿射不变性: 对控制点进行一个仿射变换, 那么就是对曲线上的每个点应用同样的仿射变换. 例如, 平移不变性, 保证了构造的曲线与坐标系原点的位置选择无关.

(4) 凸包性: Bezier 曲线总是位于其控制点的凸包内. 凸包性确保了如果在图形终端上控制多边形是可见的, 那么整条曲线也是可见的. 推论, 若两条 Bezier 曲线对应的控制多边形的凸包无交点, 则两条曲线不相交.

(5) 变差减缩性: 任意直线与 Bezier 曲线的交点数小于或等于该直线与控制多边形的交点数. 变差减缩性控制了曲线的振荡次数不会超过其控制多边形的振荡次数, 这是插值中不可避免的. 所以当改用 Bezier 曲线拟合方法时, 避免了插值时的振荡现象. 见图 3.4.

证明　(1) 略 (易得).　□

(2) 对 Bezier 曲线的求导可转化到对 Bernstein 多项式的求导, 利用 Bernstein 多项式的性质推导得

$$\begin{aligned}\mathbf{P}'(t) &= \sum_{i=0}^{n} \mathbf{P}_i n\big(B_{i-1,n-1}(t) - B_{i,n-1}(t)\big) \\ &= n\sum_{i=0}^{n-1} \mathbf{P}_{i+1} B_{i,n-1}(t) - n\sum_{i=0}^{n-1} \mathbf{P}_i B_{i,n-1}(t) \\ &= n\sum_{i=0}^{n-1} (\mathbf{P}_{i+1} - \mathbf{P}_i) B_{i,n-1}(t).\end{aligned}$$

特别地, $\mathbf{P}'(0) = n(\mathbf{P}_1 - \mathbf{P}_0)$, $\quad \mathbf{P}'(1) = n(\mathbf{P}_n - \mathbf{P}_{n-1})$.

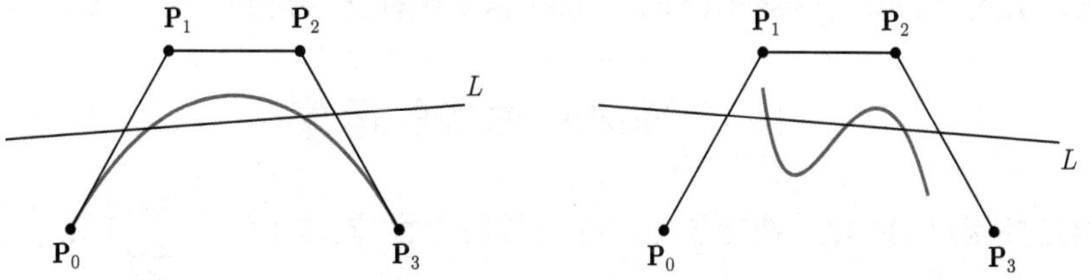

图 3.4 变差减缩性可以避免振荡

(3) 对 Bezier 曲线应用一个仿射变换 $\mathcal{A}$, 要证 $\mathcal{A}\mathbf{P}(t) = \sum_{i=0}^{n} (\mathcal{A}\mathbf{P}_i) B_{i,n}(t)$. 记仿射变换对应矩阵的表示为 $\mathcal{A}X = AX + b$,

$$\begin{aligned}\mathcal{A}\mathbf{P}(t) &= A\sum_{i=0}^{n} \mathbf{P}_i B_{i,n}(t) + b = A\sum_{i=0}^{n} \mathbf{P}_i B_{i,n}(t) + b\sum_{i=0}^{n} B_{i,n}(t) \\ &= \sum_{i=0}^{n} (A\mathbf{P}_i + b) B_{i,n}(t) = \sum_{i=0}^{n} (\mathcal{A}\mathbf{P}_i) B_{i,n}(t).\end{aligned}$$

(4) 数学归纳法, 当 $n = 1$ 时, $\mathbf{P}(t) = (1-t)\mathbf{P}_0 + t\mathbf{P}_1$, 即是 $\mathbf{P}_0\mathbf{P}_1$ 构成的直线段. 假设有 $n-1$ 个控制点时命题成立. 对于 n 次 Bezier 曲线

$$\begin{aligned}\mathbf{P}(t) &= \sum_{i=0}^{n} \mathbf{P}_i B_{i,n}(t) = \sum_{i=0}^{n} \mathbf{P}_i t B_{i-1,n-1}(t) + \sum_{i=0}^{n} \mathbf{P}_i (1-t) B_{i,n-1}(t) \\ &= \sum_{i=0}^{n-1} t\mathbf{P}_{i+1} B_{i,n-1}(t) + \sum_{i=0}^{n-1} (1-t)\mathbf{P}_i B_{i,n-1}(t) = \sum_{i=0}^{n-1} \big((1-t)\mathbf{P}_i + t\mathbf{P}_{i+1}\big) B_{i,n-1}(t) \\ &:= \sum_{i=0}^{n-1} \tilde{\mathbf{P}}_i B_{i,n-1}(t).\end{aligned}$$

转换成由 $n-1$ 个控制点 $\tilde{\mathbf{P}}_i = (1-t)\mathbf{P}_i + t\mathbf{P}_{i+1}$ 的 Bezier 曲线. 由假设易得到 n 次 Bezier 曲线落在控制点 $\mathbf{P}_0, \cdots, \mathbf{P}_n$ 的凸包内.

(5) 要证 “$\mathbf{P}(t)$与直线 L 的交点数 $\leqslant$ 控制多边形与直线 L 的交点数. ” 给出代数形式的证明, 另利用细分算法的几何证明详见 (戈德曼, 2011). 构造 n 次平面 Bezier 曲线: $\mathbf{P}(t)=\sum\limits_{i=0}^{n}\begin{pmatrix} x_i \\ y_i \end{pmatrix} B_{i,n}(t)$ 不妨选取 $L: y=0$.

- $\mathbf{P}(t)$与直线 L 的交点数 : $y(t)=\sum\limits_{i=0}^{n} y_i B_{i,n}(t)$ 在 [0,1] 上实根的个数;
- 若 $y_i y_{i+1}\leqslant 0$ 则控制多边形与直线 L 有交点, 控制多边形与直线 L 的交点数可用 $\{y_i\}$ 的变号数表示.

利用笛卡儿符号法则 (Descartes sign rule) 以及坐标变换得到“$\leqslant$”成立. □

3.3　Bezier 曲线的运算

给定控制点 $\{\mathbf{P}_i\}_{i=0}^n$ 决定了 Bezier 曲线的形状, 同时 $\mathbf{P}(t)=\sum\limits_{i=0}^{n}\mathbf{P}_i B_{i,n}(t)$ 为 n 次的多项式, 因此可以转化为幂级多项式的表示形式. 定义等同算子 $\mathcal{I}: \mathcal{I}\mathbf{P}_i=\mathbf{P}_i$, 位移算子 $\mathcal{E}: \mathcal{E}\mathbf{P}_i=\mathbf{P}_{i+1}$, 以及差分算子 $\Delta: \Delta\mathbf{P}_i=\mathbf{P}_{i+1}-\mathbf{P}_i$. 则有

$$\Delta\mathbf{P}_i=\mathbf{P}_{i+1}-\mathbf{P}_i=(\mathcal{E}-\mathcal{I})\mathbf{P}_i.$$

Bezier 曲线等价表示为

$$\begin{aligned}
\mathbf{P}(t) &= \sum_{i=0}^{n}\mathbf{P}_i B_{i,n}(t)=\sum_{i=0}^{n}\mathcal{E}^i\mathbf{P}_0\mathrm{C}_n^i t^i(1-t)^{n-i} \\
&= \left(\sum_{i=0}^{n}\mathrm{C}_n^i(t\mathcal{E})^i(1-t)^{n-i}\right)\mathbf{P}_0=(t\mathcal{E}+(1-t)\mathcal{I})^n\mathbf{P}_0 \\
&= (\mathcal{I}+t\Delta)^n\mathbf{P}_0=\sum_{i=0}^{n}\mathrm{C}_n^i(\Delta^i\mathbf{P}_0)t^i \leftarrow \text{幂级形式}.
\end{aligned} \tag{3.3}$$

对于具体的求值, 给定参数 t^*, 可以利用幂级形式或如下形式.

$$\mathbf{P}(t)=t^n\sum_{i=0}^{n}\mathbf{P}_i\mathrm{C}_n^i\left(\frac{1-t}{t}\right)^{n-i}, \quad t\geqslant\frac{1}{2},$$

$$\mathbf{P}(t)=(1-t)^n\sum_{i=0}^{n}\mathbf{P}_i\mathrm{C}_n^i\left(\frac{t}{1-t}\right)^{n-i}, \quad t\leqslant\frac{1}{2}.$$

代入参数得到具体的 $\mathbf{P}(t^*)$.

3.3.1　Bezier 曲线的求值与分割算法

接下来介绍一种几何形式的算法来计算 $\mathbf{P}(t^*)$:

最简单的 1 次 Bezier 曲线

$$\mathbf{P}(t) = (1-t)\mathbf{P}_0 + t\mathbf{P}_1.$$

表示连接控制点 $\mathbf{P}_0$ 和 $\mathbf{P}_1$ 的直线, 且任意点 $\mathbf{P}(t^*)$ 相对于 $\mathbf{P}_0$ 和 $\mathbf{P}_1$ 的位置如图 3.5 所示.

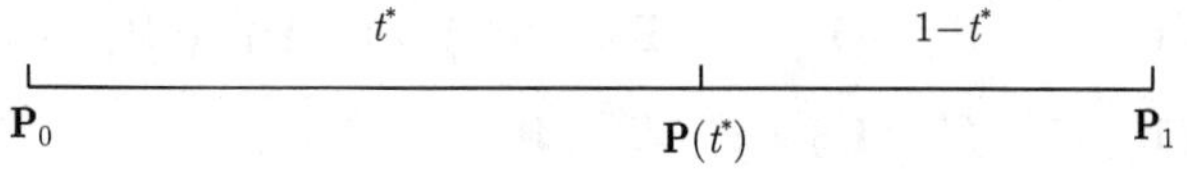

图 3.5 1 次 Bezier 曲线的求值

任一条 n 次的 Bezier 曲线用控制点给一种新的记法:

$$\mathbf{P}(t) := \mathbf{P}_n(\mathbf{P}_0, \cdots, \mathbf{P}_n) = \sum_{i=0}^{n} \mathbf{P}_i B_{i,n}(t).$$

由 Bernstein 多项式的递推关系, 可得

$$\mathbf{P}_n(\mathbf{P}_0, \cdots, \mathbf{P}_n) = (1-t) \cdot \mathbf{P}_{n-1}(\mathbf{P}_0, \cdots, \mathbf{P}_{n-1}) + t \cdot \mathbf{P}_{n-1}(\mathbf{P}_1, \cdots, \mathbf{P}_n).$$

即可表示成两条 $n-1$ 次的 Bezier 曲线的线性插值, 且 $t=0$ 时通过第一条曲线的第一个控制点, $t=1$ 时通过第二条曲线的最后一个控制点. 以此类推, 可以得到求值算法的递推公式, 并同时将 Bezier 曲线在求值点 $\mathbf{P}(t^*)$ 处分割成两条次数不变的 Bezier 曲线.

定理 3.3.1 (de Casteljau 算法) 给定任意 n 次的 Bezier 曲线 $\mathbf{P}(t)=\mathbf{P}_n(\mathbf{P}_0, \cdots, \mathbf{P}_n)$ 及参数 $t^* \in [0,1]$. 已知 $\mathcal{I} : \mathcal{I}\mathbf{P}_i = \mathbf{P}_i$, $\mathcal{E} : \mathcal{E}\mathbf{P}_i = \mathbf{P}_{i+1}$, 定义算子 $\mathcal{L} : \mathcal{L} := (1-t^*)\mathcal{I} + t^*\mathcal{E}$, 则得到

$$\mathbf{P}(t^*) = \mathcal{L}^n \mathbf{P}_0. \tag{3.4}$$

其中 $\mathcal{L}\mathbf{P}_k = (1-t^*)\mathbf{P}_k + t^*\mathbf{P}_{k+1}, \mathcal{L}^j\mathbf{P}_k = \mathcal{L}(\mathcal{L}^{j-1}\mathbf{P}_k)$. 并且

$$\mathbf{P}'(t^*) = n(\mathcal{L}^{n-1}\mathbf{P}_1 - \mathcal{L}^{n-1}\mathbf{P}_0).$$

且在 $\mathbf{P}(t^*)$ 处将 Bezier 曲线 $\mathbf{P}(t) = \mathbf{P}_n(\mathbf{P}_0, \cdots, \mathbf{P}_n)$ 分成两条 n 次的 Bezier 曲线记为 $\mathbf{L}(t), \mathbf{R}(t)$, 则其控制顶点分别为

$$\mathbf{L}(t) : \mathbf{P}_0,\ \mathcal{L}\mathbf{P}_0,\ \mathcal{L}^2\mathbf{P}_0,\ \cdots,\ \mathcal{L}^n\mathbf{P}_0,$$
$$\mathbf{R}(t) : \mathcal{L}^n\mathbf{P}_0, \mathcal{L}^{n-1}\mathbf{P}_1, \mathcal{L}^{n-2}\mathbf{P}_2, \cdots, \mathbf{P}_n.$$

证明　根据 (3.3) 式的推导过程, 令 $t=t^*$ 即得到 $\mathbf{P}(t^*)=\mathcal{L}^n\mathbf{P}_0$. 但接下来利用数学归纳法再次说明如下.

对于 $n=1$, 有 $\mathbf{P}(t^*)=(1-t^*)\mathbf{P}_0+t^*\mathbf{P}_1=\mathcal{L}\mathbf{P}_0$, (3.4) 式成立. 假设对 k 个控制顶点的 Bezier 曲线对应的 (3.4) 式仍成立. 当 $n=k$ 时,

$$\begin{aligned}\mathbf{P}(t^*)=&\mathbf{P}_k(\mathbf{P}_0,\cdots,\mathbf{P}_k)(t^*)\\=&(1-t^*)\cdot\mathbf{P}_{k-1}(\mathbf{P}_0,\cdots,\mathbf{P}_{k-1})(t^*)+t^*\cdot\mathbf{P}_{k-1}(\mathbf{P}_1,\cdots,\mathbf{P}_k)(t^*)\\=&(1-t^*)\cdot\mathcal{L}^{k-1}\mathbf{P}_0+t^*\cdot\mathcal{L}^{k-1}\mathbf{P}_1\\=&\mathcal{L}^{k-1}((1-t^*)\mathbf{P}_0+t^*\mathbf{P}_1)=\mathcal{L}^{k-1}(\mathcal{L}\mathbf{P}_0)=\mathcal{L}^k\mathbf{P}_0.\end{aligned}$$

即 (3.4) 式成立. 接下来利用 Bernstein 多项式求导性质, 得到 Bezier 曲线的切矢信息如下:

$$\begin{aligned}\mathbf{P}'(t^*)=&\sum_{i=0}^{n}\mathbf{P}_iB'_{i,n}(t^*)=n\sum_{i=0}^{n}\mathbf{P}_i(B_{i-1,n-1}(t^*)-B_{i,n-1}(t^*))\\=&n\left(\sum_{i=0}^{n-1}\mathbf{P}_{i+1}B_{i,n-1}(t^*)-\sum_{i=0}^{n-1}\mathbf{P}_iB_{i,n-1}(t^*)\right)\\=&n(\mathcal{L}^{n-1}\mathbf{P}_1-\mathcal{L}^{n-1}\mathbf{P}_0).\end{aligned}$$

在求值点处曲线 $\mathbf{P}(t)$ 被分割为两段子 Bezier 曲线, 设两段子曲线分别表示为

$$\mathbf{L}(t)=\sum_{i=0}^{n}\mathbf{P}_i^LB_{i,n}(t),\qquad \mathbf{R}(t)=\sum_{i=0}^{n}\mathbf{P}_i^RB_{i,n}(t).$$

根据子段与 $\mathbf{P}(t)$ 的关系得到

$$\begin{aligned}&\mathbf{L}(t)=\mathbf{P}(t^*t)=((1-t^*t)\mathcal{I}+t^*t\mathcal{E})^n\mathbf{P}_0=((1-t+t(1-t^*))\mathcal{I}+t^*t\mathcal{E})^n\mathbf{P}_0\\=&((1-t)\mathcal{I}+t((1-t^*)\mathcal{I}+t^*\mathcal{E}))^n\mathbf{P}_0\\=&\sum_{i=0}^{n}\mathrm{C}_n^i(1-t)^{n-1}t^i((1-t^*)\mathcal{I}+t^*\mathcal{E})^i\mathbf{P}_0\\=&\sum_{i=0}^{n}B_{i,n}((1-t^*)\mathcal{I}+t^*\mathcal{E})^i\mathbf{P}_0=\sum_{i=0}^{n}\mathcal{L}^i\mathbf{P}_0B_{i,n}(t),\end{aligned}$$

同理计算可得

$$\mathbf{R}(t)=\mathbf{P}((1-t^*)t+t^*)=\sum_{i=0}^{n}\mathcal{L}^{n-i}\mathbf{P}_iB_{i,n}(t),$$

即得到子曲线的控制点分别为

$$\mathbf{P}_i^L=\mathcal{L}^i\mathbf{P}_0,\ \ \mathbf{P}_i^R=\mathcal{L}^{n-i}\mathbf{P}_i,\ \ \text{其中 } i=0,\cdots,n.$$

□

例 3.3.1 给定 3 次 Bezier 曲线的控制点 $\mathbf{P}_0=(0,0),\mathbf{P}_1=(3,1),\mathbf{P}_2=(5,2)$, $\mathbf{P}_3=(6,0)$, 将该曲线在 $t=\dfrac{1}{2}$ 处分割为两段子 Bezier 曲线, 求 $\mathbf{P}\left(\dfrac{1}{2}\right)$ 以及子曲线的控制点 (图 3.6).

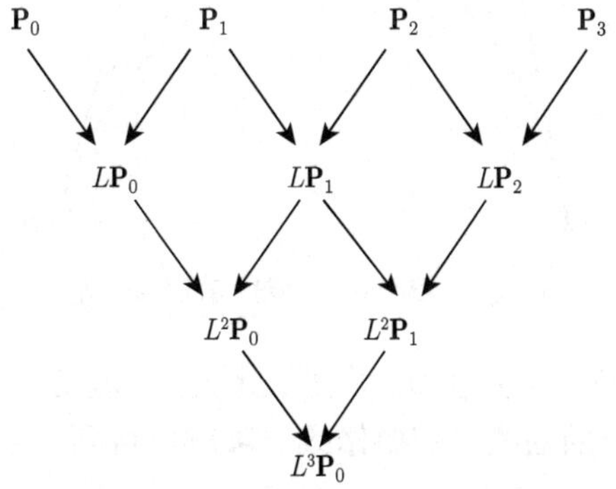

图 3.6 3 次 Bezier 曲线 de Casteljau 算法的计算过程

解 见图 3.7.

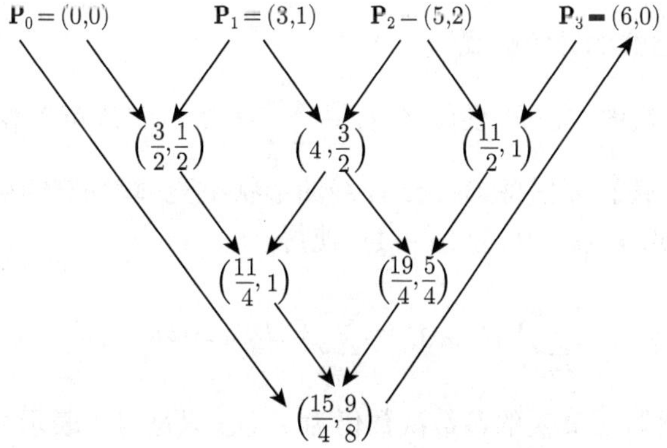

图 3.7 Bezier 曲线的求值与分割

解得 $\mathbf{P}\left(\dfrac{1}{2}\right)=\left(\dfrac{15}{4},\dfrac{9}{8}\right)$.

左段子曲线的控制点为 $(0,0),\left(\dfrac{3}{2},\dfrac{1}{2}\right),\left(\dfrac{11}{4},1\right),\left(\dfrac{15}{4},\dfrac{9}{8}\right)$;

右段子曲线的控制点为 $\left(\dfrac{15}{4},\dfrac{9}{8}\right),\left(\dfrac{19}{4},\dfrac{5}{4}\right),\left(\dfrac{11}{2},1\right),(6,0)$. □

图示给出了 de Casteljau(求值和分割) 算法的几何解释, 且分割算法也称为细分算法可以看成控制顶点的加密, 使得控制多边形向曲线更加靠近, 多次加密后, 控制多边形逐渐趋近于 Bezier 曲线, 见图 3.8.

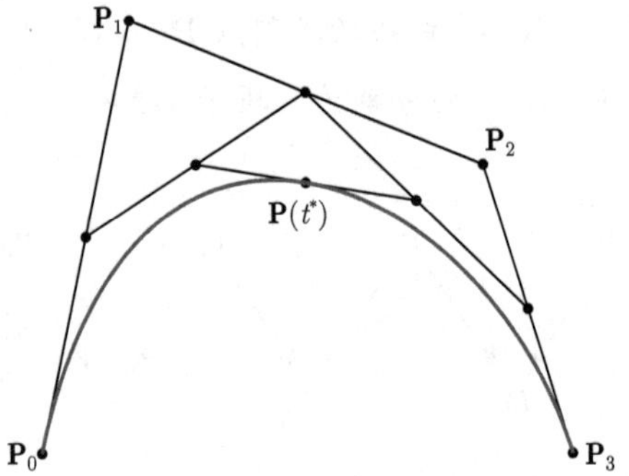

图 3.8　Bezier 曲线的求值与分割

Bezier 曲线有很好的几何性质, 并便于调控. 当改变一个控制点位置时, 不妨是将 $\mathbf{P}_j$ 换成 $\mathbf{Q}_j$, 则新的曲线只需要修改一项就可得到

$$\tilde{\mathbf{P}}(t) = \sum_{i=0,i\neq j}^{n} \mathbf{P}_i B_{i,n}(t) + \mathbf{Q}_j B_{j,n} = \mathbf{P}(t) + (\mathbf{Q}_j - \mathbf{P}_j) B_{j,n}(t).$$

计算十分方便.

3.3.2　Bezier 曲线的升阶公式

任意一条 n 次的 Bezier 曲线 $\mathbf{P}(t) = \sum\limits_{i=0}^{n} \mathbf{P}_i B_{i,n}(t)$ 均可以表示成与它等价的 $n+1$ 次 Bezier 曲线, 即保持 Bezier 曲线的形状不变, 增加它的控制顶点个数. 得到一组新的控制点 $\widetilde{\mathbf{P}}_i (i = 0, \cdots, n+1)$, 使得

$$\sum_{i=0}^{n} \mathbf{P}_i B_{i,n}(t) = \sum_{i=0}^{n+1} \widetilde{\mathbf{P}}_i B_{i,n+1}(t). \tag{3.5}$$

事实上, 曲线在升阶后真实的参数次数仍为 n 次, 只是可以表示为 $n+1$ 次 Bezier 曲线的形式, 但此时新控制多边形比原多边形更接近曲线. 如果此时移动一个控制顶点的位置, 曲线被改变, 其次数变为真正的 $n+1$ 次. 接下来, 推导 Bezier 曲线的升阶公式. 为了使多项式的表示次数上增加一次, 采用 $(1-t)+t$ 去乘等式 (3.5) 的左端. 则

$$\begin{aligned}
\mathbf{P}(t) &= \sum_{i=0}^{n} \mathbf{P}_i B_{i,n}(t)[(1-t)+t] \\
&= \sum_{i=0}^{n} \mathbf{P}_i \mathrm{C}_n^i t^i (1-t)^{n-i+1} + \sum_{i=0}^{n} \mathbf{P}_i \mathrm{C}_n^i t^{i+1} (1-t)^{n-i} \\
&= \sum_{i=0}^{n} \mathbf{P}_i \frac{n+1-i}{n+1} \mathrm{C}_{n+1}^i t^i (1-t)^{n-i+1} + \sum_{i=0}^{n} \mathbf{P}_i \frac{i+1}{n+1} \mathrm{C}_{n+1}^{i+1} t^{i+1} (1-t)^{n-i}
\end{aligned}$$

$$
\begin{aligned}
&=\sum_{i=0}^{n}\frac{n+1-i}{n+1}\mathbf{P}_iB_{i,n+1}(t)+\sum_{i=0}^{n}\frac{i+1}{n+1}\mathbf{P}_iB_{i+1,n+1}(t)\\
&=\sum_{i=0}^{n+1}\left(\frac{n+1-i}{n+1}\mathbf{P}_i+\frac{i}{n+1}\mathbf{P}_{i-1}\right)B_{i,n+1}(t).
\end{aligned}
$$

即得到升阶公式

$$\widetilde{\mathbf{P}}_i=\frac{n+1-i}{n+1}\mathbf{P}_i+\frac{i}{n+1}\mathbf{P}_{i-1},\quad i=0,\cdots,n+1.$$

其中 $\mathbf{P}_{-1}=\mathbf{P}_{n+1}=\mathbf{0}$.

接下来, 可以依次升阶或直接在等式 (3.5) 的左端乘以任意次数多项式 $((1-t)+t)^m$, 即将 n 次 Bezier 曲线升阶为一条 $n+m$ 次 Bezier 曲线. 记新控制点为 $\widehat{\mathbf{P}}_i(i=0,\cdots,n+m)$, 使得

$$\sum_{i=0}^{n}\mathbf{P}_iB_{i,n}(t)=\sum_{i=0}^{n+m}\widehat{\mathbf{P}}_iB_{i,n+m}(t). \tag{3.6}$$

则

$$\widehat{\mathbf{P}}_i=\sum_{j=i-m}^{i}\frac{\mathrm{C}_n^j\mathrm{C}_m^{i-j}}{\mathrm{C}_{n+m}^i}\mathbf{P}_j,\quad i=0,\cdots,n+m.$$

Bezier 曲线升阶表示增加了控制点个数, 不仅能增加对曲线进行形状控制的灵活性, 还在构造曲面方面有着重要的应用. 对于一些由曲线生成的曲面有关算法, 要求那些曲线必须是同次的. 应用升阶的方法, 可以把低于最高次数的曲线提升到最高次数, 而获得一致的次数.

例 3.3.2 当 $n=3,m=1$ 时, 获得 3 次 Bezier 曲线的升阶公式

$$\widetilde{\mathbf{P}}_i=\frac{n+1-i}{n+1}\mathbf{P}_i+\frac{i}{n+1}\mathbf{P}_{i-1},\quad i=0,\cdots,4$$

即

$$\widetilde{\mathbf{P}}_0=\mathbf{P}_0,\quad \widetilde{\mathbf{P}}_1=\frac{3}{4}\mathbf{P}_1+\frac{1}{4}\mathbf{P}_0,\quad \widetilde{\mathbf{P}}_2=\frac{2}{4}\mathbf{P}_2+\frac{2}{4}\mathbf{P}_1,\quad \widetilde{\mathbf{P}}_3=\frac{1}{4}\mathbf{P}_3+\frac{3}{4}\mathbf{P}_2,\quad \widetilde{\mathbf{P}}_4=\mathbf{P}_3.$$

Bezier 曲线的降阶在实际中的应用, 分为准确降阶的推导和近似降阶的逼近, 因为对于一般情况准确的降阶是不可能的. 准确降阶, 需要控制点满足一定条件可以减少控制点个数. 近似降阶, 即找到低次 Bezier 曲线使得它与原曲线尽量的接近. 目前常用的方法有: ①基于控制顶点的几何降阶方法. 通过升阶公式, 可以反

推导出:

$$\hat{\mathbf{P}}_i = \frac{(-1)^i}{\mathrm{C}_{n-1}^i}\sum_{j=0}^{i}(-1)^j\mathrm{C}_n^j\mathbf{P}_j, \quad i=0,\cdots,n-1,$$

$$\bar{\mathbf{P}}_i = -\frac{(-1)^i}{\mathrm{C}_{n-1}^i}\sum_{j=i+1}^{n}(-1)^j\mathrm{C}_n^j\mathbf{P}_j, \quad i=0,\cdots,n-1.$$

则 n 次曲线降为 $n-1$ 次时控制顶点 $\{\widetilde{\mathbf{P}}_i\}_{i=0}^{n-1}$ 可由凸组合形式表示为 $\widetilde{\mathbf{P}}_i = (1-\lambda_i)\hat{\mathbf{P}}_i + \lambda_i\bar{\mathbf{P}}_i, \lambda_i \in [0,1]$ 随着 λ_i 取值的不同, 可以得到不同的结果. 或者可以将曲线经过一个微小的扰动, 使得变化后可以准确降阶, 且满足微小扰动的某种能量泛函极小; ②基于基变换的代数方法. 在低维空间中找到 Bezier 曲线的最佳逼近元素, 对于范数选取的不同, 可得到最佳一致逼近、最佳平方逼近等, 后续章节会讲到此类的代数方法.

3.3.3 分段 Bezier 曲线的光滑拼接

当控制顶点增多时, 曲线的次数高、计算量大、各个控制点的控制性减弱, 为了避免这些缺点, 可以将其分成几段再拼接起来. 另外在复杂零件的几何设计中, 仅用单条 Bezier 曲线是不能满足设计要求的, 也必须采用多段拼接的方式. 即按照一定的连续条件, 将这些曲线拼接成一条 Bezier 曲线. 拼接后的曲线从整体看是一条光滑曲线. 在两段曲线的拼接点, 可以根据设计需要, 保持位置连续、切矢连续或曲率连续. 此处关于连续性有两种不同的度量方法. 一种是满足于严格定义的函数曲线可微性方法 (C^k 连续), 另一种是满足相对宽松的约束条件的几何连续性方法 (GC^k 连续). 工程上主要采用后者, 本书只针对 C^k 连续给出光滑性约束条件.

给定一条 Bezier 曲线 $\mathbf{P}(t)$ 控制点为 $\mathbf{P}_0,\cdots,\mathbf{P}_n$, 对于另一条以 $\mathbf{Q}_0,\cdots,\mathbf{Q}_n$ 为控制点的 Bezier 曲线 $\mathbf{Q}(t)$, 要求其与 $\mathbf{P}(t)$ 在连接点处前 k 阶导数相同.

首先, 任意一条 Bezier 曲线将参数域 $[0,1]$ 变换为 $[a,b]$ 只需如下变化:

$$\mathbf{P}(t) = \sum_{i=0}^{n}\mathbf{P}_i B_{i,n}\left(\frac{t-a}{b-a}\right), \quad t\in[a,b].$$

两条曲线分别进行参数域变化:

$$\mathbf{P}(t) = \sum_{i=0}^{n}\mathbf{P}_i B_{i,n}\left(\frac{t-a}{b-a}\right), \quad t\in[a,b], \quad \mathbf{Q}(t) = \sum_{i=0}^{n}\mathbf{Q}_i B_{i,n}\left(\frac{t-b}{c-b}\right), \quad t\in[b,c].$$

接下来, 在连接点 $t=b$ 处分析满足 C^k 连续拼接的光滑性条件.

(1) $k=0$, 位置连续: 要求 $\mathbf{P}(b)=\mathbf{Q}(b)$, 则

$$\Rightarrow \mathbf{P}_n = \mathbf{Q}_0,$$

即控制多边形的首末端点重合.

(2) $k=1$, 切矢连续: 要求 $\mathbf{P}(b)=\mathbf{Q}(b)$ 且 $\mathbf{P}'(b)=\mathbf{Q}'(b)$, 则 $\mathbf{P}_n=\mathbf{Q}_0$, $\dfrac{\mathbf{P}_n-\mathbf{P}_{n-1}}{b-a}=\dfrac{\mathbf{Q}_1-\mathbf{Q}_0}{c-b}$,

$$\Rightarrow \mathbf{Q}_0=\mathbf{P}_n,\ \mathbf{Q}_1=\mathbf{P}_n+\frac{c-b}{b-a}(\mathbf{P}_n-\mathbf{P}_{n-1}),$$

第二个式子的意义是控制点 $\mathbf{P}_{n-1},\mathbf{P}_n(\mathbf{Q}_0),\mathbf{Q}_1$ 三点共线且满足一定的比例关系. 若只需要满足具有相同的切矢方向, 则只需三点共线.

(3) $k=2$, 曲率连续: 进一步要求 $\mathbf{P}''(b)=\mathbf{Q}''(b)\Rightarrow \dfrac{\mathbf{P}_n-2\mathbf{P}_{n-1}+\mathbf{P}_{n-2}}{(b-a)^2}=\dfrac{\mathbf{Q}_2-2\mathbf{Q}_1+\mathbf{Q}_0}{(c-b)^2}$, 则

$$\begin{cases}\mathbf{Q}_0=\mathbf{P}_n,\\ \mathbf{Q}_1=\dfrac{c-b}{b-a}\mathbf{P}_{n-1}+\dfrac{c-a}{b-a}\mathbf{P}_n,\\ \mathbf{Q}_2=\left(\dfrac{c-b}{b-a}\right)^2\mathbf{P}_{n-2}-2\dfrac{c-b}{b-a}\dfrac{c-a}{b-a}\mathbf{P}_{n-1}+\left(\dfrac{c-a}{b-a}\right)^2\mathbf{P}_n.\end{cases}$$

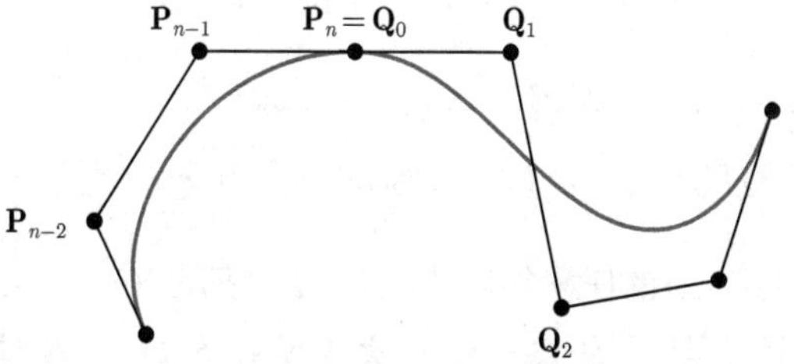

图 3.9 Bezier 曲线的光滑拼接

注 k 阶连续性条件, 固定了控制点 $\mathbf{Q}_0,\cdots,\mathbf{Q}_k$ 的唯一位置. 一般只需要考虑到 2 阶连续性, 更高要求时继续计算高阶导数即可.

给定边界条件时 2 阶连续的 3 次 Bezier 样条插值曲线是唯一的.

输入 给定平面上点 $\mathbf{Q}_0,\mathbf{Q}_1,\cdots,\mathbf{Q}_N$.

输出 控制点 $\{\mathbf{P}_{i,0},\mathbf{P}_{i,1},\mathbf{P}_{i,2},\mathbf{P}_{i,3}\}_{i=1,\cdots,N}$, 得到 N 段 3 次 Bezier 曲线 $X_i(t)$:

$$X_i(t)=\sum_{j=0}^{3}\mathbf{P}_{i,j}B_{j,3}\left(\frac{t-t_{i-1}}{t_i-t_{i-1}}\right),\quad t_{i-1}\leqslant t\leqslant t_i.$$

满足 插值给定点:

$$X_i(t_{i-1})=\mathbf{Q}_{i-1},\quad X_i(t_i)=\mathbf{Q}_i,\ i=1,\cdots,N.$$

且 2 阶连续

$$X_i'(t_i) = X_{i+1}'(t_i), \quad X_i''(t_i) = X_{i+1}''(t_i), \quad i = 1, \cdots, N-1.$$

边界条件　分段 3 次 Beizer 曲线共计 $4N$ 个待定控制点, 有 $4N-2$ 个约束条件, 此时再加入 2 个边界条件, 故只有唯一解. 具体过程与上一章介绍的 3 次样条方法相同, 即建立三对角方程组求解, 只是最终求得的是 Bernstein 基函数的几何系数 $\{\mathbf{P}_{i,j}\}$.

3.3.4　Bezier 曲线的开花表示理论

类似于线性函数, 仿射多项式具有良好的性质. Bezier 曲线的开花想法就是将 n 次曲线 $\mathbf{P}(t)$ 表示成一个多变量仿射对称多项式 $\mathbf{p}(t_1, \cdots, t_n)$. 首先, 回顾一些函数的定义.

仿射函数　若函数 $f(x)$ 对任意的 $a_1, \cdots, a_m, t_1, \cdots, t_m$, 满足 $f\left(\sum_{i=1}^m a_i t_i\right) = \sum_{i=1}^m a_i f(t_i)$, 其中 $\sum_{i=1}^m a_i = 1$, 则称此函数是仿射的.

多元仿射函数　指多元函数 $f(x_1, \cdots, x_n)$ 对每一个变量 x_i 都是仿射的, 即

$$\begin{aligned}&f(x_1, \cdots, (1-\lambda)x_k^* + \lambda x_k^{**}, \cdots, x_n)\\=&(1-\lambda)f(x_1, \cdots, x_k^*, \cdots, x_n) + \lambda f(x_1, \cdots, x_k^{**}, \cdots, x_n).\end{aligned}$$

对称函数　对$1, \cdots, n$的任意全排列 $i_1, \cdots, i_n$, 满足$f(x_{i_1}, \cdots, x_{i_n}) = f(x_1, \cdots, x_n)$.

定理 3.3.2(开花公理)　*任意一元 n 次多项式 $F(t)$, 存在唯一的 n 元仿射对称多项式 $f(t_1, \cdots, t_n)$, 使得 $F(t) = f(t, \cdots, t)$. 函数 $f(t_1, \cdots, t_n)$ 称为 $F(t)$ 的开花 (blossom).*

证明　**存在性**　记 $F(t) = a_n t^n + \cdots + a_1 t + a_0$, 对每个单项式 t^i 用

$$\frac{1}{\mathrm{C}_n^i} \sum t_{j_1} t_{j_2} \cdots t_{j_i}$$

替代, 其中求和是对 $\{1, \cdots, n\}$ 的所有 i 元子集 $\{j_1, \cdots, j_i\}$ 进行的, 共 C_n^i 项. 得到

$$\begin{aligned}f(t_1, \cdots, t_n) =& a_n \cdot t_1 t_2 \cdots t_n + \frac{a_{n-1}}{n}(t_2 t_3 \cdots t_n + t_1 t_3 \cdots t_n + \cdots + t_1 t_2 \cdots t_{n-1})\\&+ \cdots + \frac{a_i}{\mathrm{C}_n^i} \sum t_{j_1} t_{j_2} \cdots t_{j_i} + \cdots + \frac{a_1}{n}(t_1 + t_2 + \cdots + t_n) + a_0.\end{aligned}$$

具有仿射对称性, 且满足 $f(t, \cdots, t) = F(t)$

唯一性 设 $f(t_1,\cdots,t_n)$ 与 $g(t_1,\cdots,t_n)$ 均为 $F(t)$ 的开花, 则

$$(f-g)(t,t,\cdots,t)\equiv 0,\ \forall t\text{成立}.$$

有无穷多根的多项式函数只能是零多项式, 得到 $f\equiv g$, 即 $F(t)$ 的开花 $f(t_1,\cdots,t_n)$ 是唯一的. □

例 3.3.3 函数 $F(t)=a_3t^3+a_2t^2+a_1t+a_0$, 则得到开花多项式为

$$f(t_1,t_2,t_3)=a_3t_1t_2t_3+a_2\frac{t_1t_2+t_2t_3+t_3t_1}{3}+a_1\frac{t_1+t_2+t_3}{3}+a_0.$$

对于二元仿射对称多项式

$$\begin{aligned}f(t_1,t_2)&=f((1-t_1)\cdot 0+t_1\cdot 1,t_2)=(1-t_1)f(0,t_2)+t_1f(1,t_2)\\&=(1-t_1)(1-t_2)f(0,0)+((1-t_1)t_2+t_1(1-t_2))f(0,1)+t_1t_2f(1,1).\end{aligned}$$

直至推广到 n 元仿射多项式, $f(t_1,\cdots,t_n)$ 可以表示成 $f(0,\cdots,0,0)$, $f(0,\cdots,0,1)$, $f(0,\cdots,1,1)$, $\cdots$, $f(1,\cdots,1,1)$ 的仿射组合, 即组合系数求和为 1.

定理 3.3.3 特别地, n 元仿射对称多项式 $f(t_1,\cdots,t_n)$ 的变元均取相同值时

$$f(t,\cdots,t)=\sum_{i=0}^{n}B_{i,n}(t)f(\underbrace{0,\cdots,0}_{n-i\text{个}},\underbrace{1,\cdots,1}_{i\text{个}}).$$

证明 对每个变量 t 用 $(1-t)\cdot 0+t\cdot 1$ 等量替换, 通过仿射对称性得到以下式子.

$$\begin{aligned}
&n=1, && f(t)=(1-t)f(0)+tf(1),\\
&n=2, && f(t,t)=(1-t)^2f(0,0)+2(1-t)tf(0,1)+t^2f(1,1),\\
&\cdots\cdots\\
&n=k-1, && \text{假设命题成立}.\\
&n=k, && f(t,\cdots,t)=(1-t)f(t,\cdots,t,0)+tf(t,\cdots,t,1)\\
& && =(1-t)\sum_{i=0}^{k-1}B_{i,k-1}f(\underbrace{0,\cdots,0}_{k-i\text{个}},\underbrace{1,\cdots,1}_{i\text{个}})\\
& && \quad +t\sum_{i=0}^{k-1}B_{i,k-1}f(\underbrace{0,\cdots,0}_{k-i-1\text{个}},\underbrace{1,\cdots,1}_{i+1\text{个}})\\
& && =\sum_{i=0}^{k}B_{i,k}(t)f(\underbrace{0,\cdots,0}_{k-i\text{个}},\underbrace{1,\cdots,1}_{i\text{个}}).
\end{aligned}$$

综上, 命题成立. □

因此 $[0,1]$ 上任意多项式 $F(t)$ 都可以写成

$$F(t)=\sum_{i=0}^{n}B_{i,n}(t)f(\underbrace{0,\cdots,0}_{n-i\text{个}},\underbrace{1,\cdots,1}_{i\text{个}}).$$

揭示了多项式与它的开花之间的关系, 其中 $f(t_1,\cdots,t_n)$ 为 $F(t)$ 的开花. 若对任意区间 $[a,b]$, 则写成

$$F(t)=\sum_{i=0}^{n}B_{i,n}\left(\frac{t-a}{b-a}\right)f(\underbrace{a,\cdots,a}_{n-i\text{个}},\underbrace{b,\cdots,b}_{i\text{个}}).$$

利用 Bezier 曲线的开花表示, 马上得到以下定理.

定理 3.3.4　设 Bezier 曲线 $\mathbf{P}(t)=\sum_{i=0}^{n}\mathbf{P}_iB_{i,n}$ 的开花为 $\mathbf{p}(t_1,\cdots,t_n)$, 则

$$\mathbf{P}_i=\mathbf{p}(\underbrace{0,\cdots,0}_{n-i\text{个}},\underbrace{1,\cdots,1}_{i\text{个}}).$$

给出了控制点的开花表示, 在曲线求值时, 可仿照 de Casteljau 算法对仿射对称多项式 $\mathbf{P}(t^*)=\mathbf{p}(t^*,\cdots,t^*)$ 进行递归求解, 给出 $n=3$ 的示意图 3.10 如下.

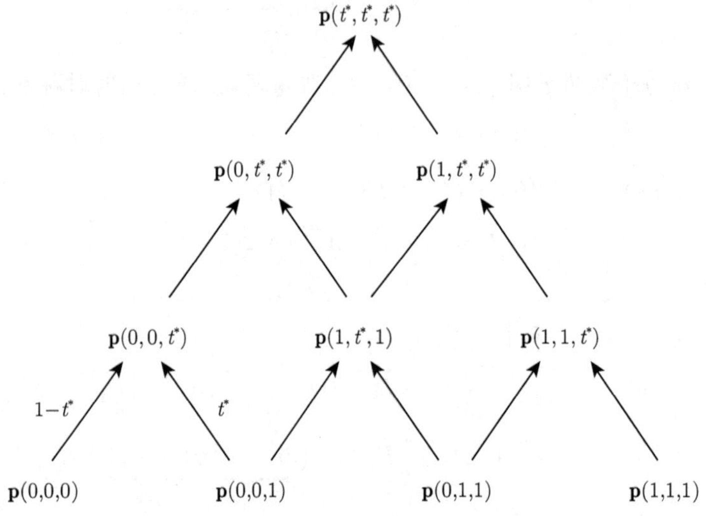

图 3.10　Bezier 曲线的开花求值算法

此时, 在点 $\mathbf{P}(t^*)$ 处曲线被分割为两段子 Bezier 曲线, 设两段子曲线分别表示为

$$L(t)=\sum_{i=0}^{n}\mathbf{P}_i^LB_{i,n}(t),\qquad R(t)=\sum_{i=0}^{n}\mathbf{P}_i^RB_{i,n}(t).$$

则子曲线的控制顶点又可表示为

$$\mathbf{P}_i^L = \mathbf{p}(\underbrace{0,\cdots,0}_{n-i\text{个}},\underbrace{t^*,\cdots,t^*}_{i\text{个}}),\quad \mathbf{P}_i^R = \mathbf{p}(\underbrace{t^*,\cdots,t^*}_{n-i\text{个}},\underbrace{1,\cdots,1}_{i\text{个}}),\ \text{其中 } i=0,\cdots,n.$$

开花处理给出了控制点的简洁表示, 利用开花函数, 可以进一步表示 Bezier 曲线的导数信息, 还可以建立单项式和 Bezier 形式之间转化的简单算法, 有兴趣同学可以参考 (戈德曼, 2011).

3.4 有理 Bezier 曲线和张量积 Bezier 曲面的介绍

Bezier 曲线、Bezier 样条曲线来处理多项式拟合具有很强的几何特征, 但其不能精确的表示除抛物线外的二次曲线. 以单位圆为例, 若可用 Bezier 曲线表示 $x^2+y^2=1$ 的参数方程, 设将其化成幂级多项式形式为

$$x(t)=a_nt^n+\cdots+a_1t+a_0,\quad y(t)=b_nt^n+\cdots+b_1t+b_0.$$

则

$$x^2+y^2=(a_n^2+b_n^2)t^{2n}+2(a_na_{n-1}+b_nb_{n-1})t^{2n-1}+\cdots+2(a_1a_0+b_1b_0)t+(a_0^2+b_0^2)\equiv 1.$$

从而 $a_i=b_i=0, i=1,\cdots,n$. 得到 $x=a_0, y=b_0$ 与假设矛盾. 而我们知道, 采用有理多项式可以给出单位元的参数方程:

$$x(t)=\frac{2t}{1+t^2},\quad y(t)=\frac{1-t^2}{1+t^2}.$$

同理, 其他圆锥曲线可以用多项式的除法即有理函数表示出来. 接下来, 引入有理 Bezier 曲线的定义.

定义 3.4.1 给定控制点 $\mathbf{P}_i$ 及对应系数 $w_i \geqslant 0, i=0,\cdots,n$. 定义 n 次有理 Bezier 曲线为

$$\mathbf{R}(t)=\frac{\sum_{i=0}^{n} w_i\mathbf{P}_iB_{i,n}(t)}{\sum_{i=0}^{n} w_iB_{i,n}(t)}, \tag{3.7}$$

其中 w_i 称为控制点 $\mathbf{P}_i$ 的权 (系数).

特别地, 当 $w_i=w>0$ 时, $\mathbf{R}(t)=\sum_{i=0}^{n}\mathbf{P}_iB_{i,n}(t)$ 退化为非有理 (整型的)Bezier 曲线. 当控制点具有不同的权系数时, w_i 越大, 有理 Bezier 曲线越靠近控制点 $\mathbf{P}_i$.

分析有理 Bezier 曲线的定义, 仍是控制点 $\mathbf{P}_i$ 的组合, 只是将整型的 Bezier 曲线基函数 $\{B_{i,n}(t)\}_{i=0,\cdots,n}$ 替换为

$$\left\{\frac{w_i}{\sum\limits_{j=0}^{n} w_j B_{j,n}(t)} B_{i,n}(t)\right\}_{i=0,\cdots,n},$$

其仍满足非负性, 单位分解等性质, 仍是一组基函数. 因此得到有理 Bezier 曲线的如下性质.

定理 3.4.1 有理 Bezier 曲线的几何特性.

(1) 有理 Bezier 曲线总是插值首末控制点:

$$\mathbf{R}(0) = \mathbf{P}_0, \quad \mathbf{R}(1) = \mathbf{P}_n.$$

(2) 首末点处的切矢方向分别平行于 $\mathbf{P}_1 - \mathbf{P}_0$ 和 $\mathbf{P}_n - \mathbf{P}_{n-1}$. 具体表示为

$$\mathbf{R}'(0) = \frac{nw_1}{w_0}(\mathbf{P}_1 - \mathbf{P}_0), \quad \mathbf{R}'(1) = \frac{nw_{n-1}}{w_n}(\mathbf{P}_n - \mathbf{P}_{n-1}).$$

(3) 仿射不变性: 任给仿射变换 $\mathcal{A}$, 满足 $\mathcal{A}(\mathbf{R}(t)) = \dfrac{\sum\limits_{i=0}^{n} w_i \mathcal{A}(\mathbf{P})_i B_{i,n}(t)}{\sum\limits_{i=0}^{n} w_i B_{i,n}(t)}$.

(4) 凸包性: 有理 Bezier 曲线总是位于其控制点 $\{\mathbf{P}_i\}$ 的凸包内.

(5) 变差减缩性: 任意直线与有理 Bezier 曲线的交点数小于或等于该直线与控制多边形的交点数.

证明 略, 证明过程同整型 Bezier 曲线. □

根据有理 Bezier 曲线的性质, 用四分之一单位圆弧展示有理 Bezier 曲线的构造过程.

例 3.4.1 确定控制点 $\mathbf{P}_0, \mathbf{P}_1, \mathbf{P}_2$ 及权 w_0, w_1, w_2, 使得有理 Bezier 曲线表示第一象限的四分之一单位圆弧.

解 求解有理 Bezier 曲线

$$\mathbf{R}(t) = (x(t), y(t)) = \frac{w_0\mathbf{P}_0 B_{0,2}(t) + w_1\mathbf{P}_1 B_{1,2}(t) + w_2\mathbf{P}_2 B_{2,2}(t)}{w_0 B_{0,2}(t) + w_1 B_{1,2}(t) + w_2 B_{2,2}(t)},$$

满足 $x^2(t) + y^2(t) = 1$. 接下来, 利用有理 Bezier 曲线 $\mathbf{R}(t)$ 首末端点插值 $(0,1)$ 及 $(1,0)$, 且中间点 $\mathbf{P}_1$ 落在首末点的切方向上. 得到控制点位置 $\mathbf{P}_0 = (0,1), \mathbf{P}_1 = (1,1), \mathbf{P}_2 = (1,0)$. 利用单位圆参数方程 $\left(\dfrac{2t}{1+t^2}, \dfrac{1-t^2}{1+t^2}\right)$ 选取权系数, 令 $1 + t^2 =$

$w_0B_{0,2}(t)+w_1B_{1,2}(t)+w_2B_{2,2}(t)$, 得到 $w_0=1, w_1=1, w_2=2$. 检验后得到相应有理 Bezier 曲线的控制点及权系数:

$$\mathbf{P}_0=(0,1), w_0=1;\quad \mathbf{P}_1=(1,1), w_1=1;\quad \mathbf{P}_2=(1,0), w_2=2.$$

如图 3.11 所示. □

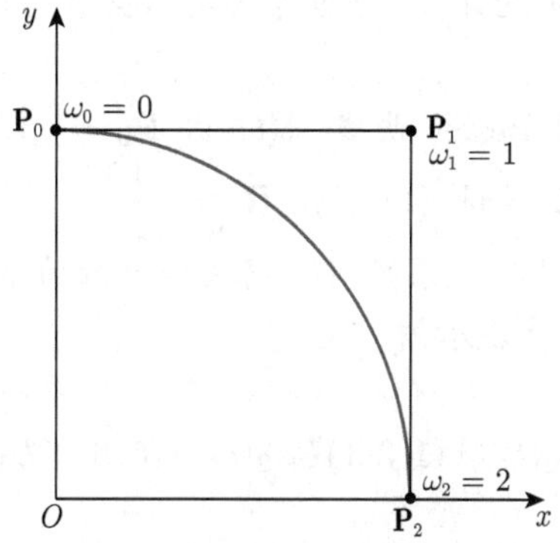

图 3.11 有理 Bezier 曲线表示的四分之一圆弧

以平面曲线为例, 给定控制点 $\mathbf{P}_i=(x_i,y_i)$ 及权系数 $w_i, i=0,\cdots,n$. 有理参数曲线表示为

$$R(t)=(x(t),y(t))=\frac{\displaystyle\sum_{i=0}^{n}w_i\mathbf{P}_iB_{i,n}(t)}{\displaystyle\sum_{i=0}^{n}w_iB_{i,n}(t)},$$

其中

$$x(t)=\frac{\displaystyle\sum_{i=0}^{n}w_ix_iB_{i,n}(t)}{\displaystyle\sum_{i=0}^{n}w_iB_{i,n}(t)},\quad y(t)=\frac{\displaystyle\sum_{i=0}^{n}w_iy_iB_{i,n}(t)}{\displaystyle\sum_{i=0}^{n}w_iB_{i,n}(t)}.$$

接下来定义带权控制点 $(w_i\mathbf{P}_i,w_i)=(w_ix_i,w_iy_i,w_i)$, 得到三维空间中非有理 Beizer 曲线:

$$R^w(t)=(X(t),Y(t),W(t))=\sum_{i=0}^{n}(w_ix_i,w_iy_i,w_i)B_{i,n}(t),$$

称为有理 Bezier 曲线的齐次坐标表示. 因为有理参数曲线 $R(t)$ 对应到射影空间中的非有理曲线 $R^w(t)$, 任一空间曲线 $R^w(t)$ 以坐标原点为投影中心, 在超平面 $W=1$ 的中心投影得到

$$x(t)=\frac{X(t)}{W(t)}=\frac{\sum\limits_{i=0}^{n}w_ix_iB_{i,n}(t)}{\sum\limits_{i=0}^{n}w_iB_{i,n}(t)},\quad y(t)=\frac{Y(t)}{W(t)}=\frac{\sum\limits_{i=0}^{n}w_iy_iB_{i,n}(t)}{\sum\limits_{i=0}^{n}w_iB_{i,n}(t)}.$$

即二维空间中的有理参数曲线 $R(t)=(x(t),y(t))$. 可证对于有理 Bezier 曲线的处理, 例如求值、分割及升阶的计算, 是对齐次坐标表示的非有理 Bezier 曲线进行相应操作后, 再投射回来.

例 3.4.2　2 次有理 Bezier 曲线 $\mathbf{R}(t)$ 由 $\mathbf{P}_0=(1,2)$, $w_0=1$; $\mathbf{P}_1=(3,3)$, $w_1=2$; $\mathbf{P}_2=(6,1)$, $w_2=2$ 得到, (1) 求值 $\mathbf{R}\left(t=\dfrac{1}{2}\right)$; (2) 在求值点处将曲线分为 2 段子曲线, 求相应的控制点及权系数; (3) 将曲线升阶为 3 次时的控制点及权系数.

解　曲线 $\mathbf{R}(t)$ 的齐次表示为

$$\mathbf{P}(t)=\sum_{i=0}^{2}w_i(\mathbf{P}_i,1)B_{i,2}(t)=(1,2,1)B_{0,2}(t)+(6,6,2)B_{1,2}(t)+(12,2,2)B_{2,2}(t).$$

运用求值与分割算法 (图 3.12). 投影回去得到: $\mathbf{R}\left(t=\dfrac{1}{2}\right)=\left(\dfrac{25}{7},\dfrac{16}{7}\right)$, 两段子曲线的信息为

$$\mathbf{R}^L(t):(1,2)\ 1,\left(\frac{7}{3},\frac{8}{3}\right)\ \frac{3}{2},\left(\frac{25}{7},\frac{16}{7}\right)\ \frac{7}{4};\quad \mathbf{R}^R(t):\left(\frac{25}{7},\frac{16}{7}\right)\ \frac{7}{4},\left(\frac{9}{2},2\right)\ 2,(6,1)\ 2.$$

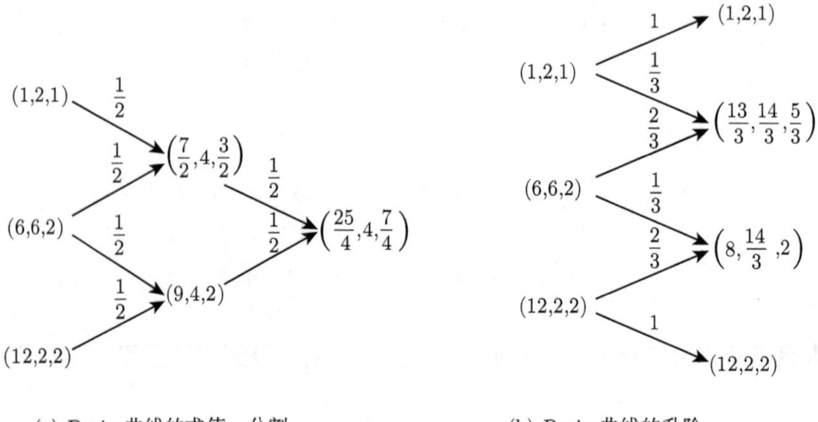

(a) Bezier曲线的求值、分割　　(b) Bezier曲线的升阶

图 3.12　例 3.4.2 中 Bezier 曲线的运算

运用升阶算法 (图 3.12) 得到有理曲线的升阶表示:

$$(1,2)\ 1,\left(\frac{13}{5},\frac{14}{5}\right)\ \frac{5}{3},\left(4,\frac{7}{3}\right)\ 2,(6,1)\ 2.$$

□

接下来, 给出二次有理 Bezier 曲线权系数的选取对曲线形状影响的分析. $n=2$ 时,

$$\mathbf{R}(t)=\frac{w_0\mathbf{P}_0B_{0,2}(t)+w_1\mathbf{P}_1B_{1,2}(t)+w_2\mathbf{P}_2B_{2,2}(t)}{w_0B_{0,2}(t)+w_1B_{1,2}(t)+w_2B_{2,2}(t)}.$$

其中有 3 个权系数, 但只有 1 个是独立的. 首先不妨令 $w_2=1$, 接下来可通过参数变换 $\left(t=\dfrac{t}{(1-\alpha)t+\alpha},\alpha=\dfrac{1}{\sqrt{w_0}}\right)$ 使得 $w_0=1$. 得到 $w_0=w_2=1$ 的标准型 1 次有理 Bezier 曲线. 此时控制点和权系数 w_1 控制了圆锥曲线的形状. 连接点 $\mathbf{P}_1$ 和 $\mathbf{P}_0\mathbf{P}_2$ 的中点 $\mathbf{M}$, 交二次曲线于点 $\mathbf{S}$, 见图 3.13. 设 $\mathbf{S}=(1-s)\mathbf{M}+s\mathbf{P}_1$, 代入参数方程, 得到 $s=\dfrac{w_1}{1+w_1}$. s 的取值范围决定了该曲线的形状类别.

$$s:\begin{cases}<\dfrac{1}{2}, & \text{椭圆},\\[2mm] =\dfrac{1}{2}, & \text{抛物线},\\[2mm] >\dfrac{1}{2}, & \text{双曲线}.\end{cases}$$

因此 w_1 大于、等于、小于 1 分别表示该圆锥 Bezier 曲线为双曲线弧、椭圆弧、抛物线弧.

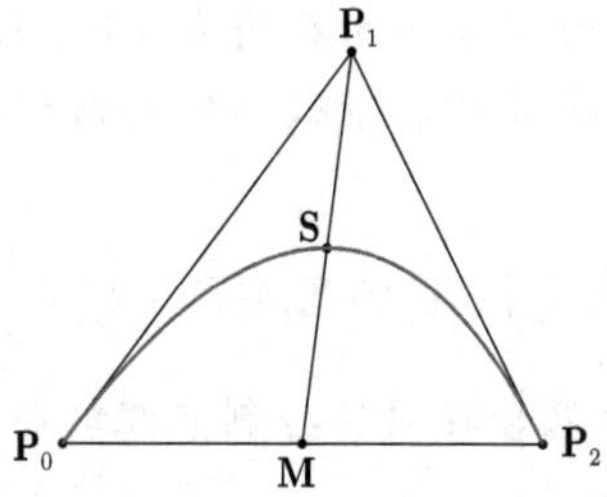

图 3.13 2 次有理 Bezier 曲线

当考虑高维空间, 引入双参数时, Bezier 曲面是 Bezier 曲线的直接推广. Bezier 曲面可以定义在矩形域上, 也可以构造三角域上的 Bezier 曲面. 接下来, 只对前一种情况给出张量积 Bezier 曲面的定义.

定义 3.4.2 给定 $(m+1)(n+1)$ 个控制点组 $\{\mathbf{P}_{i,j}\}, i=0,\cdots,m; j=0,\cdots,n$ 定义 (m,n) 次张量积 Bezier 曲面为

$$\mathbf{P}(s,t)=\sum_{i=0}^{m}\sum_{j=0}^{n}\mathbf{P}_{i,j}B_{i,m}(s)B_{j,n}(t),\ (s,t)\in[0,1]\times[0,1].$$

连接指标相邻的控制点 $\mathbf{P}_{i,j}$, 得到控制网和控制多面体, 见图 3.14. 和曲线性质相同, 拖动控制点会使 Bezier 曲面沿着控制点变化大致相同的方向变化. 除变差减缩性质外, Bezier 曲线的其他性质均可推广到 Bezier 曲面.

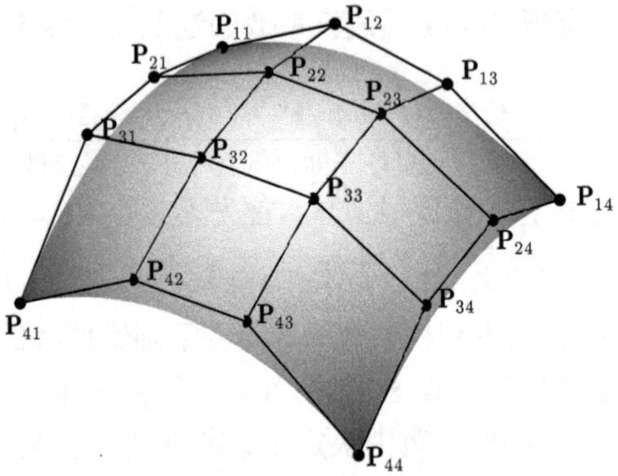

图 3.14　双 3 次 16 个控制点的 Bezier 曲面

定理 3.4.2　Bezier 曲面的几何特性.

(1) Bezier 曲面插值控制网的四个角点, 即

$$\mathbf{P}(0,0)=\mathbf{P}_{0,0},\quad \mathbf{P}(0,1)=\mathbf{P}_{0,n},\quad \mathbf{P}(1,0)=\mathbf{P}_{m,0},\quad \mathbf{P}(1,1)=\mathbf{P}_{m,n}.$$

并且控制网最外一圈顶点$\{\mathbf{P}_{0,j}\}_{j=0,\cdots,n}$, $\{\mathbf{P}_{m,j}\}_{j=0,\cdots,n}$, $\{\mathbf{P}_{i,0}\}_{i=0,\cdots,m}$, $\{\mathbf{P}_{i,n}\}_{i=0,\cdots,m}$定义了 Bezier 曲面的四条边界;

(2) $\mathbf{P}_{0,0},\mathbf{P}_{1,0},\mathbf{P}_{0,1}$ 三点确定了曲面在角点 $\mathbf{P}_{0,0}$ 处的切平面, 其他角点处结论相同. 且 Bezier 曲面边界处导数的表示只与定义该边界控制点及相邻一排的控制点有关;

(3) 仿射不变性: 任给仿射变换$\mathcal{A}$, 满足$\mathcal{A}(\mathbf{P}(s,t))=\sum_{i=0}^{m}\sum_{j=0}^{n}\mathcal{A}(\mathbf{P}_{i,j})B_{i,m}(s)B_{j,n}(t)$;

(4) 凸包性: Bezier 曲面包含在对应控制点组的凸包中.

证明略.

(m,n) 次张量积 Bezier 曲面用控制点矩阵表示为

$$\mathbf{P}(s,t)=\begin{pmatrix} B_{0,m}(s) & B_{1,m}(s) & \cdots & B_{m,m}(s)\end{pmatrix}\begin{pmatrix} \mathbf{P}_{0,0} & \mathbf{P}_{0,1} & \cdots & \mathbf{P}_{0,n} \\ \mathbf{P}_{1,0} & \mathbf{P}_{1,1} & \cdots & \mathbf{P}_{1,n} \\ \vdots & \vdots & & \vdots \\ \mathbf{P}_{m,0} & \mathbf{P}_{m,1} & \cdots & \mathbf{P}_{m,n}\end{pmatrix}\begin{pmatrix} B_{0,n}(t) \\ B_{1,n}(t) \\ \vdots \\ B_{n,n}(t)\end{pmatrix}.$$

代入 Bernstein 基与幂级表示基的转换矩阵, 即得到此曲面的幂级表示形式.

在控制点矩阵中选取一行, 生成 t 方向上的 Bezier 曲线 $\mathbf{P}_i(t)$,

$$\mathbf{P}_i(t)=\sum_{j=0}^{n}\mathbf{P}_{i,j}B_{j,n}(t),\quad i\in\{0,\cdots,m\}.$$

遍历每一行共生成 $m+1$ 条 n 次 Bezier 曲线. 在每条曲线上选取 t^* 对应的点 $\mathbf{P}_i(t^*)$, 用此 $m+1$ 个点生成 s 方向上的 Bezier 曲线

$$\mathbf{P}(s,t^*)=\sum_{i=0}^{m}\sum_{j=0}^{n}\mathbf{P}_{i,j}B_{i,m}(s)B_{j,n}(t^*),\quad s\in[0,1].$$

当 $t^*\in[0,1]$ 连续变化时, 就织出了整张 Bezier 曲面. 对 Bezier 曲面的求值、分割、升阶等算法, 可先遍历一个参数方向, 再遍历另一个参数方向即可获得.

当考虑控制点组的权系数时, 得到有理 Bezier 曲面

$$\mathbf{R}(s,t)=\frac{\sum_{i=0}^{m}\sum_{j=0}^{n}w_{i,j}\mathbf{P}_{i,j}B_{i,m}(s)B_{j,n}(t)}{\sum_{i=0}^{m}\sum_{j=0}^{n}w_{i,j}B_{i,m}(s)B_{j,n}(t)},\quad (s,t)\in[0,1]\times[0,1].$$

3.5 B 样条曲线的定义及性质

Bezier 曲线和曲面是拟合它们控制点表示形状的多项式, 在几何造型中使用十分方便, 但也存在着一些缺陷. 例如 Bezier 曲线曲面的控制点具有整体效果, 即曲线的形状要受到全部顶点的影响. 改变其中某一顶点的位置, 对整条曲线都有影响, 因而 Bezier 曲线不具有局部修改性. 当控制顶点很多时, 每个控制点对曲线曲面的控制减弱, 此时曲线曲面的次数过高不便于修改, 即便采用分段拼接还要考虑光滑性条件的约束, 会给计算带来很多不便. 1972 年, Riesenfeld 等提出了 B 样条曲线, 用具有局部支集的 B 样条基替代了 Bezier 方法中的 Bernstein 基, 构造出 B 样条曲线. 既保证了一定的光滑性, 又具备了局部控制的能力, 逼近控制多边形的精度更高且多边形的边数与基函数的次数无关, 从而使自由型曲线曲面形状的描述问题得到更好解决.

通过递推公式给出 B 样条基函数的定义.

定义 3.5.1 给定节点 (knot) 序列 $T:t_0\leqslant t_1\leqslant\cdots\leqslant t_m$, 定义 B 样条基函数 $N_{i,k}(t)$ 为

$$k=1\text{时},\quad N_{i,1}(t)=\begin{cases}1, & t_i\leqslant t<t_{i+1},\\ 0, & \text{其他}.\end{cases}\tag{3.8}$$

$$k>1\text{时}, N_{i,k}(t)=\frac{t-t_i}{t_{i+k-1}-t_i}N_{i,k-1}(t)+\frac{t_{i+k}-t}{t_{i+k}-t_{i+1}}N_{i+1,k-1}(t),\tag{3.9}$$

其中, 第一个下标 i 表示序号且 $i=0,\cdots,m-k$, 第二个下标 k 称为阶数, $k-1$ 是基函数的次数, 并规定 $0/0=0$.

B 样条基 $N_{i,k}(t)$ 是 k 阶 ($k-1$ 次) 分段多项式, 在计算时需要给定节点序列和样条的阶数 k.

1 阶 (0 次)B 样条基:

$$N_{i,1}(t)=\begin{cases}1, & t_i\leqslant t<t_{i+1},\\ 0, & \text{其他}.\end{cases}$$

2 阶 (1 次)B 样条基:

$$N_{i,2}(t)=\frac{t-t_i}{t_{i+1}-t_i}N_{i,1}(t)+\frac{t_{i+2}-t}{t_{i+2}-t_{i+1}}N_{i+1,1}(t)=\begin{cases}\dfrac{t-t_i}{t_{i+1}-t_i}, & t_i\leqslant t<t_{i+1},\\ \dfrac{t_{i+2}-t}{t_{i+2}-t_{i+1}}, & t_{i+1}\leqslant t<t_{i+2},\\ 0, & \text{其他}.\end{cases}$$

3 阶 (2 次)B 样条基 $N_{i,3}(t)$ 为分段 2 次多项式, 支撑区间为 $[t_i,t_{i+3})$, 利用递推公式可以得到任意阶的 B 样条基函数.

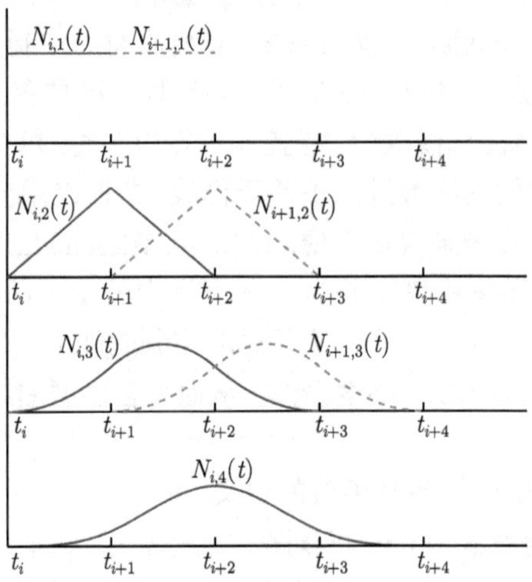

图 3.15　低阶 (1 阶、2 阶、3 阶、4 阶) 均匀 B 样条基函数

由于 $k>1$ 时, k 阶基函数是两个 $k-1$ 阶基函数的线性组合, 根据数学归纳法, 得到 B 样条基函数的性质.

定理 3.5.1　B 样条基函数有以下性质.

(1) 非负性: $N_{i,k}(t)>0,\ t\in(t_i,t_{i+k})$.

(2) 局部支集性: $N_{i,k}(t)=0,\ t\in(t_0,t_i)$或$t\in(t_{i+k},t_m)$. 即 $N_{i,k}(t)$ 的值只需用到 $t_i,\cdots,t_{i+k}$ 共 $k+1$ 个节点, 其支撑区间为 $[t_i,t_{i+k}]$.

(3) 单位分解性: $\sum_{i=0}^{m-k} N_{i,k}(t) \equiv 1, t \in [t_{k-1}, t_{m-k+1}]$.

注 $[t_i, t_{i+1})$ 称为第 i 节点支撑, 基函数只在 k 段节点支撑上非零. 因此任给节点支撑 $[t_i, t_{i+1})$ 上最多有 k 个非零基函数, 分别是 $N_{i,k}, N_{i-1,k}, \cdots, N_{i-k+1,k}$. 则

$$\sum_{i=0}^{m-k} N_{i,k}(t) = \sum_{j=i-k+1}^{i} N_{j,k}(t) \equiv 1, \quad 其中 t \in [t_i, t_{i+1}).$$

(4) 连续性: B 样条基函数在节点区间内部是无穷次可微的, 在节点处它是 $k-r-1$ 次可微的. 这里 r 是节点的重复度, 称为节点的重数. 所以增加阶数, 则增加曲线整体的连续性, 而增加节点重数, 则降低连续性.

(5) 导数递推公式:

$$(N_{i,k}(t))' = \frac{k-1}{t_{i+k-1} - t_i} N_{i,k-1}(t) - \frac{k-1}{t_{i+k} - t_{i+1}} N_{i+1,k-1}(t).$$

已知节点序列 $T: t_0 \leqslant t_1 \leqslant \cdots \leqslant t_m$. 当 $t_{i+1} - t_i = h (i = 0, \cdots, m-1)$ 时称为均匀节点, 否则称为非均匀节点 (non-uniform). 考察特殊非均匀节点 $(0, 0, 0, 1, 1, 1)$ 定义的 3 阶 B 样条基函数. 此时 $m = 5, k = 3$ 得到

$$N_{0,3} = (1-t)^2, \quad N_{1,3} = 2t(1-t), \quad N_{2,3} = t^2.$$

即为 2 次 Bernstein 多项式. 对于 $T: (\underbrace{0, \cdots, 0}_{k个}, \underbrace{1, \cdots, 1}_{k个})$ 得到 k 阶 B 样条基函数

$$N_{i,k}(t) = B_{i,k-1}(t) (i = 0, \cdots, k-1), \quad \forall t \in [0, 1].$$

因此 Bezier 基函数是 B 样条基函数的一种特殊情况.

例 3.5.1 计算 3 阶 B 样条基函数 $N_{i,3}(t)$, 按节点重数一一列举.

解 $k = 3$ 的 B 样基函数 $N_{i,3}$ 依赖的节点是: $t_i, t_{i+1}, t_{i+2}, t_{i+3}$. 利用递推公式计算得到以下基函数.

(1) 当 $t_i < t_{i+1} < t_{i+2} < t_{i+3}$, 节点重数是 $(1, 1, 1, 1)$:

$$N_{i,3}(t) = \begin{cases} \dfrac{(t-t_i)^2}{(t_{i+2}-t_i)(t_{i+1}-t_i)}, & t_i \leqslant t < t_{i+1}, \\ \dfrac{(t_{i+2}-t)(t-t_i)}{(t_{i+2}-t_{i+1})(t_{i+2}-t_i)} + \dfrac{(t_{i+3}-t)(t-t_{i+1})}{(t_{i+3}-t_{i+1})(t_{i+2}-t_{i+1})}, & t_{i+1} \leqslant t < t_{i+2}, \\ \dfrac{(t_{i+3}-t)^2}{(t_{i+3}-t_{i+2})(t_{i+3}-t_{i+1})}, & t_{i+2} \leqslant t < t_{i+3}, \\ 0, & 其他. \end{cases}$$

(2) 当 $t_i < t_{i+1} < t_{i+2} = t_{i+3}$, 节点重数是 $(1,1,2)$:

$$N_{i,3}(t)=\begin{cases}\dfrac{(t-t_i)^2}{(t_{i+2}-t_i)(t_{i+1}-t_i)}, & t_i \leqslant t < t_{i+1},\\ \dfrac{t_{i+3}-t}{t_{i+3}-t_{i+1}}\left(\dfrac{t-t_i}{t_{i+3}-t_i}+\dfrac{t-t_{i+1}}{t_{i+3}-t_{i+1}}\right), & t_{i+1} \leqslant t < t_{i+3},\\ 0, & \text{其他}.\end{cases}$$

(3) 当 $t_i < t_{i+1} = t_{i+2} < t_{i+3}$, 节点重数是 $(1,2,1)$:

$$N_{i,3}(t)=\begin{cases}\dfrac{(t-t_i)^2}{(t_{i+2}-t_i)^2}, & t_i \leqslant t < t_{i+2},\\ \dfrac{(t_{i+3}-t)^2}{(t_{i+3}-t_{i+2})^2}, & t_{i+2} \leqslant t < t_{i+3},\\ 0, & \text{其他}.\end{cases}$$

(4) 当 $t_i = t_{i+1} < t_{i+2} < t_{i+3}$, 节点重数是 $(2,1,1)$:

$$N_{i,3}(t)=\begin{cases}\dfrac{t-t_i}{t_{i+2}-t_i}\left(\dfrac{t_{i+2}-t}{t_{i+2}-t_i}+\dfrac{t_{i+3}-t}{t_{i+3}-t_i}\right), & t_i \leqslant t < t_{i+2},\\ \dfrac{(t_{i+3}-t)^2}{(t_{i+3}-t_{i+2})(t_{i+3}-t_i)}, & t_{i+2} \leqslant t < t_{i+3},\\ 0, & \text{其他}.\end{cases}$$

(5) 当 $t_i < t_{i+1} = t_{i+2} = t_{i+3}$, 节点重数是 $(1,3)$:

$$N_{i,3}(t)=\begin{cases}\dfrac{(t-t_i)^2}{(t_{i+3}-t_i)^2}, & t_i \leqslant t < t_{i+3},\\ 0, & \text{其他}.\end{cases}$$

(6) 当 $t_i = t_{i+1} < t_{i+2} = t_{i+3}$, 节点重数是 $(2,2)$:

$$N_{i,3}(t)=\begin{cases}2\dfrac{(t_{i+3}-t)(t-t_i)}{(t_{i+3}-t_i)^2}, & t_i \leqslant t < t_{i+3},\\ 0, & \text{其他}.\end{cases}$$

(7) 当 $t_i = t_{i+1} = t_{i+2} < t_{i+3}$, 节点重数是 $(3,1)$:

$$N_{i,3}(t)=\begin{cases}\dfrac{(t_{i+3}-t)^2}{(t_{i+3}-t_i)^2}, & t_i \leqslant t < t_{i+3},\\ 0, & \text{其他}.\end{cases}$$

见图 3.16. □

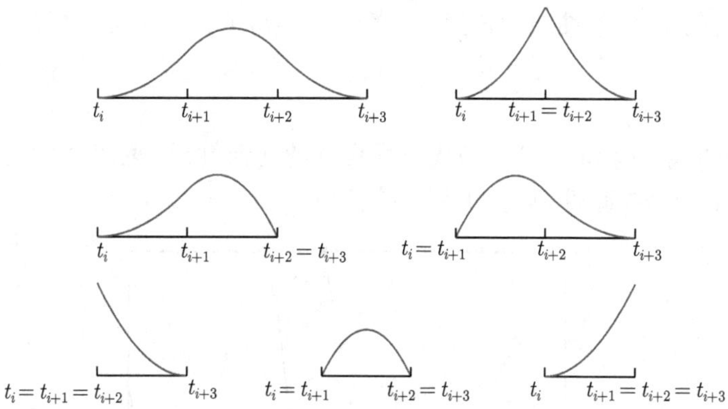

图 3.16　不同节点情况的 3 阶 B 样条基函数

通过 $m+1$ 个节点构造 k 阶 B 样条基函数 $N_{i,k}(t)(i=0,\cdots,m-k)$, 若给定 $n+1$ 个控制点 $\mathbf{P}_i$, 其中 $n+1=m-k+1$, 即 $m=n+k$, 就得到 B 样条曲线.

定义 3.5.2　给定节点序列 $T: t_0 \leqslant t_1 \leqslant \cdots \leqslant t_{n+k}$ 及控制点 $\mathbf{P}_i(i=0,\cdots,n)$, 定义 k 阶 B 样条曲线为

$$B(t)=\sum_{i=0}^{n}\mathbf{P}_iN_{i,k}(t),\quad t\in[t_{k-1},t_{n+1}]. \tag{3.10}$$

根据节点序列的分布情况, 定义特殊类型的 B 样条曲线, 作为 B 样条曲线的类型划分.

(1) 均匀 B 样条曲线. 均匀节点定义的 B 样条基, 即节点区间长度为常数, 节点沿参数轴等距分布. 例: $T=(0,1,2,3,4,5,6)$.

(2) 准均匀 B 样条曲线. 两端节点具有重复度 k, 其他节点满足等距分布, 即

$$T: t_0=t_1=\cdots=t_{k-1}<t_k<\cdots<t_{n+1}=t_{n+1}=\cdots=t_{n+k},$$

且 $t_{i+1}-t_i=$ 常数, $i=k-1,\cdots,n$. 例如, 3 阶 B 样条曲线的节点序列:

$$T=(0,0,0,1,2,3,4,5,6,6,6).$$

准均匀 B 样条较均匀 B 样条的几何优势是插值首末控制点 $\mathbf{P}_0,\mathbf{P}_n$.

(3) 分段 Bezier 曲线. 节点序列中两端点节点具有重复度 k, 所有内节点重复度为 $k-1$, 这样得到了分段的 Bernstein 基, 对应定义了分段 Bezier 形式的 B 样条曲线. B 样条曲线用分段 Bezier 曲线表示后, 各曲线段具有了相对的独立性, 移动曲线段内的一个控制顶点只影响该曲线段的形状, 对其他曲线段的形状没有影响. 例如, 3 阶 B 样条曲线的节点序列 $T=(0,0,0,1,1,2,2,3,3,4,4,5,5,6,6,6)$.

(4) 非均匀 B 样条曲线. 任意节点序列 $T:(t_0,t_1,\cdots,t_{n+k})$ 符合数学关系, 即序列单调非减、端点节点重复度 $\leqslant k$、内节点重复度 $\leqslant k-1$, 这样对应得到的 B 样条曲线.

B 样条曲线具有和 Bezier 曲线一样良好的几何性质, 见图 3.17, 包括凸包性、仿射不变性、变差缩减性, 以及下列一些性质.

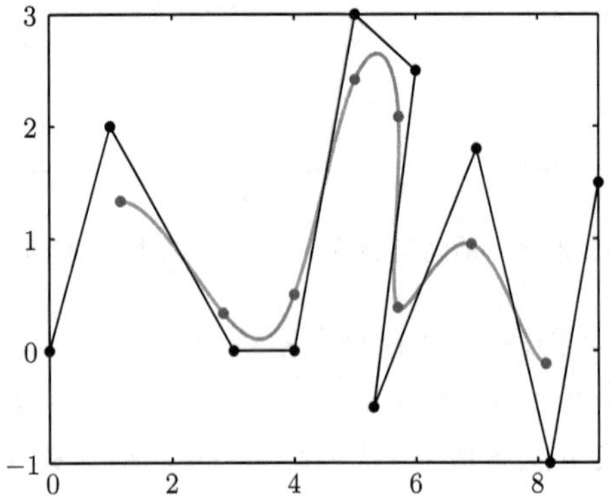

图 3.17　B 样条曲线

定理 3.5.2　B 样条曲线的性质.

(1) 局部性: k 阶 B 样条曲线, 任取参数 $t\in[t_i,t_{i+1}]$ 对应点值 $B(t)$ 至多与 k 个控制点 $\mathbf{P}_j(j=i-k+1,\cdots,i)$ 有关, 与其他控制顶点无关; 反过来, 移动该曲线的第 i 个控制点 $\mathbf{P}_i$ 至多影响到定义在区间 $[t_i,t_{i+k}]$ 上这部分曲线的形状, 对曲线的其余部分不发生影响, 保证了 B 样条曲线的局部修改性质.

(2) 参数连续性: B 样条曲线是分段参数多项式, 最多由 $n-k+1$ 段多项式曲线构成 (单节点情况). 每段的次数不高于 $k-1$, 节点区间内部无穷次连续可微, 在节点处是 $k-1-r$ 次可微的, 其中 r 为节点的重数.

(3) 强凸包性: B 样条曲线不仅包含在控制多边形的凸包中, 进一步由于局部性, 每段 B 样条包含在连续的 k 个控制顶点的凸包内.

(4) 造型的灵活性: 曲线设计时, 灵活地设计节点的重数和控制点的位置, B 样条曲线可以实现构造某一段成一直线段、形成尖点、于某直线相切等情况的设计要求. 例如, 若存在 k 个连续控制点共线, 则 B 样条曲线包含直线段; 准均匀 B 样条曲线插值控制点 $\mathbf{P}_0,\mathbf{P}_n$, 且与直线段 $\mathbf{P}_0\mathbf{P}_1$、直线段 $\mathbf{P}_{n-1}\mathbf{P}_n$ 相切.

(5) 导数曲线: 由 B 样条基函数的求导公式, 可得 B 样条曲线的导数曲线表示为

$$B'(t)=(k-1)\sum_{i=1}^{n}\frac{\mathbf{P}_i-\mathbf{P}_{i-1}}{t_{i+k-1}-t_i}N_{i,k-1}(t),\ t_{k-1}\leqslant t\leqslant t_{n+1}.$$

对应的是一条 $k-1$ 阶 B 样条曲线, 如此递推还可以进一步求高阶导数.

已知多项式曲线和 Bezier 曲线是一一对应的, 可以相互转换. 对于 B 样条曲线, 它是在节点处满足连续性条件拼接在一起的分片多项式曲线. 反过来, 每个样条曲线都是 B 样条曲线, 即光滑拼接在一起的分片多项式曲线具有 B 样条表示形式 (可求出节点序列及控制点), 证明此处略去.

例 3.5.2 四阶 (三次) 均匀 B 样条曲线: 给定 $n+1$ 个控制点 $\mathbf{P}_i, i=0,\cdots,n$ 以及均匀节点序列. 不妨令 $T:(0,1,\cdots,n+4)$, 即 $t_0=0$ 且节点间隔为常数 1. 根据定义 B 样条曲线为

$$B(t)=\sum_{i=0}^{n}\mathbf{P}_i N_{i,4}(t),\ t\in[3,n+1].$$

给出曲线具体表达式并计算节点处的位置及导数信息.

解 此时基函数 $N_{i,4}(t)$ 满足平移性质: $N_{i,k}(t)=N_{0,4}(t-i)$, 因此只需要计算 $N_{0,4}(t)$. 利用递推公式得到

$$N_{0,4}(t)=\begin{cases}\dfrac{1}{6}t^3, & t\in[0,1),\\ \dfrac{1}{6}+\dfrac{1}{2}(t-1)+\dfrac{1}{2}(t-1)^2-\dfrac{1}{2}(t-1)^3, & t\in[1,2),\\ \dfrac{1}{6}+\dfrac{1}{2}(3-t)+\dfrac{1}{2}(3-t)^2-\dfrac{1}{2}(3-t)^3, & t\in[2,3),\\ \dfrac{1}{6}(4-t)^3, & t\in[3,4),\\ 0, & \text{其他}.\end{cases}$$

选定任意取值区间 $t\in[j,j+1]$, 由于局部性四阶均匀 B 样条曲线表示为

$$B(t)=\sum_{i=0}^{n}\mathbf{P}_i N_{i,4}(t)=\sum_{i=j-3}^{j}\mathbf{P}_i N_{0,4}(t-i)=[\mathbf{P}_{j-3},\mathbf{P}_{j-2},\mathbf{P}_{j-1},\mathbf{P}_j]\begin{bmatrix}N_{0,4}(t-j-3)\\ N_{0,4}(t-j-2)\\ N_{0,4}(t-j-1)\\ N_{0,4}(t-j)\end{bmatrix},$$

接下来带入 $N_{0,4}(t)$ 的分段表达式, 并令参数 $s=t-j$, 得到

$$B(s)=[\mathbf{P}_{j-3},\mathbf{P}_{j-2},\mathbf{P}_{j-1},\mathbf{P}_j]\frac{1}{6}\begin{bmatrix}1&-3&3&-1\\ 4&0&-6&3\\ 1&3&3&-3\\ 0&0&0&1\end{bmatrix}\begin{bmatrix}1\\ s\\ s^2\\ s^3\end{bmatrix},\quad s\in[0,1].$$

上式称为 B 样条曲线的矩阵表示公式. 由连续四个控制点 $\mathbf{P}_{j-3}, \mathbf{P}_{j-2}, \mathbf{P}_{j-1}, \mathbf{P}_j$ 定义的一段曲线表示成

$$B_j(t) = \sum_{i=j-3}^{j} \mathbf{P}_i N^{i-j+3}(t),$$

其中

$$[N^0(t), N^1(t), N^2(t), N^3(t)] = \frac{1}{6}[t^3, t^2, t, 1] \begin{bmatrix} -1 & 3 & -3 & 1 \\ 3 & -6 & 3 & 0 \\ -3 & 0 & 3 & 0 \\ 1 & 4 & 1 & 0 \end{bmatrix}.$$

接下来计算四阶均匀 B 样条曲线每段 $B_j(t)$ 对应的端点信息, 见图 3.18.

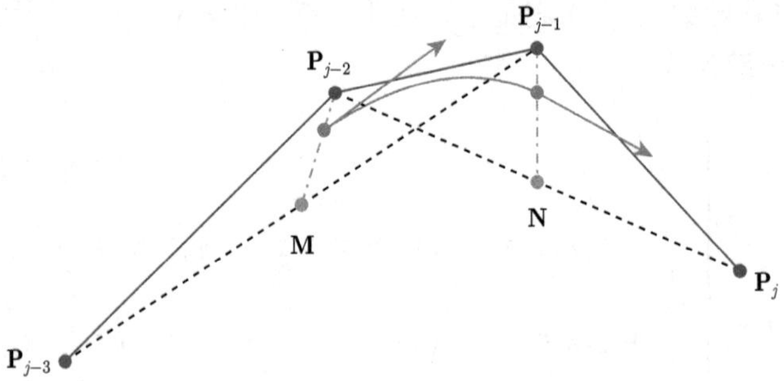

图 3.18　B 样条曲线段的端点与导数信息

(1) 端点的位置信息:

$$B_j(0) = \frac{1}{6}(\mathbf{P}_{j-3} + 4\mathbf{P}_{j-2} + \mathbf{P}_{j-1}), \quad B_j(1) = \frac{1}{6}(\mathbf{P}_{j-2} + 4\mathbf{P}_{j-1} + \mathbf{P}_j).$$

即曲线的起点位于 $\triangle \mathbf{P}_{j-3}\mathbf{P}_{j-2}\mathbf{P}_{j-1}$ 中线的 $\frac{1}{3}$ 处, 终点位于 $\triangle \mathbf{P}_{j-2}\mathbf{P}_{j-1}\mathbf{P}_j$ 中线的 $\frac{1}{3}$ 处.

(2) 端点的一阶导数:

$$B_j'(0) = \frac{1}{2}(\mathbf{P}_{j-1} - \mathbf{P}_{j-3}), \quad B_j'(1) = \frac{1}{2}(\mathbf{P}_j - \mathbf{P}_{j-2}).$$

即起点处的切矢量平行于 $\triangle \mathbf{P}_{j-3}\mathbf{P}_{j-2}\mathbf{P}_{j-1}$ 的边 $\mathbf{P}_{j-3}\mathbf{P}_{j-1}$, 模长是该边长的 $\frac{1}{2}$; 终点切矢量平行于 $\triangle \mathbf{P}_{j-2}\mathbf{P}_{j-1}\mathbf{P}_j$ 的边 $\mathbf{P}_{j-2}\mathbf{P}_j$, 模长是该边长的 $\frac{1}{2}$.

(3) 端点的二阶导数:

$$B_j''(0) = \mathbf{P}_{j-3} - 2\mathbf{P}_{j-2} + \mathbf{P}_{j-1}, \quad B_j''(1) = \mathbf{P}_{j-2} - 2\mathbf{P}_{j-1} + \mathbf{P}_j.$$

通过导数信息, 得到相邻两段曲线 $B_j(t), B_{j+1}(t)$ 在连接点处有相同的一阶导数、二阶导数, 与四阶均匀 B 样条在节点处二阶导数连续相吻合. □

在设计三次均匀 B 样条曲线的几何形状时, 可通过控制顶点的位置得出不同形态的曲线. 大致可归纳为：如要构造一段直线段时, 可采用相邻的四个控制点 $\mathbf{P}_i, \mathbf{P}_{i+1}, \mathbf{P}_{i+2}, \mathbf{P}_{i+3}$ 共线的方法; 为了使曲线和特征多边形相切, 可采用三顶点 $\mathbf{P}_i, \mathbf{P}_{i+1}, \mathbf{P}_{i+2}$ 共线或采用两重顶点的技巧; 若要使曲线通过某一顶点 $\mathbf{P}_i$, 在曲线上形成一个尖点, 可采用三重顶点 $\mathbf{P}_{i-2} = \mathbf{P}_{i-1} = \mathbf{P}_i$ 的方法, 见图 3.19.

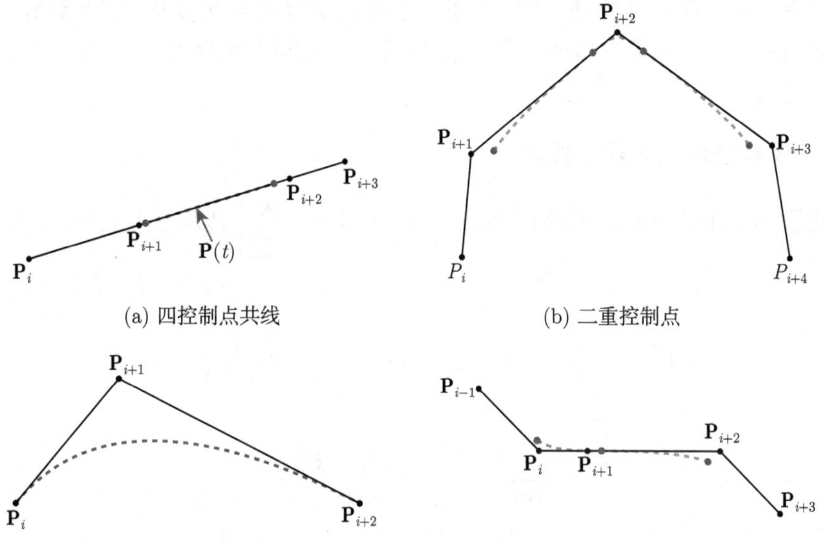

(a) 四控制点共线　(b) 二重控制点

(c) 三重控制点　(d) 三控制点共线

图 3.19　灵活的曲线造型

对于 B 样条曲线, 给定控制点 $\mathbf{P}_i$ 求曲线上任意点的位置信息称为正算. 若需要插值指定点, 求出控制点 $\mathbf{P}_i$ 的位置则称为反算. 以四阶均匀 B 样条曲线为例如，若要求曲线插值 n 个给定点 $\mathbf{Q}_j(j = 0, \cdots, n-1)$, 则需求 $n+2$ 个控制点 $\mathbf{P}_i(i = 0, \cdots, n+1)$ 使得 $B(t = i+3) = \mathbf{Q}_i$, 其中 $i = 0, \cdots, n-1$. 代入曲线节点位置信息, 反算问题即求解线性方程组

$$\frac{1}{6}(\mathbf{P}_j + 4\mathbf{P}_{j+1} + \mathbf{P}_{j+2}) = \mathbf{Q}_j, \quad j = 0, \cdots, n-1.$$

此时 $n+2$ 个控制点有 n 个约束方程, 若要有唯一解, 还需要补充两个边界条件, 可加入两端点位置信息或两端点切矢量信息.

一般非均匀 B 样条曲线, 节点的设定和控制点的位置都影响曲线的形状信息. 在使用重节点和重控制点技巧时：重节点用来控制 B 样条基函数以达到控制整条曲线的连续性的目的; 重控制点是为了加强某些控制点对所产生的曲线形态的影响; 是否采用重节点技巧, 一般是 B 样条系统开发者所要考虑的课题. 对于使用系统的用户而言, 一般只关心如何定出控制多边形的顶点. 进一步的讨论细节, 可参见 (郑建民等, 2011; Farin, 1993; Hoschek et al., 1993).

3.6 B 样条曲线的运算

给定 B 样条曲线在计算任意点值 $B(t)$ 时, 可采用的过程是: ①找到 t 所在的节点区间; ②计算非零的基函数, 由于样条基函数具有局部支集, 需要计算的基函数数目仅有 k 个; ③将非零基函数的值与对应的控制点相乘再求和. 但一般采用计算更加便捷的 de Boor 算法.

3.6.1 B 样条曲线的求值算法

定理 3.6.1(de Boor 算法) B 样条曲线 $B(t)=\sum\limits_{i=0}^{n}\mathbf{P}_iN_{i,k}(t)$, 当 $t\in[t_j,t_{j+1})$ 时

$$\begin{aligned}B(t)&=\sum_{i=j-k+1}^{j}\mathbf{P}_i^{[0]}N_{i,k}(t)=\sum_{i=j-k+2}^{j}\mathbf{P}_i^{[1]}N_{i,k-1}(t)\\&=\cdots=\sum_{i=j}^{j}\mathbf{P}_i^{[k-1]}N_{i,1}(t)=\mathbf{P}_j^{[k-1]},\end{aligned}$$

其中

$$\begin{aligned}&\mathbf{P}_i^{[0]}=\mathbf{P}_i,\\&\mathbf{P}_i^{[r]}=\alpha_i^r\mathbf{P}_i^{[r-1]}+(1-\alpha_i^r)\mathbf{P}_{i-1}^{[r-1]},\\&\alpha_i^r=\frac{t-t_i}{t_{i+k-r}-t_i},\quad r=1,\cdots,k-1;i=j-k+r+1,\cdots,j.\end{aligned}$$

证明 当 $t\in[t_j,t_{j+1})$ 时,

$$\begin{aligned}B(t)&=\sum_{i=0}^{n}\mathbf{P}_iN_{i,k}(t)=\sum_{i=j-k+1}^{j}\mathbf{P}_iN_{i,k}(t)\\&=\sum_{i=j-k+1}^{j}\mathbf{P}_i\left(\frac{t-t_i}{t_{i+k-1}-t_i}N_{i,k-1}(t)+\frac{t_{i+k}-t}{t_{i+k}-t_{i+1}}N_{i+1,k-1}(t)\right)\\&=\sum_{i=j-k+1}^{j}\left(\frac{t-t_i}{t_{i+k-1}-t_i}\mathbf{P}_i+\frac{t_{i+k-1}-t}{t_{i+k-1}-t_i}\mathbf{P}_{i-1}\right)N_{i,k-1}(t)\end{aligned}$$

据上述定义, 即得到递推关系:

$$B(t) = \sum_{i=j-k+1}^{j} \mathbf{P}_i^{[0]} N_{i,k}(t) = \sum_{i=j-k+2}^{j} \mathbf{P}_i^{[1]} N_{i,k-1}(t)$$

$$= \cdots = \sum_{i=j}^{j} \mathbf{P}_i^{[k-1]} N_{i,1}(t) = \mathbf{P}_j^{[k-1]}.$$

□

de Boor 算法从 k 个控制点 $\mathbf{P}_{j-k+1}\mathbf{P}_{j+k+2}\cdots\mathbf{P}_j$ 开始, 一层层组合, 每层减少一个点, 经过 $k-1$ 层得到 B 样条曲线上的点 $\mathbf{P}_j^{[k-1]}$. 因此 de Boor 算法的几何含义是一个"割角"的过程. 图 3.20 展示了 3 阶 B 样条曲线 de Boor 算法的递推关系图

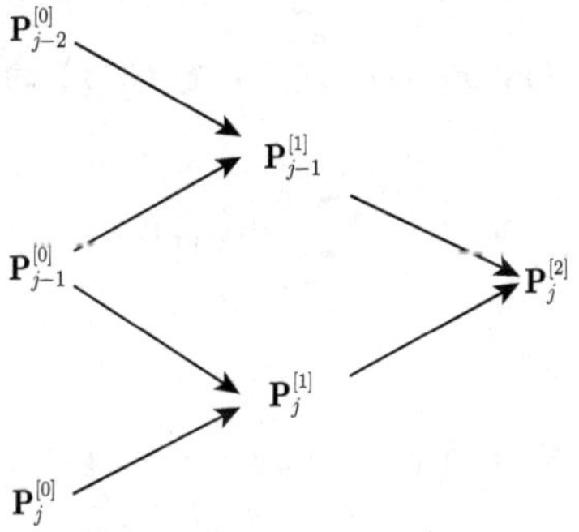

图 3.20 3 阶 B 样条曲线 de Boor 算法的递推关系图

例 3.6.1 设 $k=3, T=(0,1,\cdots,15)$, 给定控制点 $\mathbf{P}_0,\mathbf{P}_1,\cdots,\mathbf{P}_{12}$, 计算 $B(t)$ 在 $t=7.75$ 的值.

解 de Boor 算法, 如图 3.21. 取 $k=3$, $j=7$, 所以从 $\mathbf{P}_5,\mathbf{P}_6,\mathbf{P}_7$ 出发, 经过 2 层的割角组合得到

$$\alpha_6^1 = \frac{7.75-6}{8-6} = \frac{7}{8}, \quad \mathbf{P}_6^1 = \frac{7}{8}\mathbf{P}_6 + \frac{1}{8}\mathbf{P}_5,$$

$$\alpha_7^1 = \frac{7.75-7}{9-6} = \frac{3}{8}, \quad \mathbf{P}_7^1 = \frac{3}{8}\mathbf{P}_7 + \frac{5}{8}\mathbf{P}_6,$$

$$\alpha_7^2 = \frac{7.75-7}{8-7} = \frac{3}{4}, \quad \mathbf{P}_7^2 = \frac{3}{4}\mathbf{P}_7^1 + \frac{1}{4}\mathbf{P}_6^1.$$

于是 $B(7.75) = \mathbf{P}_7^2 = \frac{9}{32}\mathbf{P}_7 + \frac{22}{32}\mathbf{P}_6 + \frac{1}{32}\mathbf{P}_5$. □

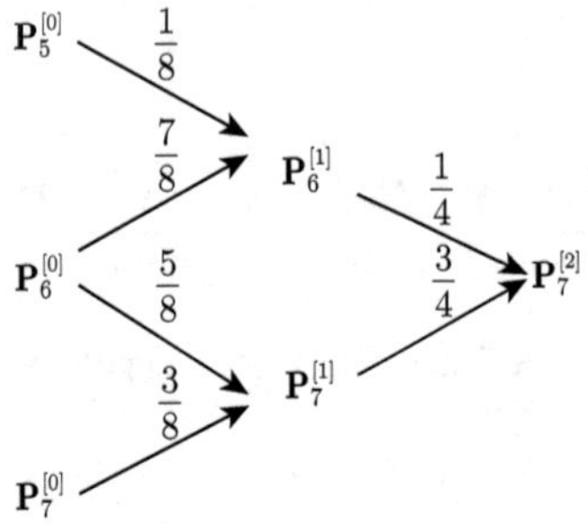

图 3.21　例 3.6.1 的求值过程

在 Bezier 曲线的开花表示理论中, 介绍了任意多项式与它的开花算法, 并给出了控制顶点与它的开花之间的表示关系. B 样条曲线仍有对应的结论.

定理 3.6.2　B 样条函数 $B(t)=\sum_{i=0}^{n}\mathbf{P}_iN_{i,k}(t), t\in[t_{k-1},t_{n+1}]$. 当 $u\in[t_j,t_{j+1})$ 时, 记 $B(u)=B_j(u)$. 设 $b_j(x_1,x_2,\cdots,x_{k-1})$ 是 $B_j(x)$ 的开花, 则

$$B_j(u)=b_j(u,u,\cdots,u)=\sum_{i=j-k+1}^{j}b_j(t_{i+1},t_{i+2},\cdots,t_{i+k-1})N_{i,k}(u).$$

因此

$$\mathbf{P}_i=b_j(t_{i+1},t_{i+2},\cdots,t_{i+k-1}).$$

此定理中第二个等式是通过多元仿射对称多项式的求值算法得到的, 即需要首先证明下述定理.

定理 3.6.3(广义的 de Boor 算法)　给定 l 元仿射对称多项式 $f(x_1,\cdots,x_l)$ 及节点序列 $t_1\leqslant t_2\leqslant\cdots\leqslant t_{2l}$, 已知 $f(t_{i+1},t_{i+2},\cdots,t_{i+l})(i=0,\cdots,l)$ 处的数值, 则计算任意值 $f(u_1,u_2,\cdots,u_l)$ 的算法如下:

设 $f_i^r=f(\underbrace{u_1,\cdots,u_r}_{r\text{个}},\underbrace{t_{i+1},\cdots,t_{i+l-r}}_{l-r\text{个}})$, 则

$$f_i^0=f(t_{i+1},t_{i+2},\cdots,t_{i+l}),\quad i=0,\cdots,l.$$
$$f_i^r=\frac{u_r-t_i}{t_{i+l+1-r}-t_i}f_i^{r-1}+\frac{t_{i+l+1-r}-u_r}{t_{i+l+1-r}-t_i}f_{i-1}^{r-1},\quad r=1,\cdots,l;i=r,\cdots,l.$$

因此 $f(u_1,u_2,\cdots,u_l)=f_l^l$.

证明　由于

$$u_r=\frac{u_r-t_i}{t_{i+l+1-r}-t_i}t_{i+l+1-r}+\frac{t_{i+l+1-r}-u_r}{t_{i+l+1-r}-t_i}t_i,$$

利用 $f(x_1, \cdots, x_l)$ 的多放射性、对称性可得

$$\begin{aligned}
f_i^r =& f(u_1, \cdots, u_r, t_{i+1}, \cdots, t_{i+l-r}) \\
=& f\left(u_1, \cdots, \frac{u_r - t_i}{t_{i+l+1-r} - t_i} t_{i+l+1-r} + \frac{t_{i+l+1-r} - u_r}{t_{i+l+1-r} - t_i} t_i, t_{i+1}, \cdots, t_{i+l-r}\right) \\
=& \frac{u_r - t_i}{t_{i+l+1-r} - t_i} f(u_1, \cdots, u_{r-1}, t_{i+l+1-r}, t_{i+1}, \cdots, t_{i+l-r}) \\
&+ \frac{t_{i+l+1-r} - u_r}{t_{i+l+1-r} - t_i} f(u_1, \cdots, u_{r-1}, t_i, t_{i+1}, \cdots, t_{i+l-r}) \\
=& \frac{u_r - t_i}{t_{i+l+1-r} - t_i} f_i^{r-1} + \frac{t_{i+l+1-r} - u_r}{t_{i+l+1-r} - t_i} f_{i-1}^{r-1}
\end{aligned}$$

因此 $f_l^l = f(u_1, u_2, \cdots, u_l)$. □

k 阶 B 样条曲线的开花是 $l = k - 1$ 元多项式, 当取 $u_1 = \cdots = u_{k-1} = u$ 时, 上述定理中迭代的比例系数

$$\frac{u_r - t_i}{t_{i+l+1-r} - t_i} = \frac{u - t_i}{t_{i+k-r} - t_i} = \alpha_i^r.$$

此时递推公式和 B 样条曲线的 de Boor 迭代过程一致, 得到

$$f(u, \cdots, u) = f_l^l = \sum_{i=j-k+1}^{j} f_i^0 N_{i,k}(u),$$

比较 $\sum\limits_{i=j-k+1}^{j} f_i^0 N_{i,k}(u) = \sum\limits_{i=j-k+1}^{j} \mathbf{P}_i N_{i,k}(u)$, 于是

$$\mathbf{P}_i (= f_i^0) = b_j(t_{i+1}, t_{i+2}, \cdots, t_{i+k-1}).$$

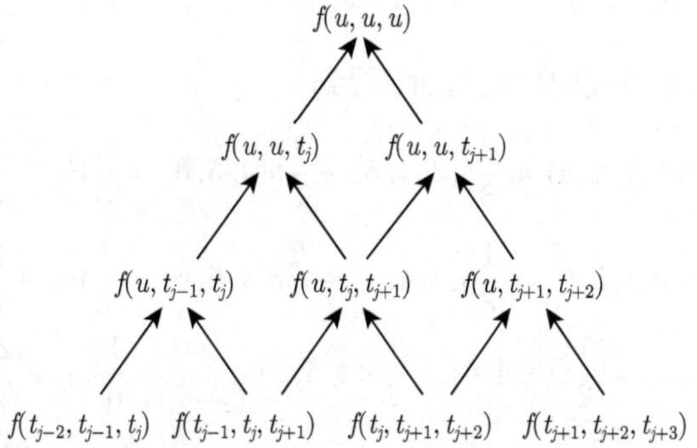

图 3.22 三元仿射对称多项式求值过程

B 样条曲线是分段表示的多项式, 根据此定理, 利用一段 $B_j(u)$ 的开花, 可表示出控制点 $\mathbf{P}_{j-k+1},\cdots,\mathbf{P}_j$. 反之, 控制点 $\mathbf{P}_j$ 可由任一个 $B_j(u),\cdots,B_{j+k-1}(u)$ 决定, 且

$$\begin{aligned}\mathbf{P}_j &= b_j(t_{i+1},t_{i+2},\cdots,t_{i+k-1}) = b_{j+1}(t_{i+1},t_{i+2},\cdots,t_{i+k-1})\\ &= \cdots = b_{j+k-1}(t_{i+1},t_{i+2},\cdots,t_{i+k-1}).\end{aligned}$$

因此不引起混淆时记 $B(u)$ 的开花为 $b(x_1,x_2,\cdots,x_{k-1})$ 及 $\mathbf{P}_i = b(t_{i+1},t_{i+2},\cdots,t_{i+k-1})$.

利用开花原则, 可以将 B 样条曲线的任意一段转换成 Bezier 表示形式. 即参数区间 $t\in[t_j,t_{j+1}]$ 上, 确定 k 个控制点 $\mathbf{Q}_i(i=0,\cdots,k-1)$ 满足

$$B(t)=\sum_{i=0}^{k-1}\mathbf{Q}_iB_{i,k-1}\left(\frac{t-t_j}{t_{j+1}-t_j}\right),\quad t\in[t_j,t_{j+1}].$$

例 3.6.2　设 $k=4$, 节点序列 $T=(0,1,\cdots,10)$ 以及控制顶点为 $\mathbf{P}_0,\cdots,\mathbf{P}_6$. 求 B 样条曲线 $B(t)$ 在 $[4,5]$ 上的 Bezier 表示.

解　设 4 阶 B 样条曲线 $B(t)$ 的开花为 $b(x_1,x_2,x_3)$, 且

$$B(t)_{[4,5]}=\sum_{i=0}^{3}\mathbf{Q}_iB_{i,3}(t-4).$$

由 Bezier 曲线的开花表示知道,

$$\mathbf{Q}_0=b(4,4,4),\quad \mathbf{Q}_1=b(4,4,5),\quad \mathbf{Q}_2=b(4,5,5),\quad \mathbf{Q}_3=b(5,5,5).$$

由 B 样条曲线的开花表示可知

$$\mathbf{P}_0=b(1,2,3),\quad \mathbf{P}_1=b(2,3,4),\quad \cdots,\quad \mathbf{P}_6=b(7,8,9).$$

通过多元仿射对称多项式的求值过程, 得到

$$\begin{aligned}\mathbf{Q}_1&=b(4,4,5)=\frac{2}{3}b(3,4,5)+\frac{1}{3}b(4,5,6)=\frac{2}{3}\mathbf{P}_2+\frac{1}{3}\mathbf{P}_3,\\ \mathbf{Q}_2&=b(4,5,5)=\frac{1}{3}b(3,4,5)+\frac{2}{3}b(4,5,6)=\frac{1}{3}\mathbf{P}_2+\frac{2}{3}\mathbf{P}_3,\\ \mathbf{Q}_0&=b(4,4,4)=\frac{1}{2}b(3,4,4)+\frac{1}{2}b(4,4,5)=\cdots=\frac{1}{6}\mathbf{P}_1+\frac{2}{3}\mathbf{P}_2+\frac{1}{6}\mathbf{P}_3,\\ \mathbf{Q}_3&=b(5,5,5)=\frac{1}{2}b(4,5,5)+\frac{1}{2}b(5,5,6)=\cdots=\frac{1}{6}\mathbf{P}_2+\frac{37}{66}\mathbf{P}_3+\frac{5}{22}\mathbf{P}_4.\end{aligned}$$

得到了 Bezier 表示的控制点位置信息. □

3.6.2 B 样条曲线的节点插入

接下来, 介绍 B 样条曲线的节点插入算法. 通过插入节点可以进一步改善 B 样条曲线的局部性质, 提高 B 样条曲线的形状控制的灵活性, 实现对曲线的求值、分割、生成每段 Bezier 的控制点等操作. 并在生成张量积 B 样条曲面时, 可以统一为相同的节点序列.

插入一个节点, 已知 B 样条曲线 $B(t)=\sum\limits_{i=0}^{n}\mathbf{P}_iN_{i,k}(t)$, 其节点序列为 $T=(t_0,t_1,\cdots,t_{n+k})$, 在某个节点区间 $[t_j,t_{j+1})$ 内插入一个节点 t^*, 得到新的节点序列

$$T^*=(t_0,\cdots,t_j,t^*,t_{j+1},\cdots,t_{n+k}),$$

对节点重新编号记为

$$T^*=(t_0^*,\cdots,t_j^*,t_{j+1}^*,t_{j+2}^*,\cdots,t_{n+k+1}^*).$$

新的节点序列 T^* 决定了一组新的 B 样条基函数 $N_{i,k}^*(t)$, 要求保持原曲线形状不变, 则用这组新的基函数与未知新的控制点 $\mathbf{P}_i^*$ 可将 $B(t)$ 表示为

$$B(t)=\sum_{i=0}^{n+1}\mathbf{P}_i^*N_{i,k}^*(t).$$

则根据 B 样条曲线的开花表示原则,

当 $i+k-1<j+1$ 时, $\mathbf{P}_i^*=b(t_{i+1}^*,\cdots,t_{i+k-1}^*)=b(t_{i+1},\cdots,t_{i+k-1})=\mathbf{P}_i$,

当 $i+1>j+1$ 时, $\mathbf{P}_i^*=f(t_{i+1}^*,\cdots,t_{i+k-1}^*)=b(t_i,\cdots,t_{i+k-2})=\mathbf{P}_{i-1}$,

当 $j-k+2\leqslant i\leqslant j$ 时,

$$\begin{aligned}\mathbf{P}_i^*&=b(t_{i+1}^*,\cdots,t_{i+k-1}^*)=b(t_{i+1},\cdots,t_j,t^*,t_{j+1},\cdots,t_{i+k-2})\\&=b(t_{i+1},\cdots,t_j,\alpha_it_i+(1-\alpha_i)t_{i+k-1},t_{j+1},\cdots,t_{i+k-2})\\&=\alpha_ib(t_i,\cdots,t_{i+k-2})+(1-\alpha_i)b(t_{i+1},\cdots,t_{i+k-1})\\&=\alpha_i\mathbf{P}_{i-1}+(1-\alpha_i)\mathbf{P}_i,\ \text{其中}\alpha_i=\frac{t_{i+k-1}-t^*}{t_{i+k-1}-t_i}.\end{aligned}$$

即

$$\mathbf{P}_i^*=\begin{cases}\mathbf{P}_i, & i\leqslant j-k+1,\\ \dfrac{t_{i+k-1}-t^*}{t_{i+k-1}-t_i}\mathbf{P}_{i-1}+\dfrac{t^*-t_i}{t_{i+k-1}-t_i}\mathbf{P}_i, & j-k+2\leqslant i\leqslant j,\\ \mathbf{P}_{i-1}, & i\geqslant j+1.\end{cases}$$

发现计算新控制顶点时, 只有局部几个进行了更新, 其余控制顶点保持不变.

可以将同一节点反复插入原节点序列中, 去求新的控制顶点. 特别地, 若将节点 $t^* \in [t_j, t_{j+1})$ 插入 $k-1$ 次, 得到新的节点序列为

$$T^* = (t_0, \cdots, t_j, \underbrace{t^*, \cdots, t^*}_{k-1\text{重}}, t_{j+1}, \cdots, t_{n+k}),$$

则

$$\mathbf{P}_j^* = b(t_{j+1}^*, \cdots, t_{j+k-1}^*) = b(t^*, \cdots, t^*) = B(t^*).$$

因此新控制顶点 $\mathbf{P}_j^*$ 的计算过程, 就是在求值 $B(t^*)$, 这就是之前介绍的 de Boor 算法. 此时在新控制点 $\mathbf{P}_j^*$ 处将曲线分为了两段 k 阶 B 样条曲线. 分割后的表示如下.

左段 节点序列为

$$T_L = (t_0, \cdots, t_j, \underbrace{t^*, \cdots, t^*}_{k\text{重}}),$$

控制顶点为

$$b(t_1, \cdots, t_{k-1}), b(t_2, \cdots, t_k), \cdots, b(t_j, t^*, \cdots, t^*), b(t^*, \cdots, t^*);$$

右段 节点序列为

$$T_R = (\underbrace{t^*, \cdots, t^*}_{k\text{重}}, t_{j+1}, \cdots, t_{n+k}),$$

控制顶点为

$$b(t^*, \cdots, t^*), b(t^*, \cdots, t^*, t_{j+1}), \cdots, b(t_{n+1}, \cdots, t_{n+k-1}).$$

注 控制点用开花函数表示时, 首末节点并没有被用到. 在此分割算法中, 为了和之前节点序列记号表示的一致性, 我们把 t^* 插入至 k 重节点.

特别地, 对节点 t_j, t_{j+1} 反复插入成为 $k-1$ 重节点,

$$T = (t_0, \cdots, \underbrace{t_j, \cdots, t_j}_{k-1\text{重}}, \underbrace{t_{j+1}, \cdots, t_{j+1}}_{k-1\text{重}}, \cdots, t_{n+k}).$$

得到在 $[t_j, t_{j+1}]$ 段原 B 样条曲线的 Bezier 表示, 其中 Bezier 表示的控制点为

$$Q_0 = b(t_j, \cdots, t_j), Q_1 = b(t_j, \cdots, t_j, t_{j+1}), \cdots, Q_{k-1} = b(t_{j+1}, \cdots, t_{j+1}).$$

3.7 有理 B 样条曲线和张量积 B 样条曲面的介绍

B 样条曲线在自由型曲线设计中有着良好的几何特性, 但 B 样条曲线包括其特例的 Bezier 曲线都不能精确地表示出除抛物线以外的二次曲线, 而只能给出近似表示. 有理 B 样条曲线的提出是与 B 样条方法既相统一、又能精确表示圆锥曲线的数学方法.

定义 3.7.1 给定控制点 $\mathbf{P}_i$ 及权系数 $w_i \geqslant 0(i=0,\cdots,n)$, 有理 B 样条曲线定义为

$$R(t)=\frac{\sum_{i=0}^{n} w_i \mathbf{P}_i N_{i,k}(t)}{\sum_{i=0}^{n} w_i N_{i,k}(t)}, \quad t\in[t_{k-1},t_{n+1}].$$

控制顶点和权的修改为各种形状设计提供了充分的灵活性. B 样条曲线, 有理与非有理 Bezier 曲线均是有理 B 样条曲线的特例. 但伴随有理 B 样条的引入, 存在的问题包括: 比传统的曲线定义方法需要更多的存储空间; 权系数选择不当会引起畸变; 反求曲线上点的参数值时, 算法存在数值不稳定等.

定义函数 $R_{i,k}(t)=\dfrac{w_i N_{i,k}(t)}{\sum_{i=0}^{n} w_i N_{i,k}(t)}(i=0,\cdots,n)$, 可以看成是有理 B 样条曲线的基函数. 有理 B 样条曲线表示为

$$R(t)=\sum_{i=0}^{n}\mathbf{P}_i R_{i,k}(t), \quad t\in[t_{k-1},t_{n+1}].$$

与 B 样条基函数性质一致, $R_{i,k}(t)$ 仍然具有局部支撑性、单位分解性、可微性等性质. 因此有理 B 样条仍然具有局部性、变差减缩性、凸包性、仿射不变性、在曲线定义域内有与有理基函数同样的可微性等性质. 如果某个权因子为 0, 那么对应控制顶点对曲线没有影响, 若某个权因子无穷大时, 则曲线无限接近相应点.

平面有理 B 样条曲线的控制点 $\mathbf{P}_i=(x_i,y_i)$ 及权 w_i, 其对应齐次坐标系中的控制点定义为

$$\mathbf{P}_i \rightarrow \mathbf{P}_i^w=(w_i x_i, w_i y_i, w_i), \quad i=0,\cdots,n.$$

k 阶有理 B 样条曲线的齐次坐标表示定义为

$$R(t)\rightarrow R^w(t)=\sum_{i=0}^{n}\mathbf{P}_i^w N_{i,k}(t).$$

非有理曲线 $R^w(t)$ 在 XYW 坐标系下, 以坐标原点为投影中心在超平面 $W=1$ 的中心投影得到

$$R^w(t) \to R(t) = \frac{\sum_{i=0}^{n} w_i \mathbf{P}_i N_{i,k}(t)}{\sum_{i=0}^{n} w_i N_{i,k}(t)}.$$

可得非有理 B 样条曲线的求值、分割等算法可以推广到有理 B 样条曲线上, 只不过是在齐次坐标下进行后再投射回去.

$$\begin{array}{ccc} R(t) & \xrightarrow{\text{操作算法 } *} & [R(t)]^* \\ \text{齐次} \Downarrow \text{坐标表示} & & \Uparrow \text{投影} \\ R^w(t) & \xrightarrow{*} & [R^w(t)]^* \end{array}$$

接下来, 把 B 样条曲线推广到 B 样条曲面, 可以看做是两个参数方向的 B 样条曲线的张量积, 三角域上的 B 样条曲面大家可参看 (Hoschek et al., 1993).

定义 3.7.2　给定两组节点序列

$$U=(u_0,u_1,\cdots,u_{m+k}),\quad V=(v_0,v_1,\cdots,v_{n+l}).$$

分别定义了 k 阶 B 样条基函数 $N_{i,k}(u)$ 以及 l 阶 B 样条基函数 $N_{j,l}(v)$, (k,l) 阶张量积 B 样条曲面定义为

$$S(u,v)=\sum_{i=0}^{m}\sum_{j=0}^{n}\mathbf{P}_{ij}N_{i,k}(u)N_{j,l}(v),\quad (u,D)\in[u_{k-1},u_{m+1}]\times[v_{l-1},v_{n+1}]. \tag{3.11}$$

其中两方向的控制点组 $\mathbf{P}_{ij}(i=0,\cdots,m;j=0,\cdots,n)$ 构成 B 样条曲面的控制网络.

B 样条曲面的控制网络是对曲面形状的大致勾画, 但一般不通过控制点, 见图 3.23. 除变差减缩性质不成立外, B 样条曲面和 B 样条曲线的性质一致, 仍然满足凸包性、仿射不变性、局部修改性等. 与 B 样条曲线分类一样, 由曲面沿任一参数方向所取的节点序列不同, 可分为均匀 B 样条曲面、准均匀 B 样条曲面、分片 Bezier 曲面与非均匀 B 样条曲面这四种类型. 而对于张量积 B 样条曲面的各种算法, 可以先在 u 参数方向上实现, 再从 v 参数方向实现. 例如 de Boor 求值, 节点插入等操作.

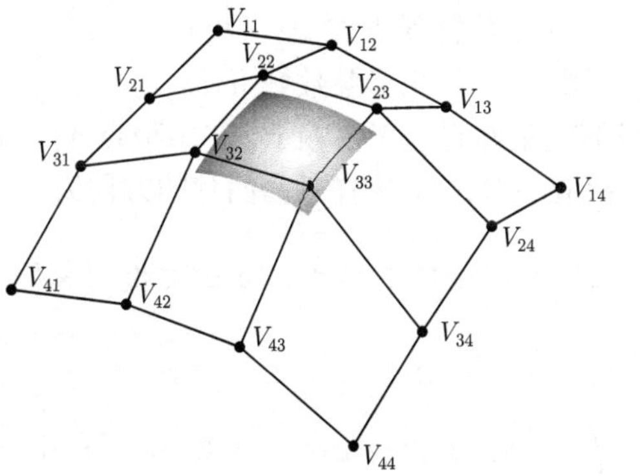

图 3.23 B 样条曲面

以双三次 B 样条曲面为例, 说明 B 样条曲面的构造过程. 给定空间中 16 个控制点 $V_{ij}(i=0,1,2,3;j=0,1,2,3)$, 并将它们排成一个四阶方阵

$$\mathcal{V}=\begin{pmatrix} V_{00} & V_{01} & V_{02} & V_{03} \\ V_{10} & V_{11} & V_{12} & V_{13} \\ V_{20} & V_{21} & V_{22} & V_{23} \\ V_{30} & V_{31} & V_{32} & V_{33} \end{pmatrix}.$$

将这些顶点沿参数方向分别连成特征多边形, 不妨设列方向为 u 方向, 按行为 v 方向, 构成了一张特征网格. 取方阵中的每一列元素为特征多边形的四个顶点, 可构造 4 条三次 B 样条曲线 $Q_j(u)$ 对于每一个 u 取值再把 $Q_0(u),Q_1(u),Q_2(u),Q_3(u)$ 看成一个特征多边形的 4 个顶点, 构造一条关于参数 v 的 B 样条曲线. 当 u 在取值范围内连续变化时, B 样条曲线就“织”出一张曲面片. 其表达式为

$$S(u,v)=\sum_{i=0}^{3}\sum_{j=0}^{3}V_{ij}N_{i,4}(u)N_{j,4}(v),$$

特别地, 对于双三次均匀 B 样条曲线, 局部参数化后写成矩阵的形式为

$$S(u,v)=UB\mathcal{V}B^{\mathrm{T}}V^{\mathrm{T}},\quad (u,v)\in[0,1]\times[0,1].$$

其中

$$U=(1\ u\ u^2\ u^3),\quad V=(1\ v\ v^2\ v^3),\quad B=\frac{1}{6}\begin{pmatrix} 1 & 4 & 1 & 0 \\ -3 & 0 & 3 & 0 \\ 3 & -6 & 3 & 0 \\ -1 & 3 & -3 & 1 \end{pmatrix}.$$

若给定 $(m+1)\times(n+1)$ 个特征顶点 $V_{i,j}(i=0,1,\cdots,m;j=0,1,\cdots,n)$ 构成双三次 B 样条曲面的特征网格. 任一矩形参数域 $[u_i,u_{i+1}]\times[v_j,v_{j+1}]$ 上的 B 样条曲面片, 由于基函数的局部支集性它也仅依赖于 16 个顶点 $V_{i-3,j-3},V_{i-3,j-2},\cdots,V_{i,j}$. 采用局部参数化后, 相应的双三次 B 样条曲面片的方程为

$$S(u,v)=UB\mathcal{V}_{ij}B^{\mathrm{T}}V^{\mathrm{T}},\quad (u,v)\in[0,1]\times[0,1].$$

其中

$$\mathcal{V}_{i,j}=\begin{pmatrix} V_{i-3,j-3} & V_{i-3,j-2} & V_{i-3,j-1} & V_{i-3,j} \\ V_{i-2,j-3} & V_{i-2,j-2} & V_{i-2,j-1} & V_{i-2,j} \\ V_{i-1,j-3} & V_{i-1,j-2} & V_{i-1,j-1} & V_{i-1,j} \\ V_{i,j-3} & V_{i,j-2} & V_{i,j-1} & V_{i,j} \end{pmatrix}.$$

当给定控制点的对应权系数 w_{ij} 时, 得到有理 B 样条曲面

$$S(u,v)=\frac{\sum\limits_{i=0}^{m}\sum\limits_{j=0}^{n}w_{ij}\mathrm{P}_{ij}N_{i,k}(u)N_{j,l}(v)}{\sum\limits_{i=0}^{m}\sum\limits_{j=0}^{n}w_{ij}N_{i,k}(u)N_{j,l}(v)},\tag{3.12}$$

一般非均匀有理 B 样条 (Non-Uniform Rational B-Splines) 的缩写记为 NURBS. NURBS 曲线曲面涵盖了 Bezier 曲线曲面、有理 Bezier 曲线曲面、B 样条曲线曲面和有理 B 样条曲线曲面. NURBS 是一种非常优秀的建模方式, 能够比传统的网格建模方式更好地控制物体的表面, 从而能创建出更逼真生动的曲线曲面.

习　题　3

1. 将下面二次参数多项式曲线转换为 Bezier 曲线的表示形式,

$$\mathbf{P}(t)=(x(t),y(t))=(1,0)+(2,1)t+(3,2)t^2.$$

2. 已知 Bezier 曲线的控制点分别是 $\mathbf{P}_0=(1,0)$, $\mathbf{P}_1=(0,2)$, $\mathbf{P}_2=(1,5.5)$, $\mathbf{P}_3=(6,5.5)$, $\mathbf{P}_4=(7.5,0.5)$, 求 Bezier 曲线在点 $t=0.7$ 处的值 $\mathbf{P}(0.7)$.

3. 设一条三次 Bezier 曲线的前三个控制点分别是 $(30,10)$, $(60,30)$, $(80,10)$, 曲线在 $t=\dfrac{1}{2}$ 处的值为 $(70,25)$, 计算最后一个控制点.

4. 设 n 次 Bezier 曲线 $\mathbf{P}(t)=\sum\limits_{i=0}^{n}\mathbf{P}_iB_{i,n}(t)$ 的开花为 $\mathbf{p}(u_1,\cdots,u_n)$. 已知 n 次多项式也可以看成是 $n+1$ 次多项式, 设 $\mathbf{P}(t)$ 看成 $n+1$ 次时的开花为 $\mathbf{q}(u_1,\cdots,u_{n+1})$, 且升阶 1 次的控制点记为 $\mathbf{Q}_i(i=0,\cdots,n+1)$. 证明:

(a) $\mathbf{q}(u_1, \cdots, u_{n+1}) = \sum_{j=1}^{n+1} \dfrac{\mathbf{p}(u_1, \cdots, u_{j-1}, u_{j+1}, \cdots, u_n)}{n+1}$;

(b) $\mathbf{Q}_i = \dfrac{i}{n+1}\mathbf{P}_{i-1} + \dfrac{n+1-i}{n+1}\mathbf{P}_i,\ i = 0, \cdots, n+1.$

5. 证明张量积 Bezier 曲面满足：(a) 是仿射不变的；(b) 位于控制点的凸包内.

6. 证明张量积 Bezier 曲面插值：(a) 由边界控制点定义的四条 Beizer 曲线；(b) 四个角点的控制点.

7. 求解参数方程

$$x(u,v) = \frac{1-u^2}{1+u^2}\frac{1-v^2}{1+v^2}, \quad y(u,v) = \frac{1-u^2}{1+u^2}\frac{2v}{1+v^2}, \quad z(u,v) = \frac{2u}{1+u^2}.$$

在 $0 \leqslant u, v \leqslant 1$ 所表示的第一象限球面对应的有理双二次 Bezier 曲面的控制点和权系数.

8. 设 $(2,3)$ 次 Bezier 曲面 $\mathbf{P}(s,t)$ 的控制点分别是

$$\{\mathbf{P}_{0j}\} = \{(-3,2,1), (0,2,4), (3,2,4), (6,2,1)\},$$

$$\{\mathbf{P}_{1j}\} = \{(-3,4,1), (0,4,6), (3,4,6), (6,4,3)\},$$

$$\{\mathbf{P}_{2j}\} = \{(-3,6,1), (0,6,4), (3,6,4), (6,6,1)\},$$

其中 $j = 0, \cdots, 3$. 计算 $\mathbf{P}\left(\dfrac{1}{3}, \dfrac{1}{2}\right)$.

9. 给定节点序列 $T = (0,0,0,1,2,3,4,4,4)$, 其中 $k = 3, n = 5$. 计算 B 样条基函数 $N_{i,3}, i = 0, \cdots, 5$.

10. 给定均匀节点序列 $T = (0,1,2,3,4,5,6)$, 其中 $n = 3, k = 3$. 计算 B 样条基函数 $N_{i,3}, i = 0,1,2,3$.

11. 计算三阶均匀 B 样条曲线的矩阵表示并计算节点处的位置及导数信息, 其中不妨令 $t_0 = 0$ 且节点间隔为常数 1.

12. 给定 B 样条曲线如下：$T = (0,1,\cdots,8)$, 其中 $k = 4$ 及控制点 $\mathbf{P}_0, \mathbf{P}_1, \cdots, \mathbf{P}_4$, 计算 B 样条曲线在 $t = 3.5$ 处的值.

13. 证明：若 B 样条曲线连续 $k-1$ 个控制点重合, 不妨记 $\mathbf{P}_{j-k+2} = \cdots = \mathbf{P}_j$. 则 B 样条曲线插值点 $\mathbf{P}_j$ 且于两边的控制线段 $\mathbf{P}_{j-k}\mathbf{P}_{j-k+1}$、$\mathbf{P}_j\mathbf{P}_{j+1}$ 相切.

14. 给定 B 样条曲线如下：$T = (0,1,\cdots,8)$, 其中 $k = 4$ 及控制点 $\mathbf{P}_0, \mathbf{P}_1, \cdots, \mathbf{P}_4$, 将 $t^* = 3.5$ 插入节点序列一次, 二次, 三次, 分别求新的控制顶点的表示, 并求 $B(t^*)$.

15. 给定 B 样条曲线如下：$T = (0,0,0,1,2,3,3,3)$, 其中 $k = 3$ 及控制点 $\mathbf{P}_0, \mathbf{P}_1, \cdots, \mathbf{P}_4$, 插入节点得到新的节点序列 $T^* = (0,0,0,1,1,2,2,3,3,3)$. 求新的控制点的表示.

16. 证明：B 样条曲线的导数 $B'(t)$ 是 $k-1$ 阶 B 样条曲线, 对应的控制点为

$$\mathbf{Q}_i = (k-1)\frac{\mathbf{P}_{i+1} - \mathbf{P}_i}{t_{i+k} - t_{i+1}},\ i = 0, \cdots, n-1.$$

17. 给定有理 B 样条曲线如下：$T = (0,0,0,1,2,3,4,4,4)$, 其中 $k = 3$, 已知控制点 $\mathbf{P}_i$ 和权系数 $\{w_0, \cdots, w_5\} = \{1,1,2,1,1\}$, 表示出相应的 3 阶有理 B 样条曲线.

18. 设 $U = V = (0, 0, 1, 1)$, 给定控制顶点与对应的权系数

$$P_{00} = (1, 1, 2), w_{00} = 2; \quad P_{01} = (1, 2, 3), w_{01} = 1;$$

$$P_{10} = (3, 2, 1), w_{10} = 2; \quad P_{11} = (3, 1, 3), w_{11} = 1;$$

得到双 1 次有理 B 样条曲面 $R(u, v)$. 求有理基函数 $R_{ij}(u, v)$ 及 $R(u, v)$ 的表达式.

第 4 章　正交多项式与函数逼近

4.1　引　　言

本章将考虑下面问题.

(1) 已知函数的解析形式, 但是由于函数形式较为复杂, 不便于数值计算. 于是希望找到更为简单的函数来替代原函数.

(2) 不知原函数, 只知道函数在一系列离散点上的值. 同样希望找到较为简单的函数来逼近数据.

这里所说的简单函数包括多项式函数、三角函数、指数函数等. 而本章将只着重介绍多项式函数的情况.

在介绍逼近方法之前, 本章首先在 4.2 节中介绍了正交多项式. 正交多项式在最佳一致逼近和最佳平方逼近中都有应用, 并且在第 5 章 Gauss 求积公式中也有应用. 这里将介绍正交多项式的基本性质, 递推公式, 以及几种常用的正交多项式, 包括: Legendre 正交多项式、Chebyshev 正交多项式、Laguerre 正交多项式、Hermite 正交多项式.

既然要用多项式函数去逼近原函数或数据点, 就要有评判逼近程度的标准. 其中一种是一致逼近, 即在无穷范数意义下使逼近多项式和原函数或数据点的误差达到最小. 具体说来, 本章关心的是对于给定的连续函数, 以及给定的正整数 $n > 0$, 求次数不超过 n 的最佳一致逼近多项式. 4.3 节将详细介绍最佳一致逼近多项式问题. 首先将给出最佳一致逼近多项式的存在性, 接着给出了最佳一致逼近多项式的特征定理, 即 Chebyshev 定理. 实际上, 由于最佳一致逼近多项式没有构造的一般方法, 所以 Chebyshev 定理成为判断最佳一致逼近多项式的有效方法, 并为一些特殊函数求它们的最佳一致逼近多项式提供了工具. 再接着将介绍最佳一致逼近多项式随着 n 增大的收敛到原函数的速度. 最后, 由于最佳一致逼近多项式通常只能由迭代算法给出, 并不便于计算. 所以将介绍最佳一致逼近多项式的近似方法, 包括 Lagrange 插值近似方法和 Chebyshev 级数截断法. 限于篇幅的原因, 本章中没有介绍离散数据的最佳一致逼近多项式, 感兴趣的读者可以参考《Methods of Numerical Approximation》(Handscomb, 1965) 的第八章.

另一种是平方逼近, 即在 2-范数意义下使逼近多项式和原函数或数据点的误差达到最小. 在 4.4 节首先针对平方可积函数, 介绍了它的最佳平方逼近多项式的存在唯一性. 实际上最佳平方逼近多项式可以通过求解法方程的方式得到, 然而若以 $x^i, i=0,1,\cdots$ 作为基函数得到的法方程是病态的, 因此接下来引入了正交多项式构造最佳平方逼近多项式的方法, 从而避免了求解法方程带来的计算弊端. 最后在 4.5 节介绍了离散数据的最佳平方逼近多项式, 即通常说的最小二乘法. 最小二乘法是自然科学中十分常用的数学方法, 因此单独作为一小节来讲解. 这里同样介绍了相应的存在唯一性和正交多项式构造方法.

总结以上两种函数逼近方法, 最佳一致逼近方法可以看成是对每一个个体的一致性逼近. 而最佳平方逼近则是对整体意义下的逼近.

4.2　正交多项式

在函数逼近理论中, 正交多项式有着广泛的应用. 本节将介绍几种常用的正交多项式.

4.2.1　内积空间理论

定义 4.2.1　设 $\mathcal{V}$ 是定义在实数上的线性函数空间, 如果算子 $\langle\cdot,\cdot\rangle$ 满足以下条件:

(i) $\langle f+g,h\rangle=\langle f,h\rangle+\langle g,h\rangle,\quad \forall f,g,h\in\mathcal{V}$.

(ii) $\langle \lambda f,g\rangle=\lambda\langle f,g\rangle,\quad \forall\lambda\in\mathbb{R},\quad \forall f,g\in\mathcal{V}$.

(iii) $\langle f,g\rangle=\langle g,f\rangle,\quad \forall f,g\in\mathcal{V}$.

(iv) 如果 $f\in\mathcal{V}$, 且 $f\neq 0$, 则 $\langle f,f\rangle>0$.

则称 $\langle\cdot,\cdot\rangle$ 为 $\mathcal{V}$ 上的内积. 线性函数空间配以内积则称为内积空间.

定义 4.2.2　设 $\mathcal{V}$ 是一个内积空间, 若 $f,g\in\mathcal{V}$ 使得 $\langle f,g\rangle=0$, 则称 f 与 g 正交.

定义 4.2.3　设 $\mathcal{V}$ 是一个内积空间, 对应的内积为 $\langle\cdot,\cdot\rangle$, 则由内积诱导的范数为

$$\|f\|=\langle f,f\rangle^{1/2},\quad \forall f\in\mathcal{V}.$$

由范数的定义引出了以下引理.

引理 4.2.1 (Cauchy-Schwarz 不等式)

$$|\langle f,g\rangle|\leqslant\|f\|\cdot\|g\|,\quad f,g\in\mathcal{V}. \tag{4.1}$$

证明 $\forall f,g\in\mathcal{V}, \forall\lambda\in\mathbb{R}$ 有

$$\begin{aligned}0\leqslant\|\lambda f+g\|^2&=\lambda^2\|f\|^2+2\lambda\langle f,g\rangle+\|g\|^2\\&=\|f\|^2\left(\lambda^2+\frac{2\langle f,g\rangle}{\|f\|^2}\lambda+\frac{\langle f,g\rangle^2}{\|f\|^4}\right)-\frac{\langle f,g\rangle^2}{\|f\|^2}+\|g\|^2\\&=\|f\|^2\left(\lambda+\frac{\langle f,g\rangle}{\|f\|^2}\right)^2-\frac{\langle f,g\rangle^2-\|f\|^2\|g\|^2}{\|f\|^2}.\end{aligned}$$

要让以上不等式 $\forall\lambda\in\mathbb{R}$ 都成立, 就只要

$$\langle f,g\rangle^2-\|f\|^2\|g\|^2\leqslant 0.$$

即

$$|\langle f,g\rangle|\leqslant\|f\|\cdot\|g\|.$$

□

易容验证范数满足以下三个性质.

(i) 非负性质: $\|f\|\geqslant 0, \forall f\in\mathcal{V}$, $\|f\|=0$ 当且仅当 $f=0$.

(ii) 线性性质: $\|\lambda f\|=|\lambda|\cdot\|f\|, \forall\lambda\in\mathbb{R}, \forall f\in\mathcal{V}$.

(iii) 三角不等式性质: $\|f+g\|\leqslant\|f\|+\|g\|, \forall f,g\in\mathcal{V}$.

定理 4.2.1 给内积空间 $\mathcal{V}$ 配以范数 $\|\cdot\|$, 就构成了实数域上的线性赋范空间.

定义 4.2.4(权函数) 在开区间 (a,b) 上有定义的正的、连续的、可积的函数称为权函数.

例 4.2.1 (1) 集合 $C[a,b]$ 为连续实值函数空间, 并定义内积为

$$\langle f,g\rangle=\int_a^b\rho(x)f(x)g(x)\mathrm{d}x, \tag{4.2}$$

其中 $\rho(x)$ 是权函数. 相应的诱导范数为

$$\|f\|_2=\left(\int_a^b\rho(x)f^2(x)\mathrm{d}x\right)^{1/2}. \tag{4.3}$$

(2) 集合 $L_\rho(a,b)$ 为定义在 (a,b) 上带权 ρ 平方可积实值函数的集合. $L_\rho(a,b)$ 上的内积和诱导范数的定义同式 (4.2), (4.3). 而且容易验证 $C[a,b]$ 是 $L_\rho(a,b)$ 的一个子集合.

4.2.2 正交多项式的概念及性质

设 $\mathcal{P}_n$ 为次数不超过 n 次的多项式的集合. 在 $\mathcal{P}_n$ 上定义内积

$$\langle p_n, p_m \rangle = \int_a^b \rho(x) p_n(x) p_m(x) \mathrm{d}x, \quad \forall p_n, p_m \in \mathcal{P}_n, \tag{4.4}$$

其中 ρ 为定义在 (a,b) 上的权函数. 相应的诱导范数为

$$\|p_n\|_2^2 = \int_a^b \rho(x) p_n^2(x) \mathrm{d}x, \quad \forall p_n \in \mathcal{P}_n. \tag{4.5}$$

定义 4.2.5(正交多项式系) 设 ρ 为定义在 (a,b) 上的权函数, 如果多项式序列 $\{p_j\}, j=0,1,\cdots$ 满足以下条件:

(i) p_j 的次数为 j;

(ii)

$$\langle p_k, p_j \rangle = \int_a^b \rho(x) p_k(x) p_j(x) \mathrm{d}x = \begin{cases} 0, & k \neq j, \\ \neq 0, & k = j. \end{cases} \tag{4.6}$$

则称 $\{p_j\}, j=0,1,\cdots$ 为正交多项式序列.

若正交多项的首项系数为 1, 则称为首一正交多项式. 首一正交多项式可以通过以下两种方式生成.

Gram-Schmidt 正交化 设 $p_0(x)=1$, 假设 $p_j, j=1,\cdots,n$ 已经存在且正交, 下面将生成 p_{n+1}. 令

$$q(x) = x^{n+1} - \sum_{i=0}^{n} a_i p_i(x),$$

其中

$$a_j = \frac{\langle x^{n+1}, p_j \rangle}{\langle p_j, p_j \rangle}, \quad j=0,\cdots,n.$$

q 为 $n+1$ 次首一多项式, 且容易验证以下结果

$$\begin{aligned} \langle q, p_j \rangle &= \langle x^{n+1}, p_j \rangle - \sum_{i=0}^{n} a_i \langle p_i, p_j \rangle \\ &= \langle x^{n+1}, p_j \rangle - a_j \langle p_j, p_j \rangle \\ &= 0. \end{aligned}$$

即 $q(x)$ 与 $p_j(x), j=0,\cdots,n$ 正交. 故 q 就是所求多项式 p_{n+1}.

首一正交多项式的三项递推公式

$$\begin{cases} p_0(x) = 1, \\ p_1(x) = (x-\alpha_0)p_0(x) = x - \alpha_0, \\ p_{n+1}(x) = (x-\alpha_n)p_n(x) - \beta_{n-1}p_{n-1}(x), \end{cases} \tag{4.7}$$

其中

$$\alpha_n = \frac{\langle xp_n, p_n \rangle}{\langle p_n, p_n \rangle},$$

$$\beta_{n-1} = \frac{\langle p_n, p_n \rangle}{\langle p_{n-1}, p_{n-1} \rangle}.$$

证明 用数学归纳法证明. 首先容易验证 $p_0(x)$ 与 $p_1(x)$ 正交. 现在假设当 $n = k$ 时 (4.7) 式成立, 下面将证明当 $n = k + 1$ 时 (4.7) 式也成立. 设 $j \leqslant k + 1$, 则有

$$\begin{aligned}\langle p_j, p_{k+1} \rangle &= \langle p_j, (x - \alpha_k)p_k - \beta_{k-1}p_{k-1} \rangle \\ &= \langle x\, p_j, p_k \rangle - \alpha_k \langle p_j, p_k \rangle - \beta_{k-1} \langle p_j, p_{k-1} \rangle .\end{aligned}$$

当 $j < k - 1$ 时由正交性容易验证 $\langle p_j, p_{k+1} \rangle = 0$.

当 $j = k - 1$ 时有

$$\begin{aligned}\langle p_{k-1}, p_{k+1} \rangle &= \langle x\, p_{k-1}, p_k \rangle - \alpha_k \langle p_{k-1}, p_k \rangle - \beta_{k-1} \langle p_{k-1}, p_{k-1} \rangle \\ &= \langle p_k, p_k \rangle - \beta_{k-1} \langle p_{k-1}, p_{k-1} \rangle \\ &= 0.\end{aligned}$$

当 $j = k$ 时有

$$\begin{aligned}\langle p_k, p_{k+1} \rangle &= \langle x\, p_k, p_k \rangle - \alpha_k \langle p_k, p_k \rangle - \beta_{k-1} \langle p_k, p_{k-1} \rangle \\ &= \langle x\, p_k, p_k \rangle - \alpha_k \langle p_k, p_k \rangle \\ &= 0.\end{aligned}$$

当 $j = k + 1$ 时有

$$\langle p_{k+1}, p_{k+1} \rangle > 0.$$

即得证正交性. □

命题 4.2.1 由上面两种方式成生的正交多项式 $p_n(x)$, $n \geqslant 1$ 在定义域 $[a, b]$ 内有 n 个不同实零点.

证明 首先假设 $p_n(x)$ 在区间 $[a, b]$ 上保号, 因此有

$$\int_a^b \rho(x)p_n(x)\mathrm{d}x \neq 0.$$

而由正交性有

$$\langle p_0, p_n \rangle = \int_a^b \rho(x)p_n(x)\mathrm{d}x = 0.$$

故假设 $p_n(x)$ 在区间 $[a,b]$ 上保号不成立, 即 $p_n(x)$ 至少有一个零点, 记为 x_1.

假设 x_1 是重根, 则 $p_n(x)/(x-x_1)^2$ 是 $n-2$ 次多项式. 由正交性知

$$\left\langle p_n, \frac{p_n}{(x-x_1)^2} \right\rangle = 0.$$

另一方面由于被积函数 $\dfrac{p_n^2}{(x-x_1)^2} \geqslant 0$, 所以有

$$\left\langle p_n, \frac{p_n}{(x-x_1)^2} \right\rangle = \int_a^b \rho(x) \frac{p_n^2(x)}{(x-x_1)^2} \mathrm{d}x > 0.$$

故假设 x_1 是重根不成立, 即 x_1 是单根.

最后假设 $p_n(x)$ 只有 $x_1, \cdots, x_j \, (j<n)$ 个单根, 即

$$p_n(x) = q(x) \prod_{i=1}^{j} (x - x_i),$$

其中 $q(x)$ 在 $[a,b]$ 上保号. 由正交性有

$$\left\langle p_n, \prod_{i=1}^{j}(x-x_i) \right\rangle = \int_a^b \rho(x) p_n(x) \prod_{i=1}^{j}(x-x_i) \mathrm{d}x = 0.$$

另一方面

$$\int_a^b \rho(x) p_n(x) \prod_{i=1}^{j}(x-x_i) \mathrm{d}x = \int_a^b \rho(x) q(x) \prod_{i=1}^{j}(x-x_i)^2 \mathrm{d}x \neq 0.$$

因此假设不成立, 故 $j=n$. □

定理 4.2.2 (Christoffel-Darboux 恒等式) 设 $p_i, i=0,1,\cdots$ 是定义在区间 $[a,b]$ 上带权函数 ρ 的一组正交多项式系, 则对于任意实数 x, y 有

$$\sum_{i=0}^{n} \frac{p_i(x) p_i(y)}{\gamma_i} = \frac{A_n}{A_{n+1}\gamma_n} \cdot \frac{p_{n+1}(x)p_n(y) - p_n(x)p_{n+1}(y)}{x-y}, \tag{4.8}$$

其中 A_n 是多项式 p_n 的首项系数, $\gamma_i = \langle p_i, p_i \rangle, i=0,\cdots,n$.

证明 在 (4.7) 式所定义的首一三项递推公式中, 把所有的正交多项式都乘以对应的首项系数, 就得到了下面的一般正交多项式的三项递推公式

$$\frac{x p_i(x)}{\gamma_i} = \frac{p_{i+1}(x)}{a_i \gamma_i} + \frac{p_{i-1}(x)}{a_{i-1}\gamma_{i-1}} - \frac{b_i p_i(x)}{a_i \gamma_i},$$

其中 $a_i = \dfrac{A_{i+1}}{A_i}$, $b_i = -a_i \dfrac{\langle x p_i, p_i \rangle}{\gamma_i}$. 再规定 $p_{-1}=0$. 将上式乘以 $p_i(y)$ 得到

$$\frac{x p_i(x) p_i(y)}{\gamma_i} = \frac{p_{i+1}(x) p_i(y)}{a_i \gamma_i} + \frac{p_{i-1}(x) p_i(y)}{a_{i-1}\gamma_{i-1}} - \frac{b_i p_i(x) p_i(y)}{a_i \gamma_i}. \tag{4.9}$$

将 (4.9) 式中的 x 和 y 交换得到的式子与原 (4.9) 式相减得到

$$(x-y)\frac{p_i(x)p_i(y)}{\gamma_i}=\frac{p_{i+1}(x)p_i(y)-p_i(x)p_{i+1}(y)}{a_i\gamma_i}-\frac{p_i(x)p_{i-1}(y)-p_{i-1}(x)p_i(y)}{a_{i-1}\gamma_{i-1}}.$$

注意到, b_i 项恰好被消除掉了. 再把上式按 $i=0,\cdots,n$ 累加起来就得到了 Christoffel-Darboux 恒等式. □

最后将介绍几种常见的正交多项式系.

4.2.3 Legendre 正交多项式系

Legendre 正交多项式的定义域为 $[-1,1]$, 权函数为 $\omega(x)=1$, 其表达式为

$$\mathsf{P}_n(x)=\frac{1}{2^n n!}\frac{\mathrm{d}^n}{\mathrm{d}x^n}\left\{(x^2-1)^n\right\}.$$

Legendre 正交多项式有以下性质.

(i) 首项系数为 $\dfrac{(2n)!}{2^n(n!)^2}$.

(ii) 正交性

$$\langle\mathsf{P}_n,\mathsf{P}_m\rangle=\int_{-1}^{1}\mathsf{P}_n(x)\mathsf{P}_m(x)\mathrm{d}x=\begin{cases}0, & m\neq n,\\ \dfrac{2}{2n+1}, & m=n.\end{cases}$$

(iii) 三项递推公式:

$$\begin{cases}\mathsf{P}_0(x)=1,\\ \mathsf{P}_1(x)=x,\\ (n+1)\mathsf{P}_{n+1}(x)=(2n+1)x\mathsf{P}_n(x)-n\mathsf{P}_{n-1}(x).\end{cases}$$

(iv) 奇偶性

$$\mathsf{P}_n(-x)=(-1)^n\mathsf{P}_n(x).$$

(v) 特征方程为

$$\frac{\mathrm{d}}{\mathrm{d}x}\left((1-x^2)y'\right)+\lambda y=0,\quad \lambda=n(n+1).$$

(vi) 边界值

$$\begin{aligned}\mathsf{P}_n(1)&=1,\\ \mathsf{P}_n'(1)&=\frac{n(n+1)}{2}.\end{aligned}\tag{4.10}$$

Legendre 正交多项式的前几项如下所示 (图 4.1).

$$
\begin{aligned}
\mathsf{P}_0(x) &= 1,\\
\mathsf{P}_1(x) &= x,\\
\mathsf{P}_2(x) &= \frac{1}{2}(3x^2-1),\\
\mathsf{P}_3(x) &= \frac{1}{2}(5x^3-3x),\\
\mathsf{P}_4(x) &= \frac{1}{8}(35x^4-30x^2+3),\\
\mathsf{P}_5(x) &= \frac{1}{8}(63x^5-70x^3+15x).
\end{aligned}
$$

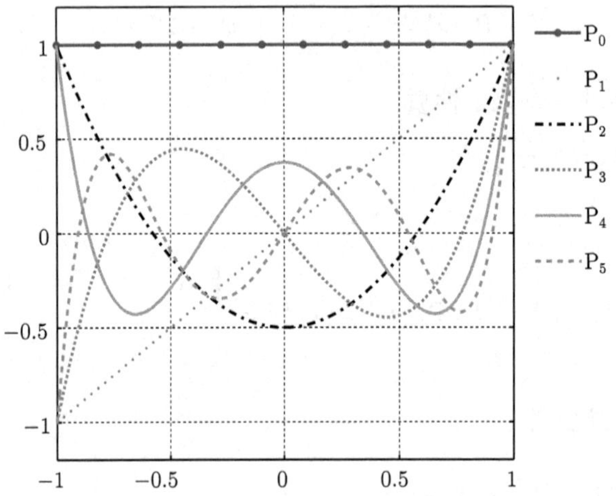

图 4.1　Legendre 正交多项式的前几项

4.2.4　Chebyshev 正交多项式系

Chebyshev 正交多项式的定义域为 $[-1,1]$, 权函数为 $\rho(x)=\dfrac{1}{\sqrt{1-x^2}}$, 其表达式为

$$\mathsf{T}_n(x)=\cos(n\arccos(x)).$$

Chebyshev 正交多项式有以下性质.

(i) 首项系数为 2^{n-1}.

(ii) 正交性

$$\langle \mathsf{T}_n,\mathsf{T}_m\rangle=\int_{-1}^{1}\frac{\mathsf{T}_n(x)\mathsf{T}_m(x)}{\sqrt{1-x^2}}\mathrm{d}x=\begin{cases}0, & m\neq n,\\ \dfrac{\pi}{2}, & m=n\neq 0,\\ \pi, & m=n=0.\end{cases}$$

(iii) 三项递推公式：

$$
\begin{cases}
\mathsf{T}_0(x) = 1, \\
\mathsf{T}_1(x) = x, \\
\mathsf{T}_{n+1}(x) = 2x\mathsf{T}_n(x) - \mathsf{T}_{n-1}(x).
\end{cases}
\tag{4.11}
$$

(iv) 奇偶性：

当 n 时偶数时, $\mathsf{T}_n(x)$ 是偶函数; 当 n 时奇数时, $\mathsf{T}_n(x)$ 是奇函数.

(v) $\mathsf{T}_n(x)$ 在区间 $[-1,1]$ 内的 n 个不同实零点为

$$x_k = \cos\left(\frac{2k-1}{2n}\pi\right), \quad k = 1, \cdots, n.$$

(vi) 特征方程为

$$(1-x^2)y'' - xy' + \lambda y = 0, \quad \lambda = n^2.$$

(vii) 最大值最小值：

$\mathsf{T}_n(x)$ 在区间 $[-1,1]$ 内的 $n+1$ 个点

$$\tilde{x}_k = \cos\left(\frac{k}{n}\pi\right), \quad k = 0, \cdots, n$$

处轮流取得最大值 1 和最小值 -1.

(viii) 在 $[-1,1]$ 上所有首项系数为 1 的 n 次多项式中, 与零函数偏差最小的多项式为

$$\tilde{\mathsf{T}}_n(x) = \frac{\mathsf{T}_n(x)}{2^{n-1}}$$

且最小偏差为 $\frac{1}{2^{n-1}}$.

证明 用反证法. 假设结论错误, 则必存在首项系数为 1, 且不等于 $\tilde{\mathsf{T}}_n(x)$ 的 n 次多项式 $Q(x)$, 使得

$$\max_{-1\leqslant x\leqslant 1} |Q(x)| \leqslant \frac{1}{2^{n-1}}.$$

记

$$q(x) = Q(x) - \tilde{\mathsf{T}}(x),$$

则 $q(x)$ 是次数不超过 $n-1$ 次的多项式. 由于 $\tilde{\mathsf{T}}(x)$ 在点 $\tilde{x}_k = \cos\left(\frac{k}{n}\pi\right), \quad k = 0, \cdots, n$ 处轮流取得最大值 $\frac{1}{2^{n-1}}$ 和最小值 $-\frac{1}{2^{n-1}}$, 所以得到 $q(x)$ 在 $\tilde{x}_k$ 处的正负号

$$
q(\tilde{x}_k) = \begin{cases}
\leqslant 0, & k\text{为偶数}, \\
\geqslant 0, & k\text{为奇数}.
\end{cases}
$$

因此 $q(x)$ 在开区间 $(-1,1)$ 内 $n+1$ 个不同点 $\tilde{x}_k = \cos\left(\frac{k}{n}\pi\right)$, $\quad k=0,\cdots,n$ 处轮流变号. 由介值定理, $q(x)$ 在 $[-1,1]$ 内至少有 n 个零点, 这与 $q(x)$ 是一个次数不超过 $n-1$ 次的多项式矛盾. 故 $Q(x)\equiv \tilde{\mathsf{T}}_n(x)$. □

(ix) 边界值

$$\mathsf{T}_n(1)=1,$$
$$\mathsf{T}_n(-1)=(-1)^n.$$

Chebyshev 正交多项式的前几项如下所示 (图 4.2).

$$\begin{aligned}
\mathsf{T}_0(x)&=1,\\
\mathsf{T}_1(x)&=x,\\
\mathsf{T}_2(x)&=2x^2-1,\\
\mathsf{T}_3(x)&=4x^3-3x,\\
\mathsf{T}_4(x)&=8x^4-8x^2+1,\\
\mathsf{T}_5(x)&=16x^5-20x^3+5x.
\end{aligned}$$

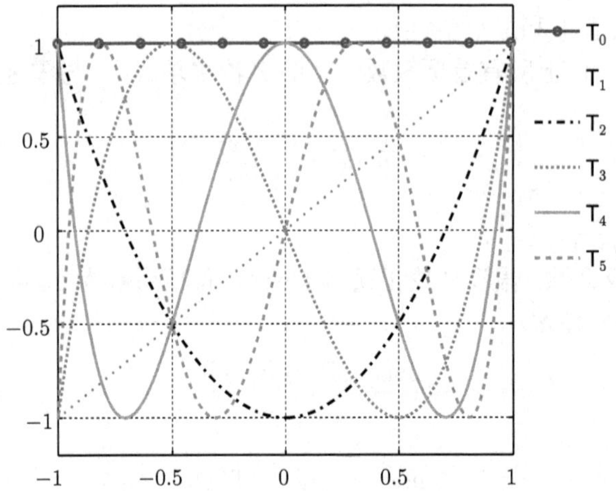

图 4.2　Chebyshev 正交多项式的前几项

注 1　上面介绍的 Legendre 正交多项式系和 Chebyshev 正交多项式系其实是 Jacobi 正交多项式系的特殊情况. Jacobi 正交多项式系的定义域为 $[-1,1]$, 权函数为 $\rho(x)=(1-x)^\alpha(1+x)^\beta$. 当 $\alpha,\beta>-1$ 时, Jacobi 正交多项式为

$$P_n^{\alpha,\beta}(x)=\frac{(-1)^n}{2^n n!}(1-x)^{-\alpha}(1+x)^{-\beta}\frac{\mathrm{d}^n}{\mathrm{d}x^n}\left\{(1-x)^\alpha(1+x)^\beta(1-x^2)^n\right\}.$$

因此当 $\alpha=\beta=0$ 时就得到了 Legendre 正交多项式, 而当 $\alpha=\beta=-\dfrac{1}{2}$ 时就得到了 Chebyshev 正交多项式.

注 2 上面介绍的 Chebyshev 正交多项式也被称为第一类 Chebyshev 多项式. 相应的还存在第二类 Chebyshev 多项式, 其表达式为

$$U_n(x)=\frac{\sin((n+1)\arccos(x))}{\sin(\arccos(x))}.$$

两类 Chebyshev 多项式可以通过一系列的递推关系式相互推导 (Abramowitz et al., 1983).

4.2.5 Laguerre 正交多项式系

Laguerre 正交多项式的定义域为 $[0,\infty]$, 权函数为 $\rho(x)=\mathrm{e}^{-x}$, 其表达式为

$$\mathsf{L}_n(x)=\frac{\mathrm{e}^x}{n!}\frac{\mathrm{d}^n}{\mathrm{d}x^n}(\mathrm{e}^{-x}x^n)=\frac{1}{n!}\left(\frac{\mathrm{d}}{\mathrm{d}x}-1\right)^n x^n.$$

Laguerre 正交多项式有以下性质.

(i) 首项系数为 $\dfrac{(-1)^n}{n!}$.

(ii) 正交性:

$$\langle\mathsf{L}_n,\mathsf{L}_m\rangle=\int_0^\infty \mathrm{e}^{-x}\mathsf{L}_n(x)\mathsf{L}_m(x)\mathrm{d}x=\begin{cases}0, & m\neq n,\\ 1, & m=n.\end{cases}$$

(iii) 三项递推公式:

$$\begin{cases}\mathsf{L}_0(x)=1,\\ \mathsf{L}_1(x)=1-x,\\ (n+1)\mathsf{L}_{n+1}(x)=(2n+1-x)\mathsf{L}_n(x)-n\mathsf{L}_{n-1}(x).\end{cases}$$

(iv) 求导数性质:

$$x\mathsf{L}'_{n+1}(x)=(n+1)(\mathsf{L}_{n+1}(x)-\mathsf{L}_n(x)).$$

(v) 特征方程为

$$xy''+(1-x)y'+\lambda y=0,\quad \lambda=n.$$

Laguerre 正交多项式的前几项如下所示 (图 4.3).

$$\mathsf{L}_0(x) = 1,$$
$$\mathsf{L}_1(x) = -x + 1,$$
$$\mathsf{L}_2(x) = \frac{1}{2}(x^2 - 4x + 1),$$
$$\mathsf{L}_3(x) = \frac{1}{6}(-x^3 + 9x^2 - 18x + 6),$$
$$\mathsf{L}_4(x) = \frac{1}{24}(x^4 - 16x^3 + 72x^2 - 96x + 24),$$
$$\mathsf{L}_5(x) = \frac{1}{120}(-x^5 + 25x^4 - 200x^3 + 600x^2 - 600x + 120).$$

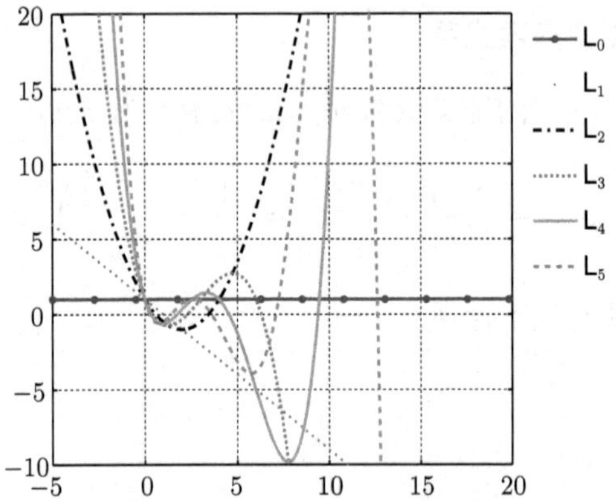

图 4.3 Laguerre 正交多项式的前几项

4.2.6 Hermite 正交多项式系

Hermite 正交多项式的定义域为 $[-\infty, \infty]$, 权函数为 $\rho(x) = \mathrm{e}^{-x^2}$, 其表达式为

$$\mathsf{H}_n(x) = (-1)^n \mathrm{e}^{x^2} \frac{\mathrm{d}^n}{\mathrm{d}x^n}\left\{\mathrm{e}^{-x^2}\right\}.$$

Hermite 正交多项式有以下性质.

(i) 首项系数为 2^n.

(ii) 正交性:

$$\langle \mathsf{H}_n, \mathsf{H}_m \rangle = \int_{-\infty}^{\infty} \mathsf{H}_n(x)\mathsf{H}_m(x)\mathrm{d}x = \begin{cases} 0, & m \neq n, \\ 2^n n!\sqrt{\pi}, & m = n. \end{cases}$$

(iii) 三项递推公式:

$$\begin{cases} \mathsf{H}_0(x) = 1, \\ \mathsf{H}_1(x) = 2x, \\ \mathsf{H}_{n+1}(x) = 2x\mathsf{H}_n(x) - 2n\mathsf{H}_{n-1}(x). \end{cases}$$

(iv) 求导数性质：

$$\mathsf{H}'_{n+1}(x) = 2(n+1)\mathsf{H}_n(x).$$

(v) 奇偶性

$$\mathsf{H}_n(-x) = (-1)^n \mathsf{H}_n(x).$$

(vi) 特征方程为

$$\frac{\mathrm{d}}{\mathrm{d}x}\left(\mathrm{e}^{-x^2} y'\right) + \mathrm{e}^{-x^2} \lambda y = 0, \quad \lambda = 2n.$$

(vii) 特殊值

$$\mathsf{H}_n(0) = \begin{cases} 0, & n\text{为奇数}, \\ (-1)^{\frac{n}{2}} 2^{\frac{n}{2}} (n-1)!!, & n\text{为偶数}. \end{cases}$$

$\mathsf{H}_n(0)$ 称为 Hermite 数.

Hermite 正交多项式的前几项如下所示 (图 4.4).

$$\begin{aligned}
\mathsf{H}_0(x) &= 1, \\
\mathsf{H}_1(x) &= 2x, \\
\mathsf{H}_2(x) &= 4x^2 - 2, \\
\mathsf{H}_3(x) &= 8x^3 - 12x, \\
\mathsf{H}_4(x) &= 16x^4 - 48x^2 + 12, \\
\mathsf{H}_5(x) &= 32x^5 - 160x^3 + 120x.
\end{aligned}$$

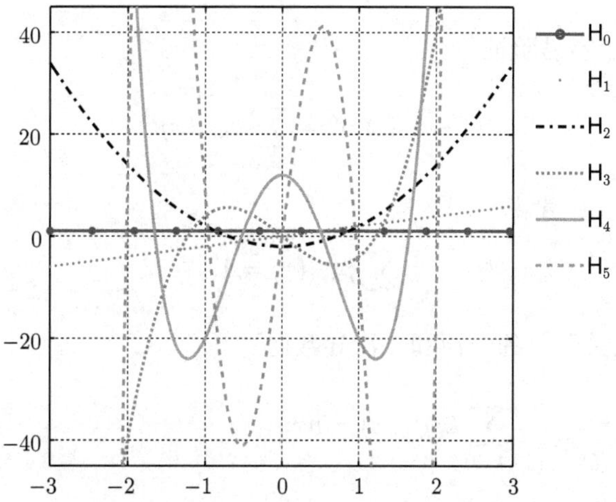

图 4.4 Hermite 正交多项式的前几项

4.3　最佳一致逼近

最佳一致逼近问题的描述如下.

对于连续函数 $f \in C[a,b]$, 若函数 $p \in \mathcal{V}$ 满足

$$\|f-p\|_\infty = \inf_{q\in\mathcal{V}} \|f-q\|_\infty.$$

则称 p 是函数 f 在函数空间 $\mathcal{V}$ 内的最佳一致逼近函数. 特别地当 $\mathcal{V}=\mathcal{P}_n$ 时, 称 p 是 f 在区间 (a,b) 上次数不超过 n 的最佳一致逼近多项式. 本节将主要介绍次数不超过 n 的最佳一致逼近多项式.

4.3.1　最佳一致逼近多项式的存在性

首先介绍著名的 Weierstress 逼近定理, 它描述的是当多项式的次数不受限制时, 则可以用多项式来逼近任意给定的精度.

定理 4.3.1(Weierstress 逼近定理)　*设 f 是有界闭区间 $[a,b]$ 上定义的连续函数, 那么对任意给定的 $\varepsilon>0$, 存在一个多项式 p, 使得*

$$\|f-p\|_\infty \leqslant \varepsilon.$$

证明　不失一般性, 假设 f 定义在 $[0,1]$ 上. 对于定义在区间 $[a,b]$ 上的函数 f, 可以通过变换 $x=a+(b-a)t,\ t\in[0,1]$ 得到.

对任意非负整数 n, 定义 Bernstein 多项式 $p_{k,n}$

$$p_{k,n}(x)=\frac{n!}{k!(n-k)!}x^k(1-x)^{n-k},\quad k=0,\cdots,n.$$

由二项式展开式, 容易验证

$$(1-x+tx)^n=\sum_{k=0}^{n} p_{k,n}(x)t^k. \tag{4.12}$$

将 $t=1$ 代入 (4.12) 式得

$$\sum_{k=0}^{n} p_{k,n}(x)=1.$$

再对 (4.12) 式求关于 t 的一次和二次导数得

$$\sum_{k=0}^{n} kp_{k,n}(x)=nx,$$

$$\sum_{k=0}^{n} k(k-1)p_{k,n}(x)=n(n-1)x^2.$$

利用上面结果有

$$\begin{aligned}\sum_{k=0}^{n}(x-k/n)^2 p_{k,n}(x) &= \sum_{k=0}^{n}\left(x^2-\frac{2x}{n}k+\frac{k^2}{n^2}-\frac{k}{n^2}+\frac{k}{n^2}\right)p_{k,n}(x)\\ &= x^2-\frac{2x}{n}nx+\frac{n(n-1)}{n^2}x^2+\frac{nx}{n^2}\\ &= \frac{x(1-x)}{n},\quad x\in[0,1].\end{aligned}$$

记 $|f|$ 在 $[0,1]$ 的上界为 M. 由 f 的连续性知, $\forall\varepsilon>0$ 存在 $\delta>0$, 当 $\forall x,y\in[0,1]$ 且 $|x-y|<\varepsilon$ 时, 则有

$$|f(x)-f(y)|<\frac{\varepsilon}{2}.$$

现在构造多项式 p_n

$$p_n(x)=\sum_{k=0}^{n} f(k/n)p_{k,n}(x).$$

则 $\forall x\in[0,1]$ 有

$$\begin{aligned}|f(x)-p_n(x)| &= \left|\sum_{k=0}^{n}(f(x)p_{k,n}(x)-f(k/n)p_{k,n}(x))\right|\\ &\leqslant \sum_{k=0}^{n}|f(x)-f(k/n)|p_{k,n}(x).\end{aligned}$$

将上面不等式的求和 $\sum$ 拆分为两部分

$$\sum_{k=0}^{n}\leqslant\sum_{|x-k/n|<\delta}+\sum_{|x-k/n|\geqslant\delta}.$$

对于右边第一项

$$\sum_{|x-k/n|<\delta}|f(x)-f(k/n)|p_{k,n}(x)\leqslant\frac{\varepsilon}{2}\sum_{|x-k/n|<\delta}p_{k,n}(x)\leqslant\frac{\varepsilon}{2}.$$

对于右边第二项

$$\begin{aligned}\sum_{|x-k/n|\geqslant\delta}|f(x)-f(k/n)|p_{k,n}(x) &\leqslant \sum_{|x-k/n|\geqslant\delta}2Mp_{k,n}(x)\\ &\leqslant \sum_{k=0}^{n}2M\frac{(x-k/n)^2}{\delta^2}p_{k,n}(x)\\ &\leqslant \frac{2M}{\delta^2}\frac{x(1-x)}{n}\\ &\leqslant \frac{M}{2n\delta^2}.\end{aligned}$$

因此要想让 $\sum_{|x-k/n|\geqslant\delta} |f(x)-f(k/n)|p_{k,n}(x) \leqslant \frac{\varepsilon}{2}$, 就只要 $\frac{M}{2n\delta^2} \leqslant \frac{\varepsilon}{2}$, 即 $n \geqslant \frac{M}{\varepsilon\delta^2}$. 令 $N_0 = \frac{M}{\varepsilon\delta^2}$, 则只要 $n \geqslant N_0$, 就有

$$|f(x) - p_n(x)| < \varepsilon, \quad \forall x \in [0,1].$$

即得证结论. □

Weierstress 逼近定理说明, 对任何区间 $[a,b]$ 上的连续函数 f, 一定可以找到一个一致逼近它的多项式. 但是一旦固定了多项式的次数, 则 Weierstress 逼近定理中的结论就不一定成立了. 例如考虑区间 $[0,\pi]$, 固定 $n=0$. 取 $f(x)=\sin(x)$, 则对任意 $q\in\mathcal{P}_0$, 都有 $\|f-q\|\geqslant\frac{1}{2}$, 即不存在 $q\in\mathcal{P}_0$ 使得 $\|f-q\|<\frac{1}{2}$. 类似的情况可以出现在 $\mathcal{P}_n$ 中.

所以这一节关注的问题是当多项式的次数 n 固定时, $\mathcal{P}_n$ 中的多项式对区间 $[a,b]$ 上连续函数的逼近程度能有多好. 即已知 $f\in C[a,b]$ 和 $n\geqslant 0$, 求 $p_n\in\mathcal{P}_n$, 使得

$$\|f-p_n\|_\infty = \inf_{q\in\mathcal{P}_n} \|f-q\|_\infty. \tag{4.13}$$

如果满足 (4.13) 式的多项式 p_n 存在, 就称它为连续函数 f 在区间 $[a,b]$ 上的最佳一致逼近多项式. 下面定理说明了最佳一致逼近多项式的存在性.

定理 4.3.2　设 $f\in C[a,b]$, 则存在多项式 $p_n\in\mathcal{P}_n$, 使得

$$\|f-p_n\|_\infty = \inf_{q\in\mathcal{P}_n} \|f-q\|_\infty.$$

证明　定义如下函数

$$E(c_0,\cdots,c_n) = \|f-q_n\|_\infty,$$

其中 $q_n(x)=\sum_{i=0}^{n} c_i x^i$.

下面的证明分为两步: ①证明 E 是一个连续函数, 因此 E 在 $\mathbb{R}^{n+1}$ 中的任意有界闭集中可达到极值; ②证明 E 在某一有界闭集 s 中达到极值, 且此极值正是 E 在 $\mathbb{R}^{n+1}$ 中达到的极值.

首先证明第一点.

$$
\begin{aligned}
|E(\lambda)-E(\mu)| &= \left| \left\| f-\sum_{i=0}^{n}\lambda_i x^i \right\|_\infty - \left\| f-\sum_{i=0}^{n}\mu_i x^i \right\|_\infty \right| \\
&\leqslant \left\| \left(f-\sum_{i=0}^{n}\lambda_i x^i \right) - \left(f-\sum_{i=0}^{n}\mu_i x^i \right) \right\|_\infty \\
&= \left\| \sum_{i=0}^{n}(\mu_i-\lambda_i)x^i \right\|_\infty \\
&\leqslant \sum_{i=0}^{n}|\mu_i-\lambda_i|\,\|x^i\|_\infty \\
&\leqslant \max_{0\leqslant i\leqslant n}|\mu_i-\lambda_i|M,
\end{aligned}
$$

其中 $M=\max_{x\in[a,b]}\sum_{i=0}^{n}\|x^i\|$. 因此只要 $\max_{0\leqslant i\leqslant n}|\mu_i-\lambda_i|<\varepsilon/M$, 就有

$$
|E(\lambda)-E(\mu)|<\varepsilon.
$$

即 E 是连续的.

再证明第二点. 设 $\mathbb{R}^{n+1}$ 的子集 S 定义为

$$
S=\{(c_0,\cdots,c_n)|E(c_0,\cdots,c_n)\leqslant\|f\|_\infty+1\}.
$$

S 是 $\mathbb{R}^{n+1}$ 中的一个有界闭集. 又由于

$$
E(0,\cdots,0)=\|f\|_\infty\leqslant\|f\|_\infty+1.
$$

故 S 不为空集. 因此 E 在 S 中存在极值点. 设 E 在 S 中的极小值为 d, 极值点为 $(c_0^*,\cdots,c_n^*)$. 由于 $(0,\cdots,0)\in S$, 所以有

$$
d=\min_{(c_0,\cdots,c_n)\in S}E(c_0,\cdots,c_n)\leqslant E(0,\cdots,0)=\|f\|_\infty.
$$

另一方面, 根据 S 的定义有

$$
E(c_0,\cdots,c_n)>\|f\|_\infty+1,\quad \forall(c_0,\cdots,c_n)\in\mathbb{R}^{n+1}\backslash S.
$$

也就是说, 如果 $(c_0,\cdots,c_n)\notin S$, 那么有

$$
E(c_0,\cdots,c_n)>d+1>d.
$$

故 E 在 S 中的极小值也是 E 在 $\mathbb{R}^{n+1}$ 中的极小值. 即 E 在 $\mathbb{R}^{n+1}$ 中的极小值点为 $(c_0^*,\cdots,c_n^*)$, 因此 $p_n^*(x)=\sum_{i=0}^{n}c_i^*x^i\in\mathcal{P}_n$ 为 f 的最佳一致逼近. □

4.3.2 最佳一致逼近多项式的特征

定理 4.3.2 说明了连续函数 f 的最佳一致逼近多项式是存在的, 但没有真正将它构造出来. 下面将给出最佳一致逼近多项式的特性. 首先通过一个例子来了解最佳一致逼近多项式的性质.

例 4.3.1 设 $f \in C[a,b]$, 且 f 是区间 $[0,1]$ 上的单调增函数, 下面求解 f 在区间 $[0,1]$ 上的零次最佳一致逼近多项式.

解 问题即求 $p_0(x) \equiv c_0$(常数), 使得

$$\|f - p_0\|_\infty = \min_{c_0 \in \mathbb{R}} \max_{x\in[0,1]} |f(x) - c_0|.$$

由于 f 是单调增函数, 所以 $f(x) - c_0$ 在 $x = 0$ 达到最小值, 在 $x = 1$ 达到最大值. 因此 $|f(x) - c_0|$ 在区间 $[0,1]$ 的某个端点达到最大值. 即

$$E(c_0) = \max_{x\in[0,1]} |f(x) - c_0| = \max\{|f(0) - c_0|, |f(1) - c_0|\}.$$

容易验证 $E(c_0)$ 的最小值为 $\frac{1}{2}(f(0) + f(1))$. f 在区间 $[0,1]$ 上的零次最佳一致逼近多项式为 $p_0(x) = \frac{1}{2}(f(0) + f(1))$.

对更一般的 $f \in C[a,b]$(不要求单调性), 则零次最佳一致逼近多项式为

$$p_0(x) = \frac{1}{2}(f(\xi) + f(\eta)), \quad x \in [a,b],$$

其中 f 分别在 $x = \xi$ 和 $x = \eta$ 达到最小值和最大值. □

例 4.3.1 说明零次最佳一致逼近多项式 p_0 使得 $f - p_0$ 在 $x = \xi$ 和 $x = \eta$ 两点处达到极值, 且有

$$f(\xi) - p_0(\xi) = -(f(\eta) - p_0(\eta)).$$

即零次最佳一致逼近多项式有两个最大偏差点, 并且异号. 对于 n 次最佳一致逼近多项式也有类似的结论. 为此首先给出一个辅助结论.

定理 4.3.3(De la Vallé Poussin 定理) 设 $f \in C[a,b]$, 且 $r \in \mathcal{P}_n$, 又设存在区间 $[a,b]$ 上的 $n+2$ 个点 $x_0 < \cdots < x_{n+1}$ 使得对所有 $i = 0, \cdots, n$ 有 $f(x_i) - r(x_i)$ 与 $f(x_{i+1}) - r(x_{i+1})$ 异号. 那么有

$$\min_{q\in\mathcal{P}_n} \|f - q\|_\infty \geqslant \min_{i\in\{0,\cdots,n+1\}} |f(x_i) - r(x_i)|.$$

证明 记

$$\mu = \min_{i\in\{0,\cdots,n+1\}} |f(x_i) - r(x_i)|.$$

显然 $\mu \geqslant 0$. 并且当 $\mu = 0$ 时, 定理结论显然成立. 所有只用讨论 $\mu > 0$ 时的情况. 下面将用反证法证明. 假设

$$\min_{q \in \mathcal{P}_n} \|f - q\|_\infty < \mu.$$

记最佳一致逼近多项式为 p_n, 则有

$$|p_n(x_i) - f(x_i)| < |r(x_i) - f(x_i)|, \quad i = 0, \cdots, n+1. \tag{4.14}$$

再由

$$r(x_i) - p_n(x_i) = [r(x_i) - f(x_i)] - [p_n(x_i) - f(x_i)], \quad i = 0, \cdots, n+1.$$

上式右边第一项的绝对值比第二项的绝对值大. 因此 $\forall i \in \{0, \cdots, n+1\}$ 有 $r(x_i) - p_n(x_i)$ 与 $r(x_i) - f(x_i)$ 具有相同的正负号. 也就是说 $r - p_n$ 的正负号会交接 $n+2$ 次. 另一方面, $r - p_n$ 是次数不超过 n 次的多项式, 所以有 $r \equiv p_n$. 这一结论与 (4.14) 式矛盾, 所以假设不成立. □

De la Vallé Poussin 定理的启示是: 如果 $\forall i \in \{0, \cdots, n+1\}$ 都有

$$|f(x_i) - r(x_i)| = \|f - r\|_\infty.$$

那么 $r \in \mathcal{P}_n$ 就是函数 f 在区间 $[a, b]$ 上的 n 次最佳一致逼近多项式.

例 4.3.2 设 r 为三次多项式, $f - r$ 的曲线 (图 4.5) 在 P_0, P_1, P_2 点 (分别对应于 x 轴上的 x_0, x_1, x_2) 达到极值. 设 $\eta_1 \in (x_0, x_1)$, $\eta_2 \in (x_1, x_2)$, 再定义多项式

$$r^*(x) = r(x) + \varepsilon v(x),$$

其中 $v(x) = (x - \eta_1)(x - \eta_2)$. 容易验证

$$\begin{aligned} v(x) &\geqslant 0, \quad \forall x \in [x_0, \eta_1], \\ v(x) &\leqslant 0, \quad \forall x \in [\eta_1, \eta_2], \\ v(x) &\geqslant 0, \quad \forall x \in [\eta_2, x_2]. \end{aligned}$$

可见只要 ε 取得足够的小, 就能使 P_0, P_1, P_2, Q, R 处的值得到如图 4.5 中箭头所示的调整. 因此有

$$\|f - r^*\|_\infty < \|f - r\|_\infty.$$

即 r^* 是比 r 更好的逼近多项式. 产生这种情况的根源是多项式 v 的存在性. 当存在三个交错偏差点时, v 是二次多项式; 当存在四个交错偏差点时, v 是三次多项式; 当存在五个交错偏差点时, v 是四次多项式. 因此当偏差点的个数多于四时, 要想让 r^* 仍旧是三次多项式, 那就只能是 $v \equiv 0$. 也就是说, 三次最佳一致逼近多项式至少应该有五个交错偏差点.

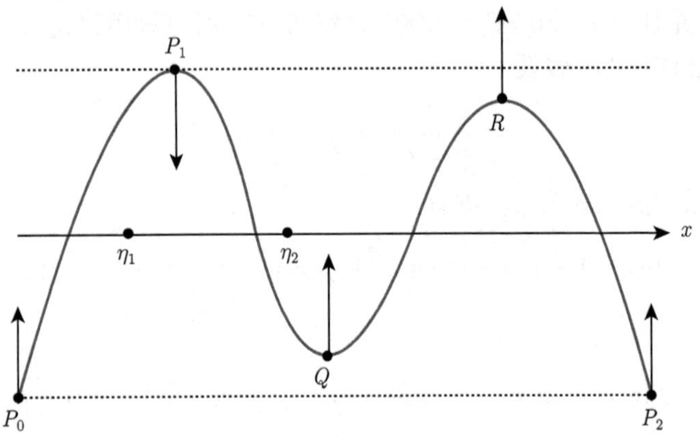

图 4.5 差函数 $f-r$

其中 r 是函数 f 的三次逼近多项式, 而 $r^*(x)=r(x)-\varepsilon(x-\eta_1)(x-\eta_2)$ 是比 r 更好的逼近多项式

定理 4.3.4 设 $f\in C[a,b]$, 且 $r\in\mathcal{P}_n$ 是 f 的最佳一致逼近多项式, 则至少存在两个不同点 x_1,x_2, 使得

$$E_n(f)=|f(x_1)-r(x_1)|=|f(x_2)-r(x_2)|,$$

且

$$f(x_1)-r(x_1)=-(f(x_2)-r(x_2)).$$

证明 由于 $f-r$ 为 $[a,b]$ 上的连续函数, 且取值在 $[-E_n(f),E_n(f)]$ 之间. 并且 $f-r$ 在区间 $[a,b]$ 上至少一个点取到极值 $-E_n(f)$ 或 $E_n(f)$. 下面将证明 $f-r$ 能在两个点上分别取值为 $-E_n(f)$ 和 $E_n(f)$. 如若不然, 则存在比 r 更好的最佳一致逼近多项式.

现在不妨设 $f-r$ 在 $[a,b]$ 内不能达到 $-E_n(f)$, 即

$$f(x)-r(x)>-E_n(f),\quad \forall x\in[a,b].$$

那么有

$$\min_{a\leqslant x\leqslant b}(f(x)-r(x))=m>-E_n(f).$$

令 $c=\dfrac{E_n(f)+m}{2}>0$, 再令 $r^*(x)=r(x)+c\in\mathcal{P}_n$, 于是有

$$f(x)-r^*(x)=f(x)-r(x)-c.$$

取 $f-r^*$ 的极值有

$$-(E_n(f)-c)=m-c\leqslant f(x)-r^*(x)\leqslant E_n(f)-c.$$

因此 r^* 是比 r 更好的一致逼近多项式, 这与 r 是最佳一致逼近多项式矛盾. 故存在 $x_1 \in [a,b]$ 使得 $f(x_1) - r(x_1) = -E_n(f)$. 类似地, 可以证明存在 $x_2 \in [a,b]$ 使得 $f(x_2) - r(x_2) = E_n(f)$. □

定理 4.3.5(Chebyshev 定理) 设 $f \in C[a,b]$, $r \in \mathcal{P}_n$ 是函数 f 在区间 $[a,b]$ 上的最佳一致逼近多项式的充要条件是至少存在 $n+2$ 个点的序列

$$a \leqslant x_0 < \cdots < x_{n+1} \leqslant b,$$

使得 $f - r$ 在这组点列上达到最大偏差, 即

$$|f(x_i) - r(x_i)| = \|f - r\|_\infty, \quad i = 0, \cdots, n+1.$$

并且 $f - r$ 在这组点列上交错变换正负号, 即

$$f(x_i) - r(x_i) = -[f(x_{i+1}) - r(x_{i+1})], \quad i = 0, \cdots, n.$$

证明 如果 $f \in \mathcal{P}_n$, 那么定理的结论显然是成立的. 所以下面只讨论 $f \notin \mathcal{P}_n$ 的情况

充分性 充分性的证明可以很容易地由 De la Vallé Poussin 定理得到. 记 $L = \|f - r\|_\infty$, $E_n(f) = \min_{q \in \mathcal{P}_n} \|f - q\|_\infty$. 由充分性条件及 De la Vallé Poussin 定理有

$$E_n(f) \geqslant L.$$

另一方面, 由 $E_n(f)$ 的定义知

$$E_n(f) \leqslant L.$$

故有 $E_n(f) = L$. 所以 r 就是 f 的最佳一致逼近多项式.

必要性 设 $r \in \mathcal{P}_n$ 是 f 的最佳一致逼近多项式. 由于 $f - r$ 是 $[a,b]$ 上的连续函数, 则 $f - r$ 可以在 $[a,b]$ 上达到最大值, 记为 $L > 0$. 下面证明 $f - r$ 在 $n+2$ 个点上交错达到极值.

由定理 4.3.4 可知, 交错点列中至少包含两个点 x_0, x_1. 不失一般性, 不妨假设 $f(x_0) - r(x_0) = E_n(f) > 0$. 对于 $f(x_0) - r(x_0) = -E_n(f)$ 的情况可类似证明.

现在定义交错点组

$$x_i = \inf\{x \in (x_{i-1}, b] | f(x) - r(x) = (-1)^i L\}, \quad i = 1, \cdots, m, \tag{4.15}$$

其中 x_m 要么等于 b; 要么 $x_m < b$ 使得

$$|f(x) - r(x)| < L, \quad \forall x \in (x_m, b]. \tag{4.16}$$

不论以上哪种情况, 只要 $m \geqslant n+1$, 那么必要性就成立.

反证法 假设 $1 \leqslant m \leqslant n$. 令 $\eta_0 = a$, 又根据 $x_i, i=1,\cdots,m$ 的定义, 则存在 $\eta_i, i=1,\cdots,m$ 满足

$$\eta_i \in (x_{i-1}, x_i),\ 且 |f(x)-r(x)| < L, \quad \forall x \in [\eta_i, x_i), i=1,\cdots,m.$$

最后令 $\eta_{m+1} = b$. 从 $\eta_i, i=0,\cdots,m+1$ 的定义不难验证以下性质.

(i) $|f(x)-r(x)| \leqslant L, \forall x \in [\eta_i, \eta_{i+1}], i=0,\cdots,m$.

(ii) 存在 $x \in [\eta_i, \eta_{i+1}]$, 使得 $f(x)-r(x) = (-1)^i L, i=0,\cdots,m$. 实际上这个 $x = x_i$.

(iii) 不存在 $x \in [\eta_i, \eta_{i+1}]$ 使得 $f(x)-r(x) = (-1)^{i+1} L, i=0,\cdots,m$. 即 $[\eta_i, \eta_{i+1}]$ 中不存在一对交错点.

(iv) $|f(\eta_i)-r(\eta_i)| < L, \forall i=1,\cdots,m$.

现在令

$$v(x) = \prod_{i=1}^{m} (\eta_i - x),$$

并定义

$$r^*(x) = r(x) + \varepsilon v(x),$$

其中 $\varepsilon > 0$ 是一个待定的实数. 根据假设 $1 \leqslant m \leqslant n$, 所以 $r^* \in \mathcal{P}_n$. 下面将证明在任何区间 $[\eta_i, \eta_{i+1}], i=0,\cdots,m$ 上, 只要选取适当的 $\varepsilon > 0$, 就能有

$$|f(x)-r^*(x)| < L = \|f-r\|_\infty, \quad \forall x \in [\eta_i, \eta_{i+1}],\ i=0,\cdots,m.$$

而这一结论与 r 是最佳一致逼近多项式是矛盾的, 进而说明假设是错误的.

下面不妨以区间 $[\eta_0, \eta_1]$ 为例说明. $\forall x \in [\eta_0, \eta_1)$, 可以验证 $v(x) > 0$, 从而根据性质 (i) 有

$$f(x) - r^*(x) = f(f) - r(x) - \varepsilon v(x) \leqslant L - \varepsilon v(x) < L, \quad \forall x \in [\eta_0, \eta_1).$$

另一方面, 由于 $v(\eta_1) = 0$, 根据性质 (iv) 有

$$f(\eta_1) - r^*(\eta_1) = f(\eta_1) - r(\eta_1) < L.$$

从而得到了 $f - r^*$ 的上界为

$$f(x) - r^*(x) < L, \quad \forall x \in [\eta_0, \eta_1].$$

接着将给出 $f - r^*$ 在区间 $[\eta_0, \eta_1]$ 上的下界. 由性质 (i) 和 (iii) 知

$$f(x) - r(x) > -L, \quad \forall x \in [\eta_0, \eta_1].$$

由于 $f-r$ 是 η_0,η_1 上的连续函数, 故存在 $\delta_1\in(0,L)$ 使得

$$f(x)-r(x)\geqslant -L+\delta_1,\quad \forall x\in[\eta_0,\eta_1].$$

记 $\varepsilon_1=\delta_1/\max_{x\in[\eta_0,\eta_1]}|v(x)|$, 则 $\forall\varepsilon\in(0,\min\{L,\delta_1,\varepsilon_1\})$ 有

$$f(x)-r^*(x)\geqslant -L+\delta_1-\varepsilon v(x)>-L,\quad \forall x\in[\eta_0,\eta_1).$$

同理由性质 (iv) 有

$$f(\eta_1)-r^*(\eta_1)=f(\eta_1)-r(\eta_1)>-L.$$

因此 $f-r^*$ 在 $[\eta_0,\eta_1]$ 上有下界, 且只要满足 $0<\varepsilon<\min\{L,\delta_1,\varepsilon_1\}$ 就有

$$f(x)-r^*(x)>-L,\quad \forall x\in[\eta_0,\eta_1].$$

综上所述有

$$|f(x)-r^*(x)|<L=\|f-r\|_\infty,\quad \forall x\in[\eta_0,\eta_1].$$

类似地, 可以证明在每个小区间 $[\eta_i,\eta_{i+1}], i=1,\cdots,m$ 内, $\forall\varepsilon\in(0,\min\{L,\delta_{i+1},\varepsilon_{i+1}\})$, 其中 δ_{i+1} 和 ε_{i+1} 的定义方式与上文中 δ_1 和 ε_1 的定义方式类似, 有

$$|f(x)-r^*(x)|<L=\|f-r\|_\infty,\forall x\in[\eta_i,\eta_{i+1}],\quad i=0,\cdots,m.$$

因此只要 $0<\varepsilon<\min\{L,\delta_1,\varepsilon_1,\cdots,\delta_{m+1},\varepsilon_{m+1}\}$ 就有

$$\|f-r^*\|_\infty<L=\|f-r\|_\infty,\quad \forall x\in[a,b].$$

也就是说 r^* 是比 r 更好的一致逼近多项式. 这与 r 是最佳一致逼近多项式矛盾, 所以假设是错误的, 故 $m\geqslant n+1$. □

应用 Chebyshev 定理可以证明最佳一致逼近多项式的唯一性.

定理 4.3.6 设 $[a,b]$ 是一个有界闭集, 对任意 $f\in C[a,b]$, 存在唯一的最佳一致逼近多项式 $p_n\in\mathcal{P}_n$.

证明 假设存在另一个 f 的最佳一致逼近多项式 $q_n\in\mathcal{P}_n$, 并且 $p_n\neq q_n$. 那么有

$$\|f-p_n\|_\infty=\|f-q_n\|_\infty=E_n(f),$$

其中 $E_n(f)=\min_{q\in\mathcal{P}_n}\|f-q\|_\infty$. 由范数的三角不等式性推出

$$\begin{aligned}\left\|f-\frac{1}{2}(p_n+q_n)\right\|_\infty&=\left\|\frac{1}{2}(f-p_n)+\frac{1}{2}(f-q_n)\right\|_\infty\\&\leqslant\frac{1}{2}\|f-p_n\|_\infty+\frac{1}{2}\|f-q_n\|_\infty\\&=E_n(f).\end{aligned}$$

即 $\frac{1}{2}(p_n+q_n)$ 也是函数 f 的最佳一致逼近多项式. 根据 Chebyshev 定理知, 存在由 $n+2$ 个点组成的交错点组 $\{x_i\}, i=0,\cdots,n+1$, 使得

$$\left|f(x_i)-\frac{1}{2}\big(p_n(x_i)+q_n(x_i)\big)\right|=E_n(f),\quad i=0,\cdots,n+1.$$

上式等价于

$$\big|\big(f(x_i)-p_n(x_i)\big)+\big(f(x_i)-q_n(x_i)\big)\big|=2E_n(f),\quad i=0,\cdots,n+1.$$

另一方面, 由于 p_n 和 q_n 都是最佳一致逼近多项式, 所以有

$$|f(x_i)-p_n(x_i)|\leqslant\max_{x\in[a,b]}|f(x)-p_n(x)|=\|f-p_n\|_\infty=E_n(f),\quad i=0,\cdots,n+1.$$

同理有

$$|f(x_i)-q_n(x_i)|\leqslant E_n(f),\quad i=0,\cdots,n+1.$$

因此有

$$f(x_i)-p_n(x_i)=f(x_i)-q_n(x_i),\quad i=0,\cdots,n+1.$$

故 p_n-q_n 有 $n+2$ 个零点. 而 p_n-q_n 是次数不超过 n 次的多项式, 所以有 $p_n\equiv q_n$, 故假设不成立. □

下一个定理给出了 Chebyshev 定理的另一个应用.

定理 4.3.7　*设函数 f 在 $[a,b]$ 上存在 $n+1$ 阶导数, 且 $f^{(n+1)}$ 在 $[a,b]$ 上保号. 若 $p_n\in\mathcal{P}_n$ 是 f 的最佳一致逼近多项式, 则区间 $[a,b]$ 的两个端点属于 $f-p_n$ 的交错点组.*

证明　反证法. 设 a 或 b 不属于 $f-p_n$ 的交错点组, 则 $f-p_n$ 至少有 $n+1$ 个交错点在开区间 (a,b) 的内部. 因此误差函数 $e(x)=f(x)-p_n(x)$ 在开区间 (a,b) 内至少有 $n+1$ 个不同的驻点 $x_i, i=1,\cdots,n+1$, 即

$$e'(x_i)=0,\quad i=1,\cdots,n+1,$$

其中 $a<x_1<\cdots<x_{n+1}<b$. 对 e' 应用 Rolle 定理, 则存在 $\xi\in(a,b)$ 使得

$$0=\mathrm{e}^{(n+1)}(\xi)=f^{(n+1)}(\xi)-p_n^{(n+1)}(\xi)=f^{(n+1)}(\xi).$$

这与 $f^{(n+1)}$ 在 $[a,b]$ 上保号矛盾, 故假设是错误的. □

下面讨论 $n=1$ 时的情况.

例 4.3.3　*设 $f\in C^2[a,b]$, 且 f'' 在 $[a,b]$ 内保号, 求 f 的线性最佳一致逼近多项式 $p_1(x)=a_0+a_1x$.*

解 根据定理 4.3.7 知道 a 和 b 在交错点组中. 又根据 Chebyshev 定理知开区间 (a,b) 中存在一个交错点, 记为 x_1. 令 $f'(x)-p_1'(x)=f'(x)-a_1=0$. 又因为 f'' 在 $[a,b]$ 保号, 故 f' 在 $[a,b]$ 内单调. 故 $f'(x)-a_1=0$ 在 $[a,b]$ 内只有一个根 x_1. 则 f 在 a,x_1,b 点满足以下条件

$$\begin{aligned}f(a)-p_1(a)&=\sigma\|f-p_1\|_\infty,\\ f(x_1)-p_1(x_1)&=-\sigma\|f-p_1\|_\infty,\\ f(b)-p_1(b)&=\sigma\|f-p_1\|_\infty,\end{aligned}$$

其中 $\sigma=1$ 或 -1. 由此可以得到

$$f(a)-p_1(a)=-(f(x_1)-p_1(x_1))=f(b)-p_1(b).$$

即

$$\begin{cases}f(a)-a_0-a_1a=f(b)-a_0-a_1b,\\ f(a)-a_0-a_1a=-[f(x_1)-a_0-a_1x_1].\end{cases}$$

求解方程组得到

$$\begin{cases}a_0=\dfrac{1}{2}(f(a)+f(x_1))-\dfrac{a+x_1}{2}\cdot\dfrac{f(b)-f(a)}{b-a},\\ a_1=\dfrac{f(b)-f(a)}{b-a},\end{cases}$$

其中 x_1 为 $f'(x_1)=a_1$ 的解. □

注 Chebyshev 定理并没有说明 $f-p_n$ 的 $n+2$ 个交替点组的唯一性, 也没有说明 $f-p_n$ 不能有多于 $n+2$ 个交错点. 例如, $p_0(x)=0\in\mathcal{P}_0$ 是函数 $f(x)=\sin(4x)$ 在 $[-\pi,\pi]$ 上的零次最佳一致逼近多项式, $f-p_0$ 在 $[-\pi,\pi]$ 上有 8 个交错点. 同理 $p_i(x)=0\in\mathcal{P}_i, i=1,\cdots,6$ 是 f 的最佳一致逼近多项式, 而 $p_7(x)=0$ 不是 f 的最佳一致逼近多项式.

4.3.3 最佳一致逼近多项式的收敛速度

这一节将讨论最佳一致逼近多项式的收敛速度, 这一结果最早是由 Dunham Jackson 发现的. 实际上 D. Jackson 发现三角多项式去逼近函数时, 逼近效率取决于函数本身的性质, 例如函数的连续模数、光滑性等等. 更通俗地说, 函数越光滑, 多项式对它的逼近效率就越高.

首先考查 n 阶 Fourier 级数 $s_n(f)$ 对函数 f 的逼近效率.

定理 4.3.8 设 f 是以 2π 为周期的连续函数, 则存在常数 M 使得

$$\|f-s_n(f)\|\leqslant ME_n(f)\ln(n),\quad n>1.$$

定理 4.3.8 证明请参照 (Lorentz, 1997) 的第四章定理 1. 从这个定理可见 $s_n(f)$ 的逼近效率远不如最佳一致逼近多项式的效率高.

接下来将建立最佳一致逼近多项式的收敛速度与函数连续模数之间的联系.

定义 4.3.1(函数连续模数)　设函数 f 定义在 $[a,b]$ 上, 对 $\delta>0$, 记函数连续模数为 $\omega(f,[a,b],\delta)$, 其定义为

$$\omega(f,[a,b],\delta)=\max_{\substack{x,t\\|t|\leqslant\delta}}|f(x)-f(x+t)|,$$

及

$$\omega_2(f,[a,b],\delta)=\max_{\substack{x,t\\|t|\leqslant\delta}}|2f(x)-f(x-t)-f(x+t)|.$$

在不产生误解的情况下简记为 $\omega(f,\delta)$ 和 $\omega_2(f,\delta)$.

由定义可以验证函数连续模数有以下性质.

(i)

$$\omega_2(f,\delta)\leqslant 2\omega(f,\delta). \tag{4.17}$$

(ii)

$$\omega_2(f,\lambda\delta)\leqslant(1+\lambda)^2\omega_2(f,\delta). \tag{4.18}$$

记 $\mathcal{T}_{n-1}$ 为如下三角多项式的集合

$$\mathcal{T}_{n-1}=\left\{\phi(x)=a_0+\sum_{i=0}^{n-1}(a_i\cos(ix)+b_i\sin(ix))\right\}.$$

定理 4.3.9(Jackson)　设 f 是以 2π 为周期的连续函数, 则存在常数 M 使得

$$\inf_{\phi\in\mathcal{T}_{n-1}}\|f-\phi\|_\infty\leqslant M\omega\left(f,\frac{1}{n}\right),\quad n=1,2,\cdots.$$

证明　首先建立如下核函数

$$k_n(x)=\left[\frac{\sin\left(\frac{1}{2}mx\right)}{\frac{1}{2}m\sin\left(\frac{1}{2}x\right)}\right]^4,$$

其中如果 n 是偶数, 则 $m=\dfrac{1}{2}n$; 如果 n 是奇数, 则 $m=\dfrac{1}{2}(n+1)$. 令

$$h_n=\left[\int_{-\pi}^{\pi}k_n(x)\mathrm{d}x\right]^{-1},$$

以及

$$\phi_n(x) = h_n \int_{-\pi}^{\pi} k_n(x-t) f(t) \mathrm{d}t.$$

可以验证

$$\phi_n \in \mathcal{T}_{n-1}. \tag{4.19}$$

因此有

$$\begin{aligned}
\|f-\phi_n\|_\infty &= \sup_{x\in[a,b]} \left| f(x) - h_n \int_{-\pi}^{\pi} k_n(x-t) f(t) \mathrm{d}t \right| \\
&= \sup_{x\in[a,b]} \left| h_n \int_{-\pi}^{\pi} k_n(x-t)(f(x)-f(t)) \mathrm{d}t \right| \\
&= \sup_{x\in[a,b]} \left| h_n \int_{-\pi}^{\pi} k_n(y)(f(x)-f(x-y)) \mathrm{d}y \right| \\
&= \sup_{x\in[a,b]} \left| h_n \int_{0}^{\pi} k_n(y)(2f(x)-f(x-y)-f(x+y)) \mathrm{d}y \right|.
\end{aligned}$$

又因为

$$2f(x)-f(x-y)-f(x+y) \leqslant \omega_2(f,y) = \omega_2\left(f, ny\cdot\frac{1}{n}\right) \leqslant (1+ny)^2 \omega_2\left(f,\frac{1}{n}\right).$$

所以有

$$\|f-\phi_n\|_\infty \leqslant \omega_2\left(f,\frac{1}{n}\right) \left| h_n \int_0^{\pi} k_n(y)(1+ny)^2 \mathrm{d}y \right|.$$

一方面

$$\begin{aligned}
\int_0^{\pi} k_n(y)\mathrm{d}y &= \int_0^{\pi} \left[\frac{\sin\left(\frac{1}{2}my\right)}{\frac{1}{2}m\sin\left(\frac{1}{2}y\right)} \right]^4 \mathrm{d}y \\
&> \int_0^{\pi} \left[\frac{\sin\left(\frac{1}{2}my\right)}{\frac{1}{2}m\cdot\frac{1}{2}y} \right]^4 \mathrm{d}y \\
&= \frac{2}{m} \int_0^{\frac{1}{2}m\pi} \left[\frac{\sin(u)}{\frac{1}{2}u} \right]^4 \mathrm{d}u \\
&= \frac{32}{m} \int_0^{\frac{1}{2}m\pi} \left[\frac{\sin(u)}{u} \right]^4 \mathrm{d}u
\end{aligned}$$

$$\geqslant \frac{32}{m}\int_0^{\frac{1}{2}\pi}\left[\frac{\sin(u)}{u}\right]^4\mathrm{d}u$$
$$\geqslant \frac{c_1}{m}.$$

另一方面

$$\begin{aligned}\int_0^{\pi} k_n(y)y^k\mathrm{d}y &\leqslant \left(\frac{\pi}{2}\right)^4\int_0^{\pi}\left[\frac{\sin\left(\dfrac{1}{2}my\right)}{\dfrac{1}{2}m\cdot\dfrac{1}{2}y}y^k\right]^4\mathrm{d}y\\ &\leqslant \left(\frac{\pi}{2}\right)^4\frac{2}{m}\int_0^{\frac{1}{2}m\pi}\left[\frac{\sin(u)}{\dfrac{1}{2}u}\left(\frac{2u}{m}\right)^k\right]^4\mathrm{d}u\\ &= \pi^4\frac{2^{k+1}}{m^{k+1}}\int_0^{\frac{1}{2}m\pi}\left[\frac{\sin(u)}{u}u^k\right]^4\mathrm{d}u\\ &< \pi^4\frac{2^{k+1}}{m^{k+1}}\int_0^{\infty}\sin^4(u)u^{k-4}\mathrm{d}u\\ &\leqslant c_2\pi^4\frac{2^{k+1}}{m^{k+1}}, \forall k<3.\end{aligned}$$

最终有

$$\begin{aligned}\|f-\phi_n\|_\infty &\leqslant \omega_2\left(f,\frac{1}{n}\right)\left|h_n\int_0^{\pi}k_n(y)(1+2ny+n^2y^2)\mathrm{d}y\right|\\ &\leqslant \omega_2\left(f,\frac{1}{n}\right)\frac{m}{c_1}\cdot\left(\frac{c_1}{m}+2n\frac{c_2}{m^2}+n^2\frac{c_3}{m^3}\right)\\ &\leqslant c\omega_2\left(f,\frac{1}{n}\right)\\ &\leqslant 2c\omega\left(f,\frac{1}{n}\right).\end{aligned}$$ □

当函数 f 还具有可导性时, Jackson 定理可以被推广为以下结论.

定理 4.3.10　设 f 是以 2π 为周期的连续函数, 并且存在连续导数 $f^{(k)}, k=1,2,\cdots$, 则存在常数 M 使得

$$E_n(f)\leqslant \frac{M_k}{n^k}\omega\left(f^{(k)},\frac{1}{n}\right),\quad n=1,2,\cdots.$$

这个定理说明, 函数 f 越光滑, 则多项式逼近的效率越高.

Jackson 定理也可以被推广到一般非周期函数的情况. 设 $f\in C[-1,1]$, 则 $g(\theta)=f(\cos(\theta))$ 是 $[0,\pi]$ 上的连续函数. 再在 $[-\pi,0]$ 上定义 $g(\theta)=g(-\theta)$. 因此

$g(\theta)$ 在 $[-\pi,\pi]$ 上为偶函数. 设 $g(\theta)$ 的阶数不超过 n 的最佳一致逼近三解多项式为 q_n^*,

$$q_n^*(\theta)=\frac{a_0}{2}+a_1\cos(\theta)+\cdots+a_n\cos(n\theta).$$

由于 $\cos(k\theta)$ 是关于 $\cos(\theta)$ 的 k 次多项式, 因此有

$$q_n^*(\theta)=\sum_{i=0}^{n}d_i\cos^i(\theta).$$

再将 $\cos(\theta)$ 用 x 替换就有

$$p_n^*(x)=\sum_{i=0}^{n}d_ix^i.$$

因此有

$$\begin{aligned}\max_{-1\leqslant x\leqslant 1}|f(x)-p_n^*(x)|&\leqslant M\omega\left(g,[-\pi,\pi],\frac{1}{n}\right)\\&\leqslant M\omega\left(f,[-1,1],\frac{1}{n}\right).\end{aligned}$$

最后应用坐标变换 $t=\dfrac{a+b}{2}+\dfrac{b-a}{2}x$, 就得到了一般情况的 Jackson 定理.

定理 4.3.11 *设 $f\in C[a,b]$, 则存在常数 M 使得*

$$E_n(f)\leqslant M\omega\left(f,\frac{b-a}{2n}\right),\quad n=1,2,\cdots.$$

4.3.4 最佳一致逼近多项式的近似方法

在前几小节中, 说明了最佳一致逼近多项式的存在性及其特征, 但是并没有给出它的构造方法. 实际上构造最佳一致逼近多项式通常是比较困难的, 只在一些特殊的情况下才能有求解方法. 例如已知 $n+2$ 个交错点的情况下, 可以用待定系数法来求解最佳一致逼近多项式. 然而交错点一般是预先未知的, 所以待定系数法也就不可行了. 另外还可以通过迭代方法来求解最佳一致逼近多项式, 例如 Remez 算法 (Remez, 1934).

这一小节将介绍两种最佳一致逼近多项式的近似方法.

Lagrange 插值多项式近似方法 在 2.2 节中的 Lagrange 插值余项是

$$R_n(x)=f(x)-p_n(x)=\frac{f^{(n+1)}(\xi_x)}{(n+1)!}\pi_{n+1}(x),$$

其中 $\xi_x\in(a,b)$, $\pi_{n+1}(x)=\prod_{i=0}^{n}(x-x_i)$. R_n 的大小取决于函数的光滑性 $f^{(n+1)}$ 以及多项式 $\pi_{n+1}(x)$. 一般被插值函数 f 是预先给定的, 所以是无法控制的. 而多项

式 $\pi_{n+1}(x)$ 是首项系数为 1 的多项式, 它的大小取决于插值节点的选取. 因此选取适当的插值节点就能使多项式 $\pi_{n+1}(x)$ 的取值达到最小.

定理 4.3.12 设 $n \geqslant 0$, 则在区间 $[-1,1]$ 上函数 $f(x)=x^{n+1}$ 的 n 次最佳一致逼近多项式为

$$p_n(x)=x^{n+1}-2^{-n}\mathsf{T}_{n+1}(x), \quad x\in[-1,1].$$

证明 由于 $\mathsf{T}_{n+1}(x)$ 的首项系数为 2^n, 故 $2^{-n}\mathsf{T}_{n+1}(x)$ 为首 1 多项式. 进而 $x^{n+1}-2^{-n}\mathsf{T}_{n+1}(x)\in\mathcal{P}_n$. 又由于 $|\mathsf{T}_{n+1}|\leqslant 1$, 故 $|x^{n+1}-p_n(x)|=|2^{-n}\mathsf{T}_{n+1}(x)|\leqslant 2^{-n}$, 并且在 $[-1,1]$ 内有 $n+2$ 个交错点

$$x_i=\cos(k\pi/(n+1)), \quad i=0,\cdots,n+1.$$

因此, 根据 Chebyshev 定理, $p_n\in\mathcal{P}_n$ 是 x^{n+1} 的最佳一致逼近多项式. □

推论 4.3.1 设 $n\geqslant 0$, 则在区间 $[-1,1]$ 上, 绝对值最小的 $n+1$ 次首 1 多项式为 $2^{-n}\mathsf{T}_{n+1}$.

证明 设 r 是首 1 多项式, 因此有

$$r(x)=x^{n+1}-q(x),$$

其中 $q(x)\in\mathcal{P}_n$. 由前面定理有

$$\begin{aligned}\min_{r\in\mathcal{P}_{n+1}}\|r\|_\infty&=\min_{q\in\mathcal{P}_n}\|x^{n+1}-q\|_\infty\\&=\|x^{n+1}-(x^{n+1}-2^{-n}\mathsf{T}_{n+1})\|_\infty\\&=\|2^{-n}\mathsf{T}_{n+1}\|_\infty.\end{aligned}$$

即 $2^{-n}\mathsf{T}_{n+1}$ 是绝对值最小的 $n+1$ 次首 1 多项式. □

从推论 4.3.1 知 $2^{-n}\mathsf{T}_{n+1}$ 是绝对值最小的 $n+1$ 次首 1 多项式, 所以用 $2^{-n}\mathsf{T}_{n+1}$ 代替 π_{n+1} 就能使 Lagrange 插值的余项达到最小.

定理 4.3.13 设 $f\in C^{n+1}[a,b]$, 取插值节点为

$$\xi_j=\frac{1}{2}(b-a)\cos\left(\frac{\left(j+\dfrac{1}{2}\right)\pi}{n+1}\right)+\frac{1}{2}(a+b), \quad j=0,\cdots,n.$$

用 Lagrange 插值方法得到插值多项式 $p_n\in\mathcal{P}_n$. 那么插值误差估计为

$$\|f-p_n\|_\infty=\frac{(b-a)^{n+1}}{2^{2n+1}(n+1)!}M_{n+1},$$

其中 $M_{n+1}=\max\limits_{\xi\in[a,b]}|f^{(n+1)}(\xi)|$.

证明 容易验证插值节点 $\xi_j, j=0,\cdots,n$ 实际上是 $n+1$ 次 Chebyshev 多项式 T_{n+1} 的零点经过坐标变换 $x=\dfrac{b-a}{2}t+\dfrac{a+b}{2}$ 得到的. 令

$$\tau_j=\cos\left(\frac{\left(j+\dfrac{1}{2}\right)\pi}{n+1}\right),\quad j=0,\cdots,n.$$

于是有

$$\begin{aligned}\prod_{i=0}^{n}(x-\xi_j)&=\left(\frac{b-a}{2}\right)^{n+1}\prod_{j=0}^{n}(t-\tau_j)\\&=\left(\frac{b-a}{2}\right)^{n+1}2^{-n}\mathsf{T}_{n+1}(t).\end{aligned}$$

由于 $|\mathsf{T}_{n+1}(t)|\leqslant 1$, 故

$$|\pi_{n+1}(x)|\leqslant\left(\frac{b-a}{2}\right)^{n+1}2^{-n}=(b-a)^{n+1}2^{-2n-1}.$$

即得证结论. □

从定理 4.3.13 可以看到, 以 Chebysev 多项式零点 (称为 Chebyshev 节点) 为插值节点的 Lagrange 插值多项式通常能得到较好的插值结果. 图 4.6 给出了等距节点和 Chebysev 节点时函数 π_{n+1} 的对比. 首先等距节点时 π_{n+1} 的绝对值要比 Chebyshev 节点时大, 且最大值出现在区间的两端. 其次随着多项式次数 n 的增大, 等距节点时 π_{n+1} 的绝对值在区间的两端出现剧烈的振荡, 而 Chebysev 节点时函数 π_{n+1} 的绝对值都远小于等距节点的情况.

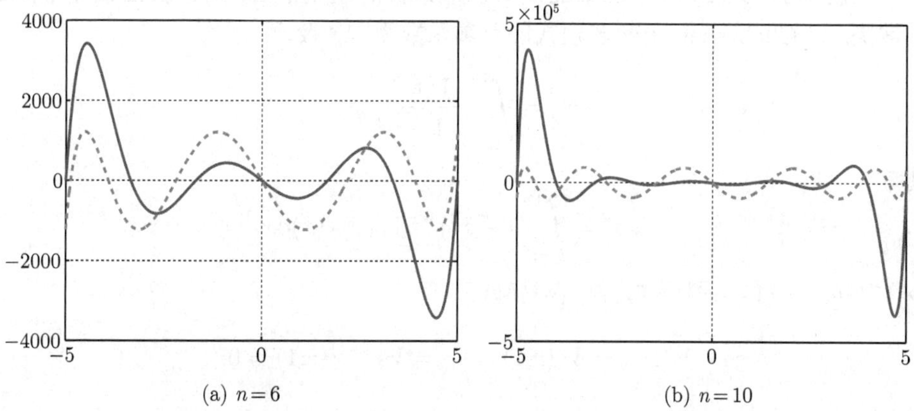

图 4.6 函数 π_{n+1} 在等距节点和 Chebysev 节点时的对比

图中实线为等距节点时的曲线, 而虚线为 Chebysev 节点时的曲线

Chebyshev 级数截断法　设函数 f 具有收敛的 Chebyshev 级数

$$f(x)=\frac{1}{2}a_0+\sum_{i=1}^{\infty}a_i\mathsf{T}_i(x),$$

其中

$$a_i=\frac{2}{\pi}\int_{-1}^{1}(1-x^2)^{-\frac{1}{2}}\mathsf{T}_i(x)f(x)\mathrm{d}x.$$

Chebyshev 级数具有与 Fourier 级数相似的收敛性, 并且不受周期性的限制. 另外, Chebyshev 级数具有较快的收敛速度.

例 4.3.4　*设 $f(x)=\mathrm{e}^x$, 在区间 $[-1,1]$ 内作 e^x 的 Taylor 展开*

$$\mathrm{e}^x\approx\sum_{i=0}^{6}\frac{x^i}{i!},$$

则截断误差有如下估计

$$\left|\sum_{i=7}^{\infty}\frac{x^i}{i!}\right|\leqslant\left|\frac{x^7}{7!}\right|\cdot\left|\sum_{i=0}^{\infty}\frac{x^i}{i!}\right|\leqslant\left|\frac{x^7}{7!}\right|\mathrm{e}\leqslant\frac{\mathrm{e}}{7!}\sim 0.0005.$$

再将 e^x 按 Chebyshev 级数展开, 并保留小数点后五位有

$$\begin{aligned}\mathrm{e}^x\approx&1.26606\mathsf{T}_0(x)+1.13021\mathsf{T}_1(x)+0.271482\mathsf{T}_2(x)+0.04427\mathsf{T}_3(x)\\&+0.00547\mathsf{T}_4(x)+0.000527\mathsf{T}_5(x)+0.00004\mathsf{T}_6(x).\end{aligned}$$

当去掉最后两项时, 截断 Chebyshev 级数的误差为 0.00056, 即截断 Chebysev 级数只用五项就能达到 Taylor 级数 7 项的精度.

上例说明 Chebyshev 级数的系数以非常快的速度下降, 所以截断误差下降的非常快. 记 Chebyshev 正交多项式的首项系数为 A_n 及

$$\gamma_n=\int_{-1}^{1}\frac{\mathsf{T}_n^2(x)}{\sqrt{1-x^2}}\mathrm{d}x.$$

则有

$$\gamma_n a_n=\int_{-1}^{1}(1-x^2)^{-\frac{1}{2}}\mathsf{T}_n(x)f(x)\mathrm{d}x.$$

令 $V^{(n)}(x)=(1-x^2)^{-\frac{1}{2}}\mathsf{T}_n(x)$, 容易验证

$$V(\pm1)=V'(\pm1)=\cdots=V^{(n-1)}(\pm1)=0.$$

于是

$$\gamma_n a_n=\int_{-1}^{1}V^{(n)}(x)f(x)\mathrm{d}x=(-1)^n\int_{-1}^{1}V(x)f^{(n)}(x)\mathrm{d}x.$$

另一方面由 Chebyshev 多项式的正交性有

$$\gamma_n = A_n \int_{-1}^{1} \frac{x^n \mathsf{T}_n(x)}{\sqrt{1-x^2}} \mathrm{d}x = (-1)^n n! A_n \int_{-1}^{1} V(x) \mathrm{d}x.$$

结合上面两式有

$$a_n n! = \frac{\displaystyle\int_{-1}^{1} V(x) f^{(n)}(x) \mathrm{d}x}{A_n \displaystyle\int_{-1}^{1} V(x) \mathrm{d}x}.$$

可以验证 V 在 $[-1,1]$ 上保号, 所以根据积分中值定理有, 存在 $\xi \in (-1,1)$ 使得

$$a_n = \frac{f^{(n)}(\xi)}{n! A_n}.$$

最后当 n 足够大时, 积分 $\displaystyle\int_{-1}^{1} V^{(n)}(x) f(x) \mathrm{d}x$ 中起主要作用的部分在原点附近, 所以有

$$\begin{aligned} f^{(n)}(\xi) &= f^{(n)}(0) + f^{(n+1)}(0)\xi + \cdots \\ &\approx f^{(n)}(0). \end{aligned}$$

因此 Chebyshev 级数的系数有如下估计:

$$a_n \approx \frac{f^{(n)}(0)}{n! 2^{n-1}}.$$

可见 Chebyshev 级数的系数随着 n 的增大以指数速度下降.

记

$$p_n(x) = \frac{1}{2} a_0 + \sum_{i=1}^{n} a_i \mathsf{T}_i(x),$$

则当 n 足够大时有

$$f(x) - p_n(x) \approx a_{n+1} \mathsf{T}_{n+1}(x).$$

由于 T_{n+1} 有 $n+2$ 个交错点, 所以可以认为 $p_n \in \mathcal{P}_n$ 是 f 的近似最佳一致逼近多项式.

注 截断 Chebyshev 级数 p_n 就是 4.4 节将要介绍的, 在区间 $[-1,1]$ 上以 $(1-x^2)^{-1/2}$ 为权函数的最佳平方逼近多项式.

4.4 最佳平方逼近

最佳平方逼近问题的描述如下.

记带权平方可积函数的集合为 L_ρ^2. 对于函数 $f \in L_\rho^2(a,b)$, 若函数 $p(x) \in \mathcal{V}$ 满足

$$\|f-p\|_2 = \inf_{q\in\mathcal{V}} \|f-q\|_2.$$

则称 p 是函数 f 在函数空间 $\mathcal{V}$ 内的最佳平方逼近函数. 特别地当 $\mathcal{V}=\mathcal{P}_n$ 时, 称 p 是函数 f 在区间 (a,b) 上的次数不超过 n 的最佳平方逼近多项式. 本节将主要介绍次数不超过 n 的最佳平方逼近多项式.

4.4.1 最佳平方逼近多项式的存在唯一性

为了说明最佳平方逼近多项式的存在唯一性, 需要用到下面函数空间中的结论.

定理 4.4.1 设 $\varphi_0(x),\cdots,\varphi_n(x) \in L_\rho^2(a,b)$, 则 $\varphi_0(x),\cdots,\varphi_n(x)$ 在区间 (a,b) 内线性无关的充要条件是

$$\det \mathcal{G}_n \neq 0.$$

其中 $\mathcal{G}_n$ 称为法矩阵

$$\mathcal{G}_n = \begin{pmatrix} \langle\varphi_0,\varphi_0\rangle & \langle\varphi_0,\varphi_1\rangle & \cdots & \langle\varphi_0,\varphi_n\rangle \\ \langle\varphi_1,\varphi_0\rangle & \langle\varphi_1,\varphi_1\rangle & \cdots & \langle\varphi_1,\varphi_n\rangle \\ \vdots & \vdots & & \vdots \\ \langle\varphi_n,\varphi_0\rangle & \langle\varphi_n,\varphi_1\rangle & \cdots & \langle\varphi_n,\varphi_n\rangle \end{pmatrix},$$

$\langle\varphi_i,\varphi_j\rangle$ 表示函数 φ_i 与函数 φ_j 的内积.

应用以上定理可以推出最佳平方逼近多项式的存在唯一性定理.

定理 4.4.2 设 $f(x) \in L_\rho^2(a,b)$, 则 $f(x)$ 在 $\mathcal{P}_n$ 中存在唯一的最佳平方逼近函数 $s^*(x)$.

证明 设 $\varphi_i(x), i=0,\cdots,n$ 是 $\mathcal{P}_n$ 的一组基. 求 $s^*(x) \in \mathcal{P}_n$ 等价于求

$$E(a_0,\cdots,a_n) = \left\| f - \sum_{i=0}^n a_i\varphi_i \right\|_2^2$$

关于 $a_i, i=0,\cdots,n$ 的极小值. 由极小值问题的必要性条件有

$$\frac{\partial}{\partial a_j} E(a_0,\cdots,a_n) = 2\left\langle f - \sum_{i=0}^n a_i\varphi_i, \varphi_j \right\rangle = 0, \quad j=0,\cdots,n.$$

整理得到

$$\sum_{i=0}^{n} \langle \varphi_i, \varphi_j \rangle a_i = \langle f, \varphi_j \rangle, \quad j = 0, \cdots, n. \tag{4.20}$$

(4.20) 式是关于 $a_i, i = 0, \cdots, n$ 的线性方程组, 称为法方程. 由于 $\varphi_i(x), i = 0, \cdots, n$ 的线性无关性, 则定理 4.4.1 说明法方程有唯一解: $a_i^*, i = 0, \cdots, n$. 于是

$$s^*(x) = \sum_{i=0}^{n} a_i^* \varphi_i(x).$$

下面证明 $s^*(x)$ 即为最佳平方逼近多项式. 令

$$\begin{aligned} D &= \|f - s\|_2^2 - \|f - s^*\|_2^2 \\ &= -2 \langle f, s \rangle + \|s\|_2^2 + 2 \langle f, s \rangle - \|s^*\|_2^2 \\ &= \|s\|_2^2 - 2 \langle f, s \rangle + \|s^*\|_2^2 + 2 \langle f, s^* \rangle - 2 \langle f, s \rangle - 2\|s^*\|_2^2 + 2 \langle s, s^* \rangle \\ &= \|s - s^*\|_2^2 + 2 \langle s^* - s, f - s^* \rangle. \end{aligned}$$

由法方程 (4.20) 推出

$$\langle f - s^*, \varphi_j \rangle = 0, \quad j = 0, \cdots, n. \tag{4.21}$$

又由于 $s^* - s \in \mathcal{P}_n$, 因此有

$$\langle s^* - s, f - s^* \rangle = 0.$$

于是

$$D = \|s - s^*\|_2^2 \geqslant 0.$$

故 $s^*(x)$ 是 $f(x)$ 在 $\mathcal{P}_n$ 中的最佳平方逼近多项式. □

例 4.4.1 求函数 $f(x) = \mathrm{e}^x$ 在区间 $[-1, 1]$ 上的线性和 2 次最佳平方逼近多项式, 并用此多项式估计 $f(0.5)$.

解 首先考虑线性最佳平方逼近多项式. $n = 1$, $s_1^*(x) = a_0 + a_1 x$, 即基函数为 $\varphi_0(x) = 1, \varphi_1(x) = x$.

$$\langle \varphi_0, \varphi_0 \rangle = \int_{-1}^{1} 1 \mathrm{d}x = 2,$$

$$\langle \varphi_0, \varphi_1 \rangle = \langle \varphi_1, \varphi_0 \rangle = \int_{-1}^{1} x \mathrm{d}x = 0,$$

$$\langle \varphi_1, \varphi_1 \rangle = \int_{-1}^{1} x^2 \mathrm{d}x = \frac{2}{3},$$

$$\langle f, \varphi_0 \rangle = \int_{-1}^{1} \mathrm{e}^x \mathrm{d}x = \mathrm{e} - \frac{1}{\mathrm{e}} \approx 2.3504,$$

$$\langle f,\varphi_1\rangle=\int_{-1}^{1}x\mathrm{e}^x\mathrm{d}x=\frac{2}{\mathrm{e}}\approx 0.7358.$$

于是得到法方程为

$$\begin{pmatrix}2 & 0\\ 0 & \frac{2}{3}\end{pmatrix}\begin{pmatrix}a_0\\ a_1\end{pmatrix}=\begin{pmatrix}2.3504\\ 0.7358\end{pmatrix}.$$

解法方程得到

$$a_0=1.1752,$$
$$a_1=1.1037.$$

所以线性最佳平方逼近多项式为

$$s_1^*(x)=1.1752+1.1037x.$$

代入 $x=0.5$ 得到 $s_1^*(0.5)=1.72705$. 线性最佳平方逼近的结果与准确值之差为

$$\left|s_1^*(0.5)-\mathrm{e}^{0.5}\right|=0.078328.$$

接着考虑 2 次最佳平方逼近. $n=2$, $s_1^*(x)=a_0+a_1x+a_2x^2$, 即基函数为 $\varphi_0(x)=1,\varphi_1(x)=x,\varphi_2(x)=x^2$.

$$\langle\varphi_0,\varphi_2\rangle=\int_{-1}^{1}x^2\mathrm{d}x=\frac{2}{3},$$
$$\langle\varphi_1,\varphi_2\rangle=\langle\varphi_2,\varphi_1\rangle=\int_{-1}^{1}x^3\mathrm{d}x=0,$$
$$\langle\varphi_2,\varphi_2\rangle=\int_{-1}^{1}x^4\mathrm{d}x=\frac{2}{5},$$
$$\langle f,\varphi_2\rangle=\int_{-1}^{1}x^2\mathrm{e}^x\mathrm{d}x=\mathrm{e}-\frac{5}{\mathrm{e}}\approx 0.8789.$$

于是得到法方程为

$$\begin{pmatrix}2 & 0 & \frac{2}{3}\\ 0 & \frac{2}{3} & 0\\ \frac{2}{3} & 0 & \frac{2}{5}\end{pmatrix}\begin{pmatrix}a_0\\ a_1\\ a_2\end{pmatrix}=\begin{pmatrix}2.3504\\ 0.7358\\ 0.8789\end{pmatrix}.$$

解法方程得到

$$a_0=0.9963,$$
$$a_1=1.1037,$$
$$a_2=0.5368.$$

所以 2 次最佳平方逼近多项式为

$$s_2^*(x) = 0.9963 + 1.1037x + 0.5368x^2.$$

代入 $x = 0.5$ 得到 $s_2^*(0.5) = 1.6824$. 线性 2 次最佳平方逼近的结果与准确值之差为

$$\left|s_1^*(0.5) - \mathrm{e}^{0.5}\right| = 0.03363.$$

因此 2 次最佳平方逼近的结果更准确. □

特别地考虑区间 $[0,1]$, 权函数 $\rho(x) = 1$, 取 $\varphi_i(x) = x^i, i = 0, \cdots, n$. 则最佳平方逼近多项式为

$$s^*(x) = \sum_{i=0}^{n} a_i^* x^i.$$

并且

$$\langle\varphi_i, \varphi_j\rangle = \int_0^1 x^{i+j}\mathrm{d}x = \frac{1}{i+j+1}, \quad i, j = 0, \cdots, n.$$

此时记法矩阵为 $\mathcal{H}_n$

$$\mathcal{H}_n = \begin{pmatrix} 1 & 1/2 & \cdots & 1/(n+1) \\ 1/2 & 1/3 & \cdots & 1/(n+2) \\ \vdots & \vdots & & \vdots \\ 1/(n+1) & 1/(n+2) & \cdots & 1/(2n+1) \end{pmatrix}.$$

$\mathcal{H}_n$ 又被称为 Hilbert 矩阵.

当 n 较小时, 通过求解法方程来得到最佳平方逼近多项式的方法是可行的. 但当 n 较大时, 此方法就不再适用了. 因为 Hilbert 矩阵 $\mathcal{H}_n$ 的条件数随着 n 的增大而变得很糟糕, 从而使得计算出来的系数 a_i^* 的误差很大.

4.4.2 正交多项式的应用

为了避免求解法方程带来的计算弊病, 特别选取正交多项式为基函数. 实际上正交多项式基函数所对应的法矩阵是对角矩阵, 因此省去了求解法方程的过程, 同时也避免了病态矩阵带来的误差.

设 $\varphi_0(x), \cdots, \varphi_n(x)$ 是 $\mathcal{P}_n$ 的一组正交多项式基. 即 $\mathcal{P}_n = \mathrm{span}\{\varphi_0(x), \cdots, \varphi_n(x)\}$, 且当 $i \neq j$ 时, $\langle\varphi_i, \varphi_j\rangle = 0$, 而当 $i = j$ 时, $\langle\varphi_i, \varphi_i\rangle > 0$. 于是法方程的系数矩阵 G_n 为非奇异对角矩阵, 方程的解为

$$a_i^* = \frac{\langle f, \varphi_i\rangle}{\langle\varphi_i, \varphi_i\rangle}, \quad i = 0, \cdots, n.$$

因此 $f(x)$ 在 $\mathcal{P}_n$ 中的最佳平方逼近多项式为

$$s^*(x)=\sum_{i=0}^{n}\frac{\langle f,\varphi_i\rangle}{\langle\varphi_i,\varphi_i\rangle}\varphi_i.$$

特别地取 $[a,b]=[-1,1]$, $\rho(x)=1$, 此时的正交多项式为 Legendre 多项式. $f(x)$ 在最佳平方逼近多项式为

$$s^*(x)=\sum_{i=0}^{n}\frac{\langle f,\mathsf{P}_i\rangle}{\langle\mathsf{P}_i,\mathsf{P}_i\rangle}\mathsf{P}_i(x)=\sum_{i=0}^{n}\frac{2i+1}{2}\langle f,\mathsf{P}_i\rangle\,\mathsf{P}_i(x).$$

这样得到的 $s^*(x)$ 与通过 $\{1,x,\cdots,x^n\}$ 为基函数得到的最佳平方逼近多项式是一致的.

例 4.4.2　利用 Legendre 正交多项式, 求函数 $f(x)=\mathrm{e}^x$ 在区间 $[-1,1]$ 上的线性和 2 次最佳平方逼近多项式, 并用此多项式估计 $f(0.5)$.

解　首先考虑线性最佳平方逼近多项式. $n=1$, $s_1^*(x)=a^0\mathsf{P}_0(x)+a^1\mathsf{P}_1(x)$. 其中系数为

$$a_0=\frac{1}{2}\int_{-1}^{1}\mathrm{e}^x\mathrm{d}x=\frac{1}{2}\left(\mathrm{e}-\frac{1}{\mathrm{e}}\right),$$

$$a_1=\frac{3}{2}\int_{-1}^{1}x\mathrm{e}^x\mathrm{d}x=\frac{3}{\mathrm{e}}.$$

故线性最佳平方逼近多项式为

$$s_1^*(x)=\frac{1}{2}\left(\mathrm{e}-\frac{1}{\mathrm{e}}\right)+\frac{3}{\mathrm{e}}x.$$

代入 $x=0.5$ 得到 $s_1^*(0.5)=1.72705$. 线性最佳平方逼近的结果与准确值之差为

$$\left|s_1^*(0.5)-\mathrm{e}^{0.5}\right|=0.078328.$$

接着考虑 2 次最佳平方逼近多项式. $n=2$, $s_2^*(x)=s_1^*(x)+a^2\mathsf{P}_2(x)$. 其中系数为

$$a_2=\frac{5}{2}\int_{-1}^{1}\frac{1}{2}(3x^2-1)\mathrm{e}^x\mathrm{d}x=\frac{5}{2}\left(\mathrm{e}-\frac{7}{\mathrm{e}}\right).$$

故 2 次最佳平方逼近多项式为

$$s_2^*(x)=\frac{1}{2}\left(\mathrm{e}-\frac{1}{\mathrm{e}}\right)+\frac{3}{\mathrm{e}}x+\frac{5}{4}\left(\mathrm{e}-\frac{7}{\mathrm{e}}\right)(3x^2-1).$$

代入 $x=0.5$ 得到 $s_2^*(0.5)=1.6823$. 线性最佳平方逼近的结果与准确值之差为

$$|s_2^*(0.5)-\mathrm{e}^{0.5}|=0.03360.$$

与例 4.4.1 相比, 利用正交多项式构造最佳平方逼近多项式不仅计算量小, 而计算的结果也十分精确. □

注 如果 $f(x) \in L_\rho^2(a,b)$, 且 $\{\varphi_0, \cdots, \varphi_n\}$ 是 $L_\rho^2(a,b)$ 中的一组正交多项式系, 那么有

$$\sum_{i=0}^{n} \frac{|\langle f, \varphi_i \rangle|^2}{\|\varphi_i\|_2^2} \leqslant \|f\|_2^2, \quad \forall n \geqslant 0. \tag{4.22}$$

证明 记 $e_i(x) = \dfrac{\varphi_i(x)}{\|\varphi_i\|_2}$, 则有

$$\begin{aligned}
0 &\leqslant \left\| f - \sum_{i=0}^{n} \langle f, e_i \rangle e_i \right\|_2^2 \\
&= \|f\|_2^2 - 2\left\langle f, \sum_{i=0}^{n} \langle f, e_i \rangle e_i \right\rangle + \left\| \sum_{i=0}^{n} \langle f, e_i \rangle e_i \right\|_2^2 \\
&= \|f\|_2^2 - 2\sum_{i=0}^{n} \langle f, e_i \rangle^2 + \sum_{i=0}^{n} \langle f, e_i \rangle^2 \\
&= \|f\|_2^2 - \sum_{i=0}^{n} \langle f, e_i \rangle^2 .
\end{aligned}$$

即得证结论. □

(4.22) 式被称为 Bessel 不等式, 它说明当 $n \to \infty$ 时, $\sum\limits_{i=0}^{n} \langle f, e_i \rangle e_i$ 收敛到 $f(x)$.

定理 4.4.3 $p_n \in \mathcal{P}_n$ 是函数 $f \in L_\rho^2(a,b)$ 的次数不超过 n 的最佳平方逼近多项式的充要条件是 $f - p_n$ 与 $\mathcal{P}_n$ 中的任意元素正交 (参见图 4.7), 即

$$\langle f - p_n, q \rangle = 0, \quad \forall q \in \mathcal{P}_n. \tag{4.23}$$

证明 **充分性** 由充分性条件 (4.23) 及 $p_n - q \in \mathcal{P}_n$ 有

$$\langle f - p_n, p_n - q \rangle = 0, \quad \forall q \in \mathcal{P}_n.$$

于是有

$$\begin{aligned}
\|f - p_n\|_2^2 &= \langle f - p_n, f - p_n \rangle \\
&= \langle f - p_n, f - q \rangle + \langle f - p_n, q - p_n \rangle \\
&= \langle f - p_n, f - q \rangle .
\end{aligned}$$

应用 Cauchy-Schwarz 不等式有

$$\|f - p_n\|_2^2 \leqslant \|f - p_n\|_2 \cdot \|f - q\|_2, \quad \forall q \in \mathcal{P}_n.$$

进而有

$$\|f - p_n\|_2 \leqslant \|f - q\|_2, \quad \forall q \in \mathcal{P}_n.$$

上式只有当 $q = p_n$ 时取等号. 故 p_n 是函数 f 的次数不超过 n 的最佳平方逼近多项式.

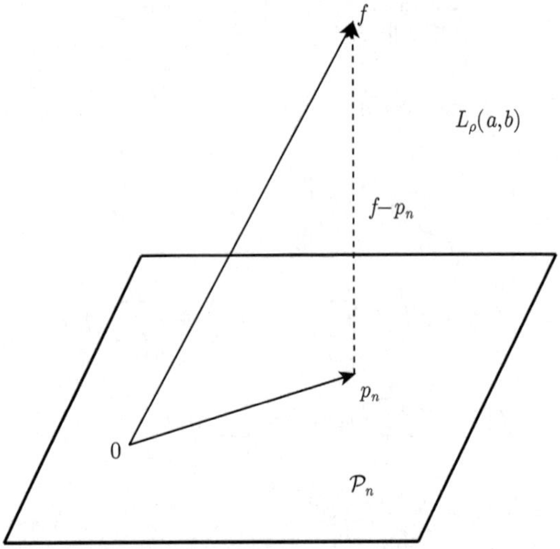

图 4.7　定理 4.4.3 的几何意义

必要性　设 p_n 是函数 f 的次数不超过 n 的最佳平方逼近多项式, 则 p_n 可以被表示为

$$p_n(x) = \sum_{i=0}^{n} a_i \varphi_i(x),$$

其中 $a_i = \dfrac{\langle f, \varphi_i \rangle}{\langle \varphi_i, \varphi_i \rangle}$. 由上式可推出

$$\begin{aligned} \langle f - p_n, \varphi_i \rangle &= \langle f, \varphi_i \rangle - \sum_{j=0}^{n} a_j \langle \varphi_j, \varphi_i \rangle \\ &= \langle f, \varphi_i \rangle - a_i \langle \varphi_i, \varphi_i \rangle \\ &= \langle f, \varphi_i \rangle - \langle f, \varphi_i \rangle = 0, \quad i = 0, \cdots, n. \end{aligned}$$

因为 $\mathcal{P}_n = \text{span}\{\varphi_0, \cdots, \varphi_n\}$, 于是有 $\langle f - p_n, q \rangle = 0, \forall q \in \mathcal{P}_n$. □

4.4.3　最佳一致逼近多项式与最佳平方逼近多项式的比较

通常情况下, 最佳一致逼近多项式不等于最佳平方逼近多项式.

首先在多项式的次数 n 较小时, 函数 f 的最佳一致逼近多项式和最佳平方逼近多项式的差别可能会很大.

例 4.4.3 设 $\varepsilon>0$, 并定义函数 $f(x)=1-\mathrm{e}^{-x/\varepsilon}$, 其定义域为 $[0,1]$. 当取 $\varepsilon=10^{-2}$ 时, 函数 f 如图 4.8 所示. 若取权函数为 $\rho(x)=1$, 下面分别求解函数 f 在 $[0,1]$ 上的零次最佳一致逼近多项式和零次最佳平方逼近多项式.

解 容易验证 f 是 $[0,1]$ 上的单调增函数, 所以 f 的最小值为 $f(0)=0$, 最大值为 $f(1)=1-\mathrm{e}^{-1/\varepsilon}$. 因此零次最佳一致逼近多项式为

$$p_{0,\infty}(x)=\frac{1}{2}\left(1-\mathrm{e}^{-1/\varepsilon}\right),\quad x\in[0,1].$$

另一方面求解零次最佳平方逼近多项式等价于求解下面式子的最小值

$$\int_0^1(f(x)-c)^2\mathrm{d}x=\int_0^1|f(x)|^2\mathrm{d}x-2c\int_0^1 f(x)\mathrm{d}x+c^2,$$

其中 c 为实常数, 即 $c\in\mathbb{R}$. 对上次关于 c 求导可得

$$c=\int_0^1 f(x)\mathrm{d}x=1-\varepsilon+\varepsilon\mathrm{e}^{-1/\varepsilon}.$$

故零次最佳平方逼近多项式为

$$p_{0,2}(x)=1-\varepsilon+\varepsilon\mathrm{e}^{-1/\varepsilon},\quad x\in[0,1].$$

显然当取 $0\leqslant\varepsilon\ll 1$ 时, $p_{0,\infty}(x)\approx\dfrac{1}{2}$, 而 $p_{0,2}(x)\approx 1$, 两者差别很大 (参见图 4.8).

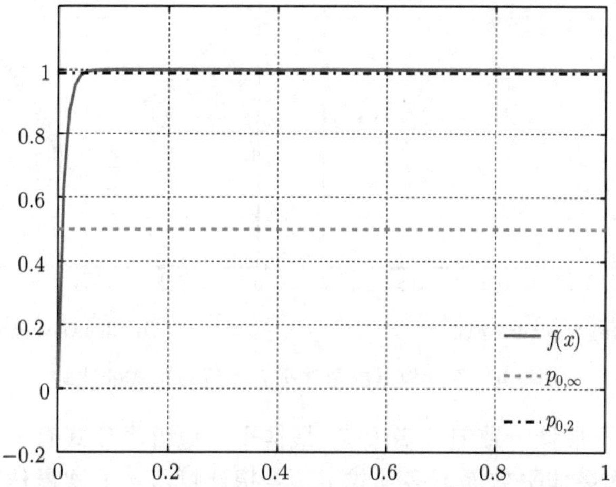

图 4.8 函数 $f(x)=1-\mathrm{e}^{-x/\varepsilon}$ 的零次最佳一致逼近多项式 $p_{0,\infty}$ 和零次最佳平方逼近多项式$p_{2,\infty}$ 的比较

其次, 对于 n 较大时, 最佳平方逼近多项式也是近似最佳一致逼近多项式.

定理 4.4.4 设 $n \geqslant 0$, f 是定义在 $[a,b]$ 上的连续函数, 且 $f \notin \mathcal{P}_n$. 又设 $p_n \in \mathcal{P}_n$ 是关于 f 的最佳平方逼近多项式, 则函数 $f - p_n$ 在区间 (a,b) 内至少变换 $n+1$ 次正负号.

证明 根据定理 4.4.3 有

$$\langle f - p_n, 1\rangle = 0.$$

即 $f - p_n$ 在 $[a,b]$ 上不保号. 设 $f - p_n$ 在 $\xi_j, j = 1,\cdots,k$ 处变换符号, 下面要证明 $k \geqslant n+1$. 定义 $\pi_{k+1}(x) = \prod\limits_{j=0}^{k}(x - x_j)$. 由于 $f - p_n$ 不恒为零, 所以 $k \geqslant 1$. 因为 $(f - p_n)\pi_{k+1}$ 在 (a,b) 上保号, 所以 $\langle f - p_n, \pi_{k+1}\rangle \neq 0$. 另一方面, 由于 $f - p_n$ 正交于次数不超过 n 的多项式, 所以多项式 π_{k+1} 的次数必须大于 n. 即 $k \geqslant n+1$. □

例 4.4.4 设函数 $f(x) = \mathrm{e}^{2x}, x \in (0,1)$, 当权函数为 $\rho(x) = 1$ 时, 4 次最佳平方逼近多项式 $p_{4,2}^L$ 的误差如图 4.9(a) 所示. 可见 $p_{4,2}^L$ 具有近似最佳一致逼近多项式的特点, 但是在区间端点处的误差会远大于内部的误差. 因此应该在端点处加重权重比例. 若选用新权重 $\rho(x) = (x(1-x))^{-1/2}$, 相应的正交多项式为定义在 $[0,1]$ 上的 Chebyshev 正交多项式. 此时得到的 4 次最佳平方多项式是 $p_{4,2}^C$, 如图 4.9(b) 所示, $f - p_{4,2}^C$ 与 $f - p_{4,\infty}$ 非常相近.

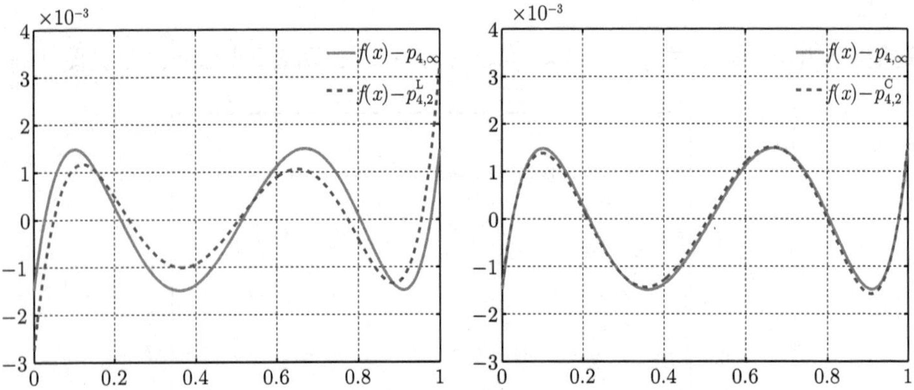

(a) Legendre逼近 (b)Chebyshev逼近

图 4.9 不同权重的最佳平方逼近多项式的比较

最后, 相对于最佳一致逼近多项式, 最佳平方逼近多项式有一个非常明显的优点: 设已知 n 次最佳平方逼近多项式 p_n, 若想计算 $n+1$ 次最佳平方逼近多项式 p_{n+1}, 只要加上一项即可. 实际上令

$$\gamma_{n+1} = \frac{\langle f - p_n, \varphi_{n+1}\rangle}{\|\varphi_{n+1}\|_2^2}.$$

则

$$p_{n+1}(x) = p_n(x) + \gamma_{n+1}\varphi_{n+1}(s).$$

注意到 $\langle f - p_{n+1}, \varphi_i \rangle = 0, i = 0, \cdots, n+1$, 由定理 4.4.3 知 p_{n+1} 就是 $n+1$ 次最佳平方逼近多项式. 而最佳一致逼近多项式就没有这样的特点. 即使已知 n 次最佳一致逼近多项式, 如果要计算 $n+1$ 次最佳一致逼近多项式, 则要完全重新计算.

4.5 最小二乘法

这一节主要介绍离散数据的多项式逼近, 也称为离散数据的多项式拟合.

4.5.1 多项式拟合问题

在科学实验中, 常常需要从一组测量数据 $(x_i, y_i), i = 0, \cdots, n$ 中总结出某些有代表性的规律, 而这些规律通常需要用函数的形式表示.

第 2 章介绍了插值方法逼近数据, 但插值方法逼近实验数据时有如下一些弊端:

(1) 实验数据不可避免地存在误差, 有时甚至是较大的误差. 多项式插值将误差包含在内, 所以不能真正反映数值的本质规律;

(2) 实验数据量通常非常大, 若用高次多项式插值容易出现 Runge 现象. 即使用分段插值, 表达式也过于复杂.

多项式拟合的目的是用低次多项式逼近数据, 并能恰当反映数据的本质规律. 例如图 4.10(a) 中有一组数据, 用三次样条插值曲线不仅复杂, 也不能正确反映数据的特征. 在图 4.10(b) 中对于同一组数据用简单的抛物线就能很好地反映数据的本质规律.

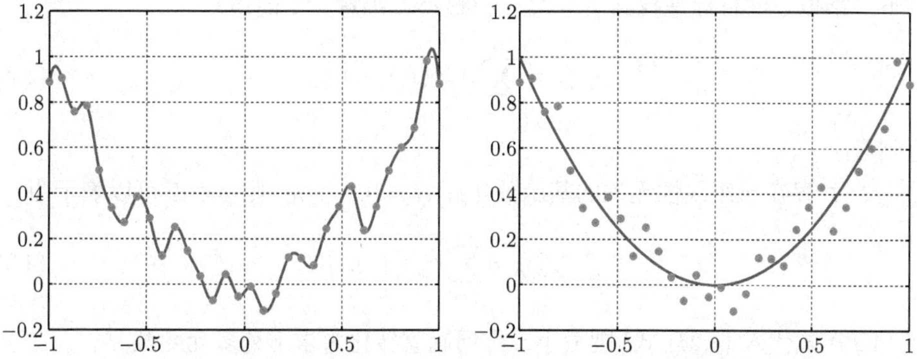

(a) 多项式插值数据　　(b) 多项式拟合数据

图 4.10

定义 4.5.1(多项式拟合)　从数据集合 $(x_i, y_i), i = 0, \cdots, n$ 中找出总体的规律性, 并构造能够反映这种规律的多项式 p. 也就是说, 并不要求多项式 p 通过每个数据点, 但要求多项式 p 能够尽可能地靠近所有数据点. 即所有误差 $\delta_i = p(x_i) - y_i, i = 0, \cdots, n$ 都按某种标准达到最小.

常用的度量误差的标准有三种.

(1) 1-范数 $\|\delta\|_1 = \sum_{i=0}^{n} |\delta_i|$.

(2) 2-范数 $\|\delta\|_2 = \sqrt{\sum_{i=0}^{n} \delta_i^2}$.

(3) 无穷范数 $\|\delta\|_\infty = \max_{0 \leqslant i \leqslant n} |\delta_i|$.

由于 2-范数中没有绝对值, 计算过程比较方便, 因此通常用 2-范数的平方作为总体误差的度量标准. 也就是所谓的最小二乘意义下误差最小.

4.5.2　最小二乘拟合

最小二乘拟合可以看作是 4.4 节最佳平方逼近的一个特例. 实际上将连续区间 $[a, b]$ 替换成离散节点 $\{x_i\}, i = 0, \cdots, n$, 将函数 f 替换为离散函数值 $\{y_i\}, i = 0, \cdots, n$, 将权函数 ω 替换为离散权函数值 $\{\rho_i\}, i = 0, \cdots, n$. 则对于给定的线性函数空间 $\varPhi$, 定义内积

$$\langle p, q\rangle = \sum_{i=0}^{n} \rho_i p(x_i) q(x_i), \quad p, q \in \varPhi$$

及诱导范数

$$\|p\|_2^2 = \sum_{i=0}^{n} \rho_i p^2(x_i), \quad p \in \varPhi.$$

最小二乘拟合的目标是找到 $p \in \varPhi$, 使得最小二乘意义下的误差

$$\|\delta\|_2^2 = \sum_{i=0}^{n} \rho_i (p(x_i) - y_i)^2 \tag{4.24}$$

达到最小.

若 $\varPhi$ 存在一组线性无关的基函数 $\{\varphi_i\}, i = 0, \cdots, m$, 则 $p \in \varPhi$ 可以表示为

$$p(x) = \sum_{j=0}^{m} a_j \varphi_j(x). \tag{4.25}$$

将 (4.25) 式代入 (4.24) 式, 则最小二乘问题就转化为求下列多元函数

$$E(a_0, \cdots, a_m) = \sum_{i=0}^{n} \rho_i \left(\sum_{j=0}^{m} a_j \varphi_j(x_i) - y_i\right)^2$$

的极小值问题. 令

$$\frac{\partial E}{\partial a_k}=0,\quad k=0,\cdots,m.$$

可得

$$\sum_{i=0}^{n}\rho_i\left(\sum_{j=0}^{m}a_j\varphi_j(x_i)-y_i\right)\varphi_k(x_i)=0,\quad k=0,\cdots,m.$$

整理得到法方程

$$\sum_{i=0}^{m}\langle\varphi_k,\varphi_j\rangle a_j=d_k,\quad k=0,\cdots,m,$$

其中 $d_k=\langle f,\varphi_k\rangle$. 将法方程写成矩阵形式为

$$\begin{pmatrix}\langle\varphi_0,\varphi_0\rangle & \langle\varphi_0,\varphi_1\rangle & \cdots & \langle\varphi_0,\varphi_n\rangle\\ \langle\varphi_1,\varphi_0\rangle & \langle\varphi_1,\varphi_1\rangle & \cdots & \langle\varphi_1,\varphi_n\rangle\\ \vdots & \vdots & & \vdots\\ \langle\varphi_n,\varphi_0\rangle & \langle\varphi_n,\varphi_1\rangle & \cdots & \langle\varphi_n,\varphi_n\rangle\end{pmatrix}\begin{pmatrix}a_0\\ a_1\\ \vdots\\ a_m\end{pmatrix}=\begin{pmatrix}d_0\\ d_1\\ \vdots\\ d_m\end{pmatrix}$$

由于 $\{\varphi_i\},i=0,\cdots,m$ 线性无关, 根据定理 4.4.3, 法方程有唯一的解.

例 4.5.1 用线性最小二乘法拟合表 4.1 的数据.

表 4.1

x_i	2	4	6	8
y_i	2	11	28	40

其中各点处的权系数恒等于 1.

解 设线性拟合多项式为 $p_1(x)=a_0+a_1x$. 基函数为 $\varphi_0(x)=1,\varphi_1(x)=x$, 则有

$$\langle\varphi_0,\varphi_0\rangle=\sum_{i=0}^{3}1=4,$$

$$\langle\varphi_0,\varphi_1\rangle=\langle\varphi_1,\varphi_0\rangle=\sum_{i=0}^{3}x_i=20,$$

$$\langle\varphi_1,\varphi_1\rangle=\sum_{i=0}^{3}x^2=120,$$

$$\langle\varphi_0,y\rangle=\sum_{i=0}^{3}y_i=81,$$

$$\langle\varphi_1,y\rangle=\sum_{i=0}^{3}x_iy_i=536.$$

于是法方程为

$$\begin{pmatrix} 4 & 20 \\ 20 & 120 \end{pmatrix} \begin{pmatrix} a_0 \\ a_1 \end{pmatrix} = \begin{pmatrix} 81 \\ 536 \end{pmatrix}.$$

求得线性方程组得到

$$a_0 = -12.5,$$
$$a_1 = 6.55.$$

故线性拟合多项式为 $p_1(x) = -12.5 + 6.55x$. □

例 4.5.2 用 2 次最小二乘法拟合表 4.2 的数据.

表 4.2

x_i	-2	-1	0	1	2
y_i	0	1	2	1	0

(1) 各点处的权系数恒等于 1.

(2) 权系数分别为

表 4.3

ρ_i	1	1.1	1.2	1.1	1

解 (1) 设线性拟合多项式为 $p_1(x) = a_0 + a_1 x + a_2 x^2$. 基函数为 $\varphi_0(x) = 1, \varphi_1(x) = x, \varphi_2(x) = x^2$, 则有

$$\langle \varphi_0, \varphi_0 \rangle = \sum_{i=0}^{4} 1 = 5,$$

$$\langle \varphi_0, \varphi_1 \rangle = \sum_{i=0}^{4} x_i = 0,$$

$$\langle \varphi_0, \varphi_2 \rangle = \sum_{i=0}^{4} x_i^2 = 10,$$

$$\langle \varphi_1, \varphi_1 \rangle = \sum_{i=0}^{4} x^2 = 10,$$

$$\langle \varphi_1, \varphi_2 \rangle = \sum_{i=0}^{4} x^3 = 0,$$

$$\langle \varphi_2, \varphi_2 \rangle = \sum_{i=0}^{4} x^4 = 34,$$

$$\langle \varphi_0, y \rangle = \sum_{i=0}^{4} y_i = 4,$$

$$\langle\varphi_1, y\rangle = \sum_{i=0}^{4} x_i y_i = 0,$$

$$\langle\varphi_2, y\rangle = \sum_{i=0}^{4} x_i^2 y_i = 2$$

于是法方程为

$$\begin{pmatrix} 5 & 0 & 10 \\ 0 & 10 & 0 \\ 10 & 0 & 34 \end{pmatrix} \begin{pmatrix} a_0 \\ a_1 \\ a_2 \end{pmatrix} = \begin{pmatrix} 4 \\ 0 \\ 2 \end{pmatrix}.$$

求得线性方程组得到

$$a_0 = \frac{58}{35},$$

$$a_1 = 0,$$

$$a_2 = -\frac{3}{7}.$$

故 2 次拟合多项式为 $p_1(x) = \frac{58}{35} - \frac{3}{7}x^2$.

(2) 重新计算法方程的系数如下:

$$\langle\varphi_0, \varphi_0\rangle = \sum_{i=0}^{4} \rho_i = 5.4,$$

$$\langle\varphi_0, \varphi_1\rangle = \sum_{i=0}^{4} \rho_i x_i = 0,$$

$$\langle\varphi_0, \varphi_2\rangle = \sum_{i=0}^{4} \rho_i x_i^2 = 10.2,$$

$$\langle\varphi_1, \varphi_1\rangle = \sum_{i=0}^{4} x^2 = 10.2,$$

$$\langle\varphi_1, \varphi_2\rangle = \sum_{i=0}^{4} x^3 = 0,$$

$$\langle\varphi_2, \varphi_2\rangle = \sum_{i=0}^{4} x^4 = 34.2,$$

$$\langle\varphi_0, y\rangle = \sum_{i=0}^{4} \rho_i y_i = 4.6,$$

$$\langle \varphi_1, y \rangle = \sum_{i=0}^{4} \rho_i x_i y_i = 0,$$

$$\langle \varphi_2, y \rangle = \sum_{i=0}^{4} \rho_i x_i^2 y_i = 2.2.$$

于是法方程为

$$\begin{pmatrix} 5.4 & 0 & 10.2 \\ 0 & 10.2 & 0 \\ 10.2 & 0 & 34.2 \end{pmatrix} \begin{pmatrix} a_0 \\ a_1 \\ a_2 \end{pmatrix} = \begin{pmatrix} 4.6 \\ 0 \\ 2.2 \end{pmatrix}.$$

求得线性方程组得到

$$a_0 = 1.6726,$$

$$a_1 = 0,$$

$$a_2 = -0.4345.$$

故 2 次拟合多项式为 $p_1(x) = 1.6726 - 0.4345x^2$. □

特别地, 当线性无关函数系为 $\varphi_j(x) = x^j, j = 0, \cdots, m$, 且权系数为 $\rho_i = 1, i = 0, \cdots, n$ 时, 拟合多项式为

$$p(x) = \sum_{j=0}^{m} a_j x^j,$$

相应的法方程为

$$\begin{pmatrix} \sum\limits_{i=0}^{n} 1 & \sum\limits_{i=0}^{n} x_i & \cdots & \sum\limits_{i=0}^{n} x_i^m \\ \sum\limits_{i=0}^{n} x_i & \sum\limits_{i=0}^{n} x_i^2 & \cdots & \sum\limits_{i=0}^{n} x_i^{m+1} \\ \vdots & \vdots & & \vdots \\ \sum\limits_{i=0}^{n} x_i^m & \sum\limits_{i=0}^{n} x_i^{m+1} & \cdots & \sum\limits_{i=0}^{n} x_i^{2m} \end{pmatrix} \begin{pmatrix} a_0 \\ a_1 \\ \vdots \\ a_m \end{pmatrix} = \begin{pmatrix} d_0 \\ d_1 \\ \vdots \\ d_m \end{pmatrix}.$$

上式中的系数矩阵被称为法矩阵, 记为 $\mathcal{G}_m$. 与 Hilbert 矩阵相似, 当 m 较大时, $\mathcal{G}_m$ 为"病态"的, 因此法方程为"病态"方程组.

例 4.5.3 设 $x_i, i = 0, \cdots, 10$ 为区间 $[2, 4]$ 之间的等距节点, 再令 $y_i = 1 + x_i + x_i^2 + x_i^3 + x_i^4 + x_i^5 + x_i^6 + x_i^7, i = 0, \cdots, 10$. 则这 11 个数据点的拟合曲线就是 $p(x) = 1 + x + x^2 + x^3 + x^4 + x^5 + x^6 + x^7$. 若用最小二乘法求解此拟合曲线, 则有

如下的法方程

$$\begin{pmatrix} \sum_{i=0}^{n} 1 & \sum_{i=0}^{n} x_i & \cdots & \sum_{i=0}^{n} x_i^7 \\ \sum_{i=0}^{n} x_i & \sum_{i=0}^{n} x_i^2 & \cdots & \sum_{i=0}^{n} x_i^8 \\ \vdots & \vdots & & \vdots \\ \sum_{i=0}^{n} x_i^7 & \sum_{i=0}^{n} x_i^8 & \cdots & \sum_{i=0}^{n} x_i^{14} \end{pmatrix} \begin{pmatrix} a_0 \\ a_1 \\ \vdots \\ a_7 \end{pmatrix} = \begin{pmatrix} d_0 \\ d_1 \\ \vdots \\ d_7 \end{pmatrix}.$$

理想的结果下, 应用得到 $a_i = 1, i = 0, \cdots, 7$. 然而由于法矩阵 $\mathcal{G}_7$ 的条件数约等于 1.4359×10^{19}, 最后通过数学软件计算的结果为

$$\begin{pmatrix} a_0 \\ a_1 \\ a_2 \\ a_3 \\ a_4 \\ a_5 \\ a_6 \\ a_7 \end{pmatrix} = \begin{pmatrix} 1.1534 \\ -0.2644 \\ 2.3211 \\ 0.2408 \\ 1.2592 \\ 0.9474 \\ 1.0059 \\ 0.9997 \end{pmatrix}.$$

可见通过求解法矩阵得到的结果是完全不可靠的.

4.5.3 正交多项式拟合

为了避免“病态”法方程求解时带来的计算中的弊病, 可以通过正交多项式来构造拟合多项式.

设正交多项式系 $p_j, j = 0, \cdots, m$ 满足以下正交性

$$\langle \varphi_j, \varphi_k \rangle = \sum_{i=0}^{n} \rho_i \varphi_j(x_i) \varphi_k(x_i) \begin{cases} > 0, & j = k, \\ = 0, & j \neq k. \end{cases}$$

于是法方程可以简化为

$$\langle \varphi_j, \varphi_j \rangle a_j = \langle f, \varphi_j \rangle, \quad j = 0, \cdots, m.$$

求解得到

$$a_j = \frac{\langle f, \varphi_j \rangle}{\langle \varphi_j, \varphi_j \rangle}, \quad j = 0, \cdots, m.$$

因此 m 次拟合多项式为

$$p_m(x) = \sum_{j=0}^{m} \frac{\langle f, \varphi_j \rangle}{\|\varphi_j\|_2^2} \varphi_j(x).$$

离散点上的正交多项式系可以由 4.2 节介绍的 Gram-Schmidt 正交化方法或者首一正交多项式的三项递推公式得到.

例 4.5.4　利用正交多项式方法再次求解例 4.5.2 中的 2 次最小二乘拟合多项式.

解　(1) 首先考虑权系数全部为 1 的情况. 由首一正交多项式系的构造方式, 前两个正交多项式为

$$\varphi_0(x) = 1,$$
$$\varphi_1(x) = x - \alpha_0,$$

其中

$$\alpha_0 = \frac{\langle xp_0, p_0\rangle}{\langle p_0, p_0\rangle} = \frac{\sum_{i=0}^{4} x_i}{\sum_{i=0}^{4} 1} = 0.$$

因此有

$$\varphi_1(x) = x.$$

下一个正交多项式为

$$\varphi_2(x) = (x - \alpha_0)(x - \alpha_1) - \beta_0,$$

其中的系数为

$$\alpha_1 = \frac{\langle xp_1, p_1\rangle}{\langle p_1, p_1\rangle} = \frac{\sum_{i=0}^{4} x_i^3}{\sum_{i=0}^{4} x_i^2} = 0,$$

$$\beta_0 = \frac{\langle p_1, p_1\rangle}{\langle p_0, p_0\rangle} = \frac{\sum_{i=0}^{4} x_i^2}{\sum_{i=0}^{4} 1} = 2.$$

因此有

$$\varphi_2(x) = x^2 - 2.$$

所以 2 次拟合多项式为

$$
\begin{aligned}
p_2(x) &= \frac{\langle y,\varphi_0\rangle}{\langle\varphi_0,\varphi_0\rangle}\varphi_0(x)+\frac{\langle y,\varphi_1\rangle}{\langle\varphi_1,\varphi_1\rangle}\varphi_1(x)+\frac{\langle y,\varphi_2\rangle}{\langle\varphi_2,\varphi_2\rangle}\varphi_2(x)\\
&= \frac{\sum\limits_{i=0}^{4} y_i}{\sum\limits_{i=0}^{4} 1}+\frac{\sum\limits_{i=0}^{4} y_i x_i}{\sum\limits_{i=0}^{4} x_i^2}x+\frac{\sum\limits_{i=0}^{4} y_i(x_i^2-2)}{\sum\limits_{i=0}^{4}(x_i^2-2)^2}(x^2-2)\\
&= \frac{4}{5}-\frac{3}{7}(x^2-2)\\
&= \frac{58}{35}-\frac{3}{7}x^2.
\end{aligned}
$$

(2) 接着考虑权系数不全部为 1 的情况. 同样由首一正交多项式系的构造方式, 前两个正交多项式为

$$
\begin{aligned}
\varphi_0(x) &= 1,\\
\varphi_1(x) &= x-\alpha_0,
\end{aligned}
$$

其中

$$
\alpha_0=\frac{\langle xp_0,p_0\rangle}{\langle p_0,p_0\rangle}=\frac{\sum\limits_{i=0}^{4}\rho_i x_i}{\sum\limits_{i=0}^{4}\rho_i}=0.
$$

因此有

$$
\varphi_1(x)=x.
$$

下一个正交多项式为

$$
\varphi_2(x)=(x-\alpha_0)(x-\alpha_1)-\beta_0,
$$

其中的系数为

$$
\alpha_1=\frac{\langle xp_1,p_1\rangle}{\langle p_1,p_1\rangle}=\frac{\sum\limits_{i=0}^{4}\rho_i x_i^3}{\sum\limits_{i=0}^{4}\rho_i x_i^2}=0,
$$

$$\beta_0 = \frac{\langle p_1, p_1 \rangle}{\langle p_0, p_0 \rangle} = \frac{\sum_{i=0}^{4} \rho_i x_i^2}{\sum_{i=0}^{4} \rho_i} = 1.8889.$$

因此有

$$\varphi_2(x) = x^2 - 1.8889.$$

所以 2 次拟合多项式为

$$\begin{aligned} p_2(x) &= \frac{\langle y, \varphi_0 \rangle}{\langle \varphi_0, \varphi_0 \rangle}\varphi_0(x) + \frac{\langle y, \varphi_1 \rangle}{\langle \varphi_1, \varphi_1 \rangle}\varphi_1(x) + \frac{\langle y, \varphi_2 \rangle}{\langle \varphi_2, \varphi_2 \rangle}\varphi_2(x) \\ &= \frac{\sum_{i=0}^{4} \rho_i y_i}{\sum_{i=0}^{4} \rho_i} + \frac{\sum_{i=0}^{4} \rho_i y_i x_i}{\sum_{i=0}^{4} \rho_i x_i^2} x + \frac{\sum_{i=0}^{4} \rho_i y_i (x_i^2 - 1.8889)}{\sum_{i=0}^{4} \rho_i (x_i^2 - 1.8889)^2} (x^2 - 1.8889) \\ &= 0.8518 - 0.4345(x^2 - 1.8889) \\ &= 1.6726 - 0.4345x^2. \end{aligned}$$

可见用正交多项式方法得到的 2 次拟合多项式同例 4.5.2 得到的结果一致. □

注 当需要提高拟合多项式的次数时, 只需要在现有的拟合多项式的基础上增加一项即可. 当构造 $m+1$ 次拟合多项式时, 得到的法方程为

$$\sum_{k=0}^{m+1} \langle \varphi_k, \varphi_j \rangle a_k = d_j, \quad j = 0, \cdots, m+1.$$

由多项式的正交性有

$$\langle \varphi_j, \varphi_j \rangle a_j = d_j, \quad j = 0, \cdots, m+1.$$

因此前 m 个系数 $a_j, j = 0, \cdots, m$ 就是 m 次拟合多项式 p_m 的系数, 只是增加了一个系数 $a_{m+1} = \dfrac{d_{m+1}}{\|\varphi_{m+1}\|_2^2}$. 即 $m+1$ 次拟合多项式为

$$p_{m+1}(x) = p_m(x) + \frac{d_{m+1}}{\|\varphi_{m+1}\|_2^2}\varphi_{m+1}(x).$$

习 题 4

1. 建立定义在区间 $[0,1]$ 上以 $\rho(x)=-\ln(x)$ 为权函数的 0, 1, 2 次正交多项式.

2. 设 $0\leqslant k\leqslant n$,

(a) 证明

$$\left(\frac{\mathrm{d}}{\mathrm{d}x}\right)^k(1-x^2)^n=(1-x^2)^{n-k}q_k(x),$$

其中 q_k 是 k 次多项式.

(b) 利用上式的结果以及分部积分证明 Legendre 多项式的正交性质.

3. 证明 Legendre 多项式的边界值性质 (4.10).

4. 证明 Chebyshev 多项式的三项递推公式 (4.11).

5. 证明 Laguerre 正交多项式与 Hermite 正交多项式之间有如下关系式:

$$\mathsf{H}_{2n}(x)=(-1)^n2^{2n}n!\mathsf{L}_n^{(-1/2)}(x^2),$$
$$\mathsf{H}_{2n+1}(x)=(-1)^n2^{2n+1}n!x\mathsf{L}_n^{(1/2)}(x^2).$$

6. 证明定理 4.4.1.

7. 求函数 $f(x)=2x^2+5x-8$ 在区间 $[-1,1]$ 上的线性和 2 次最佳平方逼近多项式, 并用此多项式估计 $f(0.5)$.

8. 设 Gauss-Lobatto 节点为

$$x_i=-\cos\left(\frac{\pi i}{n}\right),\quad i=0,\cdots,n,$$

其中 $x_i, i=1,\cdots,n-1$ 是 T_n' 的零点. 记函数 $f\in C^s[-1,1]$, 并记以 $x_i, i=0,\cdots,n$ 为插值点的多项式为 P_n^{GL}. 证明以下结论.

(a)

$$\|f-P_n^{GL}\|_\rho\leqslant Cn^{-s}\|f\|_{s,\rho},$$

其中

$$\|f\|_\rho=\left(\int_{-1}^1\rho(x)f(x)\mathrm{d}x\right)^{\frac{1}{2}},$$
$$\|f\|_{s,\rho}=\left(\sum_{i=0}^s\|f^{(s)}\|_\rho^2\right)^{\frac{1}{2}}.$$

C 是与 n 无关的常数.

(b)

$$\|(f-P_n^{GL})'\|_\rho\leqslant Cn^{1-s}\|f\|_{s,\rho}.$$

(c) 最后利用 Gagliardo-Nirenberg 不等式

$$\|f\|_\infty\leqslant\|f\|^{\frac{1}{2}}\|f'\|^{\frac{1}{2}},$$

其中 $f, f' \in L^2$. 证明

$$\|f - P_n^{GL}\|_\infty \leqslant Cn^{1/2-s}\|f\|_{s,\rho}.$$

9. 设 f 是定义在 $[-a,a]$ 上的偶函数.

(a) 证明 f 在 $[-a,a]$ 上的 n 次最佳一致逼近多项式为偶函数;

(b) 证明由 (a) 的结论推导出 f 在 $[-a,a]$ 上的 $2n$ 次最佳一致逼近多项式也是 f 在 $[-a,a]$ 上的 $2n+1$ 次最佳一致逼近多项式;

(c) 根据 (b), 给出最佳一致逼近多项式 p_{2n} 的偏差点个数;

(d) 设 $f(x) = \cos(x^3), x \in [-1,1]$, 求 f 在 $[-1,1]$ 内的最佳一致逼近多项式 $p_3 \in \mathcal{P}_3$.

10. (a) 若 f 是定义在 $[-a,a]$ 上的奇函数, 仿照上一习题中的 (a) 和 (b), 给出相应的结论;

(b) 设 $f(x) = \sin(x^3), x \in [-1,1]$, 求 f 在 $[-1,1]$ 内的最佳一致逼近多项式 $p_2 \in \mathcal{P}_2$.

11. (a) 设函数 f 定义如下

$$f(x) = \sum_{i=0}^{n+1} a_i x^i,$$

其中 $a_{n+1} \neq 0$. 求 f 在区间 $[a,b]$ 内的最佳一致逼近多项式 $p_n \in \mathcal{P}_n$.

(b) 应用 (a) 的结果, 若 $f(x) = 4x^3 + 2x^2 + x + 1$, 求 f 在区间 $[-1,1]$ 内的最佳一致逼近多项式 $p_1 \in \mathcal{P}_1$.

12. 设 $f(x) = \sqrt{x}$, 求 f 在区间 $\left[\dfrac{1}{4}, 1\right]$ 内的最佳一致逼近多项式 $p_1 \in \mathcal{P}_1$.

13. 设 f 是定义在 $[a,b]$ 上的连续实值函数, 举例说明存在最佳一致逼近多项式 $p_1 \in \mathcal{P}_1$, 使得区间端点 a, b 不属于 $f - p_1$ 的偏差点.

14. 证明函数连续模数的性质 (4.17)—(4.18).

15. 证明 (4.19) 式.

16. 记函数 f 的截断 Chebyshev 级数为

$$y_n(x) = \frac{1}{2}a_0 + \sum_{r=1}^{n} a_r \mathsf{T}_r(x),$$

其中

$$a_r = \frac{2}{\pi}\int_{-1}^{1}(1-x^2)^{-1/2}\mathsf{T}_r(x)f(x)\mathrm{d}x.$$

(a) 定义下面的三项递推公式

$$\begin{cases} b_r(x) - 2xb_{r+1}(x) + b_{r+2}(x) = a_r, \\ b_{n+1}(x) = b_{n+2}(x) = 0. \end{cases}$$

证明 $y_n(x)$ 可以表示为

$$y_n(x) = \frac{1}{2}(b_0(x) - b_2(x)).$$

(b) 证明由上面迭代方式得到的截断 Chebyshev 级数的方法是数值稳定的.

17. 设 ρ 上定义在 (a,b) 上的权函数, $\varphi_i,\ i = 0,1,\cdots$ 是定义在 (a,b) 上带权 ρ 的正交多项式系.

(a) 利用正交多项式系 $\varphi_i,\ i = 0,1,\cdots$ 求 x^{n+1} 的 n 次最佳平方逼近多项式 p_n.

(b) 证明

$$\|x^{n+1} - p_n\|_\rho^2 = \frac{\|\varphi_{n+1}\|_\rho^2}{A_{n+1}^2},$$

其中 A_{n+1} 为多项式 φ_{n+1} 的首项系数.

(c) 当区间为 $(-1,1)$, 权函数为 $\rho(x)=1$ 时, 求 x^3 的 2 次最佳平方逼近多项式, 并估计误差.

18. 设 H 为分段函数

$$H(x) = \begin{cases} 1, & x > 0, \\ -1, & x \leqslant 0. \end{cases}$$

求 H 在区间 $[-1,1]$ 上以 $\rho(x)=1$ 为权函数的 0, 1, 2 次最佳平方逼近多项式.

19. 设 ρ 是定义在 $(-a,a)$ 上的权函数, 且 ρ 是偶函数. 设 $\varphi_i, i=0,\cdots,n$ 是由 Gram-Schmidt 正交化法生成的正交多项式系.

(a) 证明若 i 为偶数, 则 φ_i 为偶函数; 若 i 为奇数, 则 φ_i 为奇函数.

(b) 设

$$p_n(x) = a_0\varphi_0 + \cdots + a_n\varphi_n$$

为函数在区间 $(-a,a)$ 上关于权函数 ρ 的最佳平方逼近多项式. 证明若 f 为偶函数, 则所有奇系数 a_{2i-1} 为零; 若 f 为奇函数, 则所有偶系数 a_{2i} 为零.

20. (a) 用 2 次多项式拟合表 4.4 数据点.

表 4.4

x_i	1	3	4	5
y_i	2	2	1	3

(b) 求以上数据的 3 次拟合多项式, 并与数据点的 3 次插值多项式进行比较.

21. 利用正交多项式求表 4.5 数据的 2 次拟合多项式.

表 4.5

x_i	1.36	1.49	1.73	1.81	1.95	2.16	2.28	2.48
y_i	14.095	15.096	16.844	17.378	18.435	19.949	20.963	22.495

22. 表 4.6 数据是汽车刹车试验的数据.

表 4.6

x_i	5	10	15	20	25	30	35	40
y_i	3.42	5.96	31.14	41.76	75.54	94.32	133.72	169.16

其中 x_i 是汽车速度, y_i 是汽车刹车距离.

(a) 求形如 $p_2(x) = a_0 + a_1x + a_2x^2$ 的拟合多项式.

(b) 求形如 $p_2(x) = a_1x + a_2x^2$ 的拟合多项式.

(c) 以上两种拟合多项式, 哪个更好?

23. 利用最小二乘法求解下面超定方程.

$$
\begin{cases}
2x + 4y = 11, \\
3x - 5y = 3, \\
x + 2y = 6.
\end{cases}
$$

第5章 数值积分

5.1 引　　言

在工程科技等研究中，经常需要计算积分

$$I(f)=\int_a^b f(x)\mathrm{d}x.$$

理论上对于函数 $f\in C[a,b]$，只要找到 f 的原函数 F，即 $F'(x)=f(x)$，就可以用 Newton-Leibnitz 公式得到定积分

$$\int_a^b f(x)\mathrm{d}x=F(b)-F(a).$$

但在实际中，于由 f 的表达形式复杂，Newton-Leibnitz 定理不适用. 例如以下弊端.

(i)f 的原函数不能用初等函数的有限形式表示.

$$\int_0^1\frac{\sin(x)}{x}\mathrm{d}x,\qquad\int_0^1\mathrm{e}^{-x^2}\mathrm{d}x.$$

(ii) f 是用函数表形式或图形形式给出的，没有解析表达式.

(iii) 虽然函数 f 的原函数可以用初等函数表示，但由于其表达式过于复杂，计算定积分十分困难.

因此就需要用数值方法来给出定积分的近似值，称为数值积分.

数值积分的基本思想是首先用简单函数 (一般为多项式函数) 代替被积函数，然后对简单函数在积分区间上积分，就得到原积分的近似值. 通过这种方法得到的求积公式被称为插值型求积公式. 最简单的情况是插值节点为等距情况时，得到的求积公式为著名的 Newton-Cotes 求积公式. 其中最常用的是一阶梯形求积公式和三阶 Simpson 求积公式. 但是随着求积公式阶数的提高，会产生类似于 Runge 现象，从而导致计算结果不准确.

为了避免高阶求积公式的弊端，就要用到插值中的分段思想，即将积分区间分成一系列子区间，然后在每个子区间上应用低阶求积公式，称为复合求积公式. 常用的复合求积公式有复合梯形求积公式和复合 Simpson 求积公式. 通过外插值方法，可以进一步提高复合求积公式的效率，即由低阶求积公式构造高阶求积公式，例如梯形加速公式和 Simpson 加速公式. 更一般地加速构造方法被称为 Romberg 算法.

上述求积公式中, 节点是由等距方式给定的, 所以形式上简单. 但不足之处是固定等距节点损失了自由度, 不能达到求积公式的最优精度. 要使插值型求积公式达到最优精度, 就要选取最优节点. 可以证明这些最优节点是区间上对应正交多项式的零点, 而构造出的最优精度求积公式被称为 Gauss 求积公式. 最后根据对节点选取的限制, 产生了 Gauss 求积公式的变形形式, 如复合 Gauss 求积公式, Gauss-Radau 求积公式, Gauss-Lobatto 求积公式等.

当然, 数值积分的内容不仅限于此. 例如, 当被积函数在一此区间变化比另一此区间陡峭, 则应该在陡峭的区间使用更稠密的节点. 这样既节省了计算成本, 同时也获得了较高的计算精度. 这种方法被称为自适应求积方法, 可参见 (Davis and Rabinowitz, 1984; Quarteroni et al, 2000). 又例如积分为反常积分时, 则需要对积分本身先做一定处理, 再应用求积公式, 可参见 (Kythe and Schäferkotter, 2005). 最后, 关于高维求积方法, 可以参见 (Davis and Rabinowitz, 1984).

5.2　数值积分基本概念

5.2.1　数值积分的基本思想

设函数 f 为 $[a,b]$ 上的连续函数, 则定积分 $\int_a^b f(x)\mathrm{d}x$ 的几何意义是曲线 f 与实数轴 x 所围成的区域面积, 如图 5.1 所示. 数值积分的基本思想是用多项式 p 去逼近函数 f, 然后用多项式 p 与实数轴 x 所围成的区域面积 $\int_a^b p(x)\mathrm{d}x$ 去近似 $\int_a^b f(x)\mathrm{d}x$.

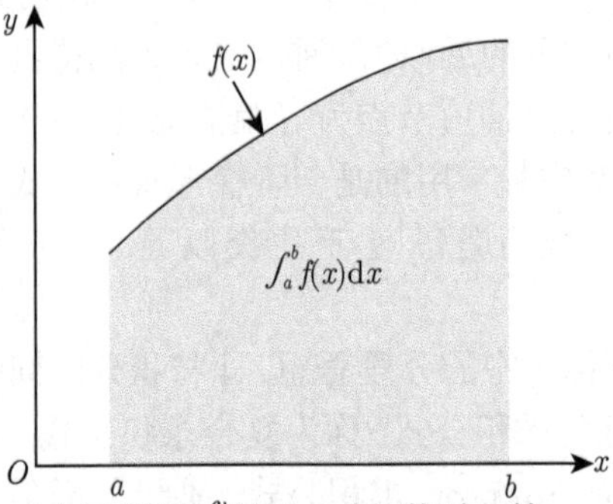

(a) 原积分 $\int_a^b f(x)\mathrm{d}x$ 为函数 f 与 x 轴围成的面积

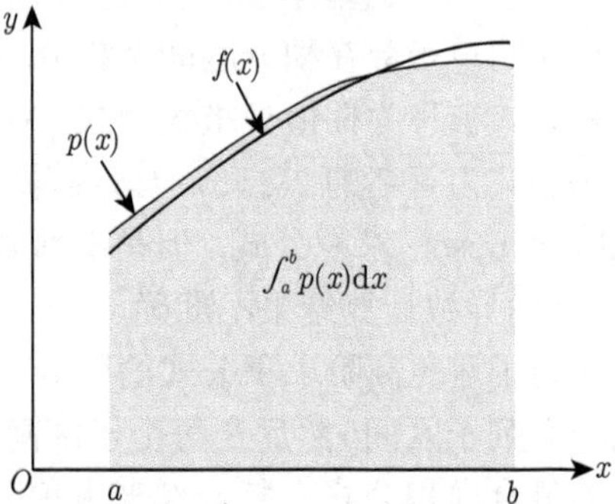

(b) 数值积分 $\int_a^b p(x)\mathrm{d}x$ 为逼近多项式 p 与 x 轴围成的面积

图 5.1　数值积分基本思想的示意图

最常用的逼近多项式是插值多项式. 设区间 $[a,b]$ 上的 $n+1$ 个节点 $x_i, i=0,\cdots,n$, 则插值多项式 p 满足以下插值条件:

$$f(x_i)=p(x_i),\quad i=0,\cdots,n.$$

例 5.2.1 设 $f(x)=\mathrm{e}^x, x\in[0,2]$, 选取插值节点为 $\{0,1,2\}$. 首先用二次 Lagrange 插值多项式逼近函数 f, 得到

$$L_2(x)=f(0)\cdot\frac{x-1}{0-1}\cdot\frac{x-2}{0-2}+f(1)\cdot\frac{x-0}{1-0}\cdot\frac{x-2}{1-2}+f(2)\cdot\frac{x-0}{2-0}\cdot\frac{x-1}{2-1}.$$

对 L_2 在 $[0,2]$ 上积分得到

$$\int_0^2 f(x)\mathrm{d}x\approx\int_0^2 L_2(x)\mathrm{d}x=\frac{1}{3}f(0)+\frac{4}{3}f(1)+\frac{1}{3}f(2).$$

再用分段线性多项式去逼近函数 f 得到

$$s_1(x)=\begin{cases} f(0)\cdot\dfrac{x-1}{0-1}+f(1)\cdot\dfrac{x-0}{1-0}, & 0\leqslant x<1,\\ f(1)\cdot\dfrac{x-2}{1-2}+f(2)\cdot\dfrac{x-1}{2-1}, & 1\leqslant x\leqslant 2.\end{cases}$$

对 $s_1(x)$ 在 $[0,2]$ 上积分得到

$$\int_0^2 f(x)\mathrm{d}x\approx\int_0^2 s_1(x)\mathrm{d}x=\frac{1}{2}f(0)+f(1)+\frac{1}{2}f(2).$$

一般地, 在 $[a,b]$ 内适当选取 $n+1$ 个节点 $x_i, i=0,\cdots,n$, 然后用 $f(x_i), i=0,\cdots,n$ 的线性组合作为定积分的近似

$$I(f)=\int_a^b f(x)\mathrm{d}x\approx\sum_{i=0}^n A_i f(x_i)=I_n(f).\tag{5.1}$$

称 x_i 为求积节点, A_i 为求积系数, $I_n(f)$ 为数值求积公式. 注意到 A_i 只与节点 x_i 的选取有关, 而与函数 f 无关.

5.2.2 代数精度

定义 5.2.1 若求积公式 (5.1) 对被积函数 $f(x)=1,x,\cdots,x^m$ 都能精确成立, 而对 $f(x)=x^{m+1}$ 不能精确成立, 则称求积公式 (5.1) 具有 m 次代数精度.

例 5.2.2 证明求积公式

$$\int_{-1}^1 f(x)\mathrm{d}x\approx\frac{1}{9}[5f(-\sqrt{0.6})+8f(0)+5f(-\sqrt{0.6})]$$

至少具有 5 次代数精度.

证明　由于求积公式中的节点和系数全部给定, 因此可直接将 $f(x)=1,x,\cdots,x^6$ 代入验证.

$$2=\int_{-1}^{1}1\mathrm{d}x=\frac{1}{9}[5\times 1+8\times 1+5\times 1]=2,$$

$$0=\int_{-1}^{1}x\mathrm{d}x=\frac{1}{9}[5\times\sqrt{0.6}+8\times 0+5\times(-\sqrt{0.6})]=0,$$

$$\frac{2}{3}=\int_{-1}^{1}x^2\mathrm{d}x=\frac{1}{9}[5\times(\sqrt{0.6})^2+8\times 0+5\times(-\sqrt{0.6})^2]=\frac{2}{3},$$

$$0=\int_{-1}^{1}x^3\mathrm{d}x=\frac{1}{9}[5\times(\sqrt{0.6})^3+8\times 0+5\times(-\sqrt{0.6})^3]=0,$$

$$\frac{2}{5}=\int_{-1}^{1}x^4\mathrm{d}x=\frac{1}{9}[5\times(\sqrt{0.6})^4+8\times 0+5\times(-\sqrt{0.6})^4]=\frac{2}{5},$$

$$0=\int_{-1}^{1}x^5\mathrm{d}x=\frac{1}{9}[5\times(\sqrt{0.6})^5+8\times 0+5\times(-\sqrt{0.6})^5]=0,$$

$$\frac{2}{7}=\int_{-1}^{1}x^6\mathrm{d}x\neq\frac{1}{9}[5\times(\sqrt{0.6})^6+8\times 0+5\times(-\sqrt{0.6})^6]=\frac{6}{25}.$$

因为求积公式对 $f(x)=1,x,\cdots,x^5$ 能精确成立, 而对 $f(x)=x^6$ 不能精确成立, 所以求积公式具有 5 次代数精度. □

一般地, 要使求积公式 (5.1) 具有 n 次代数精度, 就要令它对于 $f(x)=1,x,\cdots,x^n$ 都精确成立. 也就是对于给定的 $n+1$ 个互异节点 $x_i,i=0,\cdots,n$, 相应的求积系数 $A_i,i=0,\cdots,n$ 满足

$$\begin{pmatrix}1 & 1 & \cdots & 1\\ x_0 & x_1 & \cdots & x_n\\ \vdots & \vdots & & \vdots\\ x_0^n & x_1^n & \cdots & x_n^n\end{pmatrix}\begin{pmatrix}A_0\\ A_1\\ \vdots\\ A_n\end{pmatrix}=\begin{pmatrix}b-a\\ \dfrac{b^2-a^2}{2}\\ \vdots\\ \dfrac{b^{n+1}-a^{n+1}}{n+1}\end{pmatrix}. \tag{5.2}$$

线性方程组 (5.2) 的系数矩阵是 Vandermonde 矩阵. 当求积节点 $x_i,i=0,\cdots,n$ 互异时, Vandermonde 行列式非零, 因此求积系数 $A_i,i=0,\cdots,n$ 是存在唯一的. 通过求解线性方程组 (5.2) 得到求积系数的方法称为待定系数法.

定理 5.2.1　*对任意给定 $n+1$ 个互异节点 $x_i,i=0,\cdots,n$, 总存在相应系数 $A_i,i=0,\cdots,n$, 使得求积公式 (5.1) 至少具有 n 次代数精度.*

由于 Vandermonde 矩阵是病态矩阵, 所以待定系数法并不是最佳方法.

5.2.3 插值型求积公式

设求积节点 $x_i, i=0,\cdots,n$ 为互异节点, 已知函数 f 在求积节点上的值 $f(x_i)$, $i=0,\cdots,n$, 则可构造 f 的 Lagrange 插值多项式

$$L_n(x)=\sum_{i=0}^{n} l_{i,n}(x)f(x_i)=\sum_{i=0}^{n}\prod_{\substack{j=0\\ j\neq i}}^{n}\frac{x-x_j}{x_i-x_j}f(x_i). \tag{5.3}$$

对 Lagrange 插值多项式 $L_n(x)$ 求积分有

$$\int_a^b f(x)\mathrm{d}x\approx\int_a^b L_n(x)\mathrm{d}x=\sum_{i=0}^{n}\left(\int_a^b l_{i,n}(x)\mathrm{d}x\right)f(x_i).$$

定义 5.2.2 *记*

$$A_i=\int_a^b l_{i,n}(x)\mathrm{d}x=\int_a^b\prod_{\substack{j=0\\ j\neq i}}^{n}\frac{x-x_j}{x_i-x_j}\mathrm{d}x,$$

若求积公式表示为

$$I_n(f)=\sum_{i=0}^{n}A_i f(x_i).$$

则称 $I_n(f)$ 为插值型求积公式.

插值型求积公式的余项为

$$R(f)=\int_a^b\frac{f^{(n+1)}(\xi_x)}{(n+1)!}\prod_{i=0}^{n}(x-x_i)\mathrm{d}x. \tag{5.4}$$

定理 5.2.2 *求积公式*

$$I_n(f)=\sum_{i=0}^{n}A_i f(x_i) \tag{5.5}$$

为插值型求积公式的充要条件是它至少具有 n 次代数精度.

证明 **充分性** 设求积公式 (5.5) 至少具有 n 次代数精度, 则它对次数不超过 n 的多项式应该准确成立, 因此

$$\int_a^b l_{i,n}(x)\mathrm{d}x=\sum_{j=0}^{n}A_j l_{i,n}(x_j)=A_i.$$

故求积公式 (5.5) 为插值型求积公式.

必要性 由插值型求积公式的余项知, 求积公式 (5.5) 对次数不超过 n 的多项式准确成立, 所以求积公式至少具有 n 次代数精度. □

例 5.2.3 已知节点 $x_0=\frac{1}{4}, x_1=\frac{1}{2}, x_2=\frac{3}{4}$.

(i) 推导出以这三个节点为求积节点, 在区间 $[0,1]$ 内的插值型求积公式.

(ii) 指明求积分公式的代数精度.

(iii) 用此求积公式计算 $\int_0^1 (x^3-x)\mathrm{d}x$.

解 (i) 通过三个求积节点的 Lagrange 插值多项式为

$$L_2(x)=f\left(\frac{1}{4}\right)\cdot\frac{x-\frac{1}{2}}{\frac{1}{4}-\frac{1}{2}}\cdot\frac{x-\frac{3}{4}}{\frac{1}{4}-\frac{3}{4}}+f\left(\frac{1}{2}\right)\cdot\frac{x-\frac{1}{4}}{\frac{1}{2}-\frac{1}{4}}\cdot\frac{x-\frac{3}{4}}{\frac{1}{2}-\frac{3}{4}}+f\left(\frac{3}{4}\right)\cdot\frac{x-\frac{1}{4}}{\frac{3}{4}-\frac{1}{4}}\cdot\frac{x-\frac{1}{2}}{\frac{3}{4}-\frac{1}{2}}.$$

求积分得

$$\int_0^1 f(x)\mathrm{d}x\approx\int_0^1 L_2(x)\mathrm{d}x=\frac{2}{3}f\left(\frac{1}{4}\right)-\frac{1}{3}f\left(\frac{1}{2}\right)+\frac{2}{3}f\left(\frac{3}{4}\right). \tag{5.6}$$

(ii) 由于 (5.6) 式为插值型求积公式, 所以 (5.6) 式至少具有 2 次代数精度. 再将 $f(x)=x^3,x^4$ 分别代入求积公式有

$$\frac{1}{4}=\int_0^1 x^3\mathrm{d}x=\frac{1}{3}\left[2\left(\frac{1}{4}\right)^3-\left(\frac{1}{2}\right)^3+2\left(\frac{3}{4}\right)^3\right]=\frac{1}{4},$$

$$\frac{1}{5}=\int_0^1 x^3\mathrm{d}x\neq\frac{1}{3}\left[2\left(\frac{1}{4}\right)^4-\left(\frac{1}{2}\right)^4+2\left(\frac{3}{4}\right)^4\right]=\frac{37}{192}.$$

所以求积公式 (5.6) 具有三次代数精度.

(iii) 将 $f(x)=x^3-x$ 代入求积公式 (5.6) 得到

$$\frac{1}{3}\left[2\left(\left(\frac{1}{4}\right)^3-\frac{1}{4}\right)-\left(\frac{1}{2}\right)^3+\frac{1}{2}+2\left(\left(\frac{3}{4}\right)^3-\frac{3}{4}\right)\right]=-\frac{1}{4}.$$

由于求积公式 (5.6) 具有三次代数精度, 故 $-\frac{1}{4}$ 是 $\int_0^1 (x^3-x)\mathrm{d}x$ 的准确值. □

5.3 Newton-Cotes 求积公式

5.3.1 Newton-Cotes 公式的推导

在等距节点情况下的插值型求积公式就是 Newton-Cotes 公式. 将积分区间 $[a,b]$ 等分为 n 段, 记步长为 $h=\frac{b-a}{n}$, 则求积节点为 $x_i=a+ih, i=0,\cdots,n$. 将

等距节点代入插值型求积公式 (5.5) 有

$$I(f)=\int_a^b f(x)\mathrm{d}x \approx (b-a)\sum_a^b c_{i,n}f(x_i), \tag{5.7}$$

其中

$$c_{i,n}=\frac{A_i}{b-a}=\frac{1}{b-a}\int_a^b \prod_{\substack{j=0\\ j\neq i}}^{n}\frac{x-x_j}{x_i-x_j}\mathrm{d}x.$$

再作坐标变换 $x=a+th$, 则有

$$\mathrm{d}x=h\mathrm{d}t,\quad x-x_j=(t-j)h,\quad x_i-x_j=(i-j)h.$$

从而

$$c_{i,n}=\frac{h}{b-a}\int_0^n \prod_{\substack{j=0\\ j\neq i}}^{n}\frac{t-j}{i-j}\mathrm{d}t. \tag{5.8}$$

称 $c_{i,n}$ 为 Cotes 系数, 它只依赖于区间等分数 n, 而与函数 f 以及区间 $[a,b]$ 本身无关. 因此, 只要给出 n 就能算出 $c_{i,n}, i=0,\cdots,n$, 进而写出相应的 Newton-Cotes 求积公式.

例 5.3.1 (i) 当 $n=1$ 时, 利用 (5.8) 式算出系数 $c_{0,1}=c_{1,1}=\frac{1}{2}$, 于是有

$$I(f)\approx T(f)=\frac{b-a}{2}(f(a)+f(b)).$$

称为梯形求积公式.

(ii) 当 $n=2$ 时, 利用 (5.8) 式算出系数 $c_{0,2}=c_{2,2}=\frac{1}{6}, c_{1,2}=\frac{4}{6}$, 于是有

$$I(f)\approx S(f)=\frac{b-a}{6}\left(f(a)+4f\left(\frac{a+b}{2}\right)+f(b)\right).$$

称为 Simpson 求积公式.

注 (i) Cotes 系数是对称的, 即 $c_{i,n}=c_{n-i,n}$.

证明 记

$$\tau(i,t)=\prod_{\substack{j=0\\ j\neq i}}^{n}\frac{t-j}{i-j}.$$

于是证明 Cotes 系数的对称性就只需要证明 $\int_0^n \tau(i,n-t)\mathrm{d}t=\int_0^n \tau(n-i,t)\mathrm{d}t$. 令 $k=n-j$, 则有

$$\int_0^n \tau(i,n-t)\mathrm{d}t=\int_0^n \prod_{\substack{j=0\\ j\neq i}}^{n}\frac{n-t-j}{i-j}\mathrm{d}t$$

$$= \int_0^n \prod_{\substack{k=0\\ j\neq n-i}}^{n} \frac{t-k}{n-i-k}\mathrm{d}t$$

$$= \int_0^n \tau(n-i,t)\mathrm{d}t.$$

又因为 $\tau(i,t)$ 和 $\tau(n-i,t)$ 是关于 $\frac{n}{2}$ 对称的, 所以推出了 Cotes 系数的对称性. □

(ii) Cotes 系数的代数和为 1.

由于 Newton-Cotes 求积公式至少具有 n 次代数精度, 因此若取 $f(x)=1$ 时则有

$$b-a=\int_a^b 1\mathrm{d}x=(b-a)\sum_{i=0}^{n} c_{i,n}. \tag{5.9}$$

于是推导出 $\sum_{i=0}^{n} c_{i,n}=1$.

5.3.2 Newton-Cotes 公式的误差

由插值型求积公式的余项 (5.4) 式, 可以立即得到下面的误差估计.

定理 5.3.1 设 $f\in C^{n+1}[a,b]$, 则有

$$|R_n(f)|\leqslant \frac{M_{n+1}}{(n+1)!}\int_a^b |\pi_{n+1}(x)|\mathrm{d}x,$$

其中

$$M_{n+1}=\max_{x\in[a,b]}\left|f^{(n+1)}(x)\right|,\quad \pi_{n+1}(x)=\prod_{i=0}^{n}(x-x_i).$$

应用定理 5.3.1 就可以给出梯形求积公式的误差估计. 实际上令 $n=1$, $\pi_2(x)=(x-a)(x-b)$, 那么有

$$\begin{aligned}|R_1(f)| &\leqslant \frac{M_2}{2}\int_a^b |x-a|\cdot|x-b|\mathrm{d}x\\ &= \frac{M_2}{2}\int_a^b (x-a)(b-x)\mathrm{d}x\\ &= \frac{(b-a)^3}{12}M_2.\end{aligned}$$

类似地, 也可以计算出 Simpson 求积公式的误差估计

$$|R_2(f)|\leqslant \frac{M_3}{6}\int_a^b \left|(x-a)\left(x-\frac{a+b}{2}\right)(x-b)\right|\mathrm{d}x=\frac{(b-a)^4}{196}M_3. \tag{5.10}$$

然而 (5.10) 式并不是 Simpson 求积公式最佳的误差估计. 将 $f(x)=x^3$ 代入 Simpson 公式

$$\begin{aligned}S(f)&=\frac{b-a}{6}\left(a^3+4\left(\frac{a+b}{2}\right)^3+b^3\right)\\&=\frac{b^4-a^4}{4}\\&=\int_a^b x^3\mathrm{d}x.\end{aligned}$$

因此 Simpson 求积公式具有三次代数精度. 而从 (5.10) 式无法得到这一结论. 下面一个定理给出了 Simpson 求积公式更好的误差估计.

定理 5.3.2 设 $f\in C^4[a,b]$, 那么有

$$\int_a^b f(x)\mathrm{d}x-\frac{b-a}{6}\left(f(a)+4f\left(\frac{a+b}{2}\right)+f(b)\right)=-\frac{(b-a)^5}{2880}f^{(4)}(\xi),\tag{5.11}$$

其中 $\xi\in(a,b)$.

证明 作变换

$$x=\frac{a+b}{2}+\frac{b-a}{2}t,\quad t\in[-1,1].$$

并定义 $F(t)=f(x)$, 则有

$$\begin{aligned}&\int_a^b f(x)\mathrm{d}x-\frac{b-a}{6}\left(f(a)+4f\left(\frac{a+b}{2}\right)+f(b)\right)\\=&\frac{b-a}{2}\left[\int_{-1}^1 F(\tau)\mathrm{d}\tau-\frac{1}{3}(F(-1)+4F(0)+F(1))\right].\end{aligned}\tag{5.12}$$

令

$$G(t)=\int_{-t}^t F(\tau)\mathrm{d}\tau-\frac{t}{3}(F(-t)+4F(0)+F(t)),\quad t\in[-1,1],\tag{5.13}$$

则 (5.12) 式的右端项等于 $\frac{1}{2}(b-a)G(1)$. 接下来只要证明 $\frac{1}{2}(b-a)G(1)$ 等于 (5.11) 式的右端项.

令 $H(t)=G(t)-t^5G(1)$, $t\in[-1,1]$. 由于 $H(0)=H(1)$, 应用 Rolle 定理, 则存在 $\xi_1\in(0,1)$ 使得 $H'(\xi_1)=0$. 又由于 $H'(0)=0$, 再应用 Rolle 定理, 存在 $\xi_2\in(0,\xi_1)$ 使得 $H''(\xi_2)=0$. 最后由于 $H''(0)=0$, 所以存在 $\xi_3\in(0,\xi_2)$ 使得 $H'''(\xi_3)=0$.

对 G 求三阶导数有

$$G'''(t)=-\frac{t}{3}[F'''(t)-F'''(-t)].$$

因此有

$$H'''(\xi_3) = -\frac{\xi_3}{3}[F'''(\xi_3) - F'''(-\xi_3)] - 60\xi^2 G(1).$$

再应用微分中值定理, 则存在 $\xi_4 \in (-\xi_3, \xi_3)$ 使得

$$H'''(\xi_3) = -\frac{2\xi_3^2}{3}[F^{(4)}(\xi_4) - 90G(1)] = 0.$$

整理得到

$$G(1) = -\frac{1}{90}F^{(4)}(\xi_4) = -\frac{(b-a)^4}{1440}f^{(4)}(\xi),\ \xi = \frac{a+b}{2} + \frac{b-a}{2}\xi_4.$$

代入 $\frac{1}{2}(b-a)G(1)$ 就得证结论. □

应用定理 5.3.2 可以得到下面的 Simpson 公式的误差估计.

$$|R_2(f)| \leqslant \frac{(b-a)^5}{2880}M_4. \tag{5.14}$$

上式说明 Simpson 公式对次数不超过 3 次的多项式准确成立, 因此估计式 (5.14) 比估计式 (5.10) 要精确.

更一般地, Newton-Cotes 公式的代数精度有下面结论.

定理 5.3.3 对于 Newton-Cotes 公式, 当 n 为奇数时, 它至少具有 n 次代数精度; 当 n 为偶数时, 它至少有 $n+1$ 次代数精度.

证明 由定理 5.3.1 知插值型求积公式至少有 n 次代数精度, 所以只用证明当 n 为偶数时, Newton-Cotes 公式的代数精度会提高一次.

设 $n = 2k$ 为偶数, $f(x) = x^{n+1}$, 则 Newton-Cotes 公式的余项为

$$R_n(f) = \int_a^b \frac{f^{(n+1)}(\xi_x)}{(n+1)!}\prod_{i=0}^{n}(x - x_i)\mathrm{d}x = \int_a^b \prod_{i=0}^{n}(x - x_i)\mathrm{d}x.$$

作坐标变换

$$x = a + th, \quad x_j = a + jh.$$

于是

$$R_n(f) = h^{n+2}\int_0^n \prod_{j=0}^{n}(t - j)\mathrm{d}t.$$

再令 $t = s + k$, 则有

$$R_n(f) = h^{2k+2}\int_{-k}^{k} \prod_{j=0}^{2k}(s + k - j)\mathrm{d}s.$$

记

$$G(s)=\prod_{j=0}^{2k}(s+k-j)=\prod_{j=-k}^{k}(s-j).$$

易容验证 G 为奇函数, 所以有 $R_n(f)=0$. □

例 5.3.2 (i) 分别用梯形求积公式和 Simpson 求积公式计算积分值 $I(f)=\int_0^1\cos(x)\mathrm{d}x$. (ii) 给出数值积分的误差估计, 并与准确误差进行比较.

解 (i) 梯形求积公式计算结果为

$$T(f)=\frac{1-0}{2}(\cos(0)+\cos(1))\approx\frac{1}{2}(1+0.5403)=0.7702.$$

Simpson 求积公式计算结果为

$$\begin{aligned}S(f)=&\frac{1-0}{6}(\cos(0)+4\cos(0.5)+\cos(1))\\ \approx&\frac{1}{6}(1+4\times0.8776+0.5403)=0.8418.\end{aligned}$$

(ii) 梯形求积公式的误差估计为

$$R_T(f)\leqslant\frac{1}{12}\max_{0\leqslant x\leqslant1}|\cos(x)|=\frac{1}{12}\approx0.08333.$$

真实误差为

$$|T(f)-I(f)|=|0.7702-0.8415|=0.0713.$$

Simpson 求积公式的误差估计为

$$R_S(f)\leqslant\frac{1}{2880}\max_{0\leqslant x\leqslant1}|\cos(x)|=\frac{1}{2880}\approx3.4722\times10^{-4}.$$

真实误差为

$$|S(f)-I(f)|=|0.8418-0.8415|=3\times10^{-4}.$$

可见误差估计与真实误差十分接近, 并且 Simpson 求积公式比梯形求积公式要准确得多. □

5.3.3 Newton-Cotes 公式的稳定性和收敛性

数值积分的稳定性讨论的是当 $f(x_i)$ 有误差 δ_i 时, 数值积分 $I_n(f)$ 的误差是否增长. 记数值扰动后的 $f(x_i)$ 为 $\tilde{f}_i$, 则

$$\delta_i=|f(x_i)-\tilde{f}_i|,\quad i=0,\cdots,n.$$

定义 5.3.1 (数值稳定性)　记求积公式为 $I_n(f)=\sum_{i=0}^{n}A_if(x_i)$. $\forall\varepsilon>0$, 若存在 $\delta>0$, 当 $\delta_i=|f(x_i)-\tilde{f}_i|\leqslant\delta$, $i=0,\cdots,n$ 时有

$$|I_n(f)-I_n(\tilde{f})|\leqslant\varepsilon,$$

则称求积公式 $I_n(f)$ 是数值稳定的.

定理 5.3.4　若 Newton-Cotes 公式 (5.7) 的系数 $c_{i,n}>0$, $i=0,\cdots,n$, 则 (5.7) 式是稳定的.

证明　设 $\delta>0$ 使得

$$|f(x_i)-\tilde{f}_i|\leqslant\delta,\quad i=0,\cdots,n.$$

则有

$$\begin{aligned}|I_n(f)-I_n(\tilde{f})|&=\left|(b-a)\sum_{i=0}^{n}c_{i,n}(f(x_i)-\tilde{f}_i)\right|\\&\leqslant\delta(b-a)\sum_{i=0}^{n}c_{i,n}\\&=\delta(b-a).\end{aligned}$$

因此, $\forall\varepsilon>0$, 只要令 $\delta=\dfrac{\varepsilon}{b-a}$, 就有

$$|I_n(f)-I_n(\tilde{f})|\leqslant\delta(b-a)=\varepsilon.$$

即得证结论. □

当 $n>8$ 时, Cotes 系数出现负值, 此时定理 5.3.4 就不再适用, 因此 Newton-Cotes 算法的稳定性也就难以保证. 实际上, 虽然 Cotes 系数的代数和总为 1, 但是当 $n\to\infty$ 时就会有 $\sum_{i=0}^{n}|c_{i,n}|\to\infty$. 所以也就无法保证 Newton-Cotes 公式的收敛性.

例 5.3.3　用 Newton-Cotes 公式计算定积分

$$I(f)=\int_{-5}^{5}\frac{1}{1+x^2}\mathrm{d}x.$$

被积函数 $f(x)=\dfrac{1}{1+x^2}$ 就是 2.8 节中时产生 Runge 现象的函数. 在区间 $[-5,5]$ 上, 在等距节点情况下, Lagrange 插值多项式不能一致逼近 $f(x)$. 因此对 Lagrange 插值多项式积分得到的值也就无法逼近 $I(f)$. 这个结论也可以通过数值结论得以

验证. 表 5.1 给出了用 Newton-Cotes 公式计算 $I(f)$ 的结果, 可见随着 n 的增大, 数值积分值没有收敛, 而是发散的.

例 5.3.3 说明高阶的 Newton-Cotes 公式不能保证数值稳定性, 因此通常不推荐使用阶数高于 8 的 Newton-Cotes 公式. 为了使用更加精确的数值积分方法, 可以将积分区间划分成小段, 然后在每一小段上应用低阶的 Newton-Cotes 公式, 这种方法被称为复合求积公式.

表 5.1 用 Newton-Cotes 公式计算定积分 $\int_{-5}^{5}\frac{1}{1+x^2}\mathrm{d}x$ 的结果

n	I_n	n	I_n
1	0.38462	8	1.50049
2	6.79487	9	2.39862
3	2.08145	10	4.67330
4	2.37401	11	3.24477
5	2.30769	12	−0.31294
6	3.87045	13	1.91980
7	2.89899	14	7.89954

5.4 复合求积公式

这一节将介绍两种简单的复合求积公式：复合梯形求积公式和复合 Simpson 求积公式.

设函数 f 是非空集合 $[a,b]$ 上的连续函数. 为了计算定积分

$$I(f)=\int_a^b f(x)\mathrm{d}x,$$

将区间 $[a,b]$ 划分成 n 段, 每段长度为 $h=\dfrac{b-a}{n}$, 则有

$$I(f)=\sum_{i=1}^{m}\int_{x_{i-1}}^{x_i} f(x)\mathrm{d}x,$$

其中

$$x_i=a+ih=a+\frac{i}{n}(b-a),\quad i=0,\cdots,n.$$

而在每个子区间 $[x_{i-1},x_i]$ 上应用梯形求积公式

$$\int_{x_{i-1}}^{x_i} f(x)\mathrm{d}x\approx\frac{1}{2}h[f(x_{i-1})+f(x_i)].$$

然后将所有区间上的梯形求积累加起来就得到复合梯形求积公式.

定义 5.4.1 (复合梯形求积公式)

$$\int_a^b f(x)\mathrm{d}x \approx h\left[\frac{1}{2}f(x_0)+\sum_{i=1}^{n-1}f(x_i)+\frac{1}{2}f(x_n)\right]=T_n(f). \tag{5.15}$$

复合梯形公式 (5.15) 的截断误差为

$$\begin{aligned}R_n^T(f) &= \int_a^b f(x)\mathrm{d}x - h\left[\frac{1}{2}f(x_0)+\sum_{i=1}^{n-1}f(x_i)+\frac{1}{2}f(x_n)\right]\\ &= \sum_{i=1}^{n}\left[\int_{x_{i-1}}^{x_i} f(x)\mathrm{d}x - \frac{1}{2}h(f(x_{i-1})+f(x_i))\right].\end{aligned}$$

取绝对值有

$$\begin{aligned}|R_n^T(f)| &\leqslant \frac{1}{12}h^3\sum_{i=1}^{n}\left(\max_{x\in[x_{i-1},x_i]}|f''(x)|\right)\\ &\leqslant \frac{(b-a)^3}{12n^2}M_2,\end{aligned}$$

其中 $M_2=\max\limits_{x\in[a,b]}|f''(x)|$.

对于 Simpson 求和公式, 需要在每个子区间 $[x_{i-1},x_i]$ 内取中点 $x_{i-1/2}=\dfrac{x_{i-1}+x_i}{2}$, 于是得到下面的复合 Simpson 公式.

定义 5.4.2 (复合 Simpson 公式)

$$\begin{aligned}\int_a^b f(x)\mathrm{d}x &\approx \sum_{i=1}^{n}\frac{h}{6}[f(x_{i-1})+4f(x_{i-1/2})+f(x_i)]\\ &= \frac{h}{6}\left[f(a)+4\sum_{i=1}^{n}f(x_{i-1/2})+2\sum_{i=1}^{n-1}f(x_i)+f(b)\right]\\ &= S_n(f).\end{aligned}$$

复合 Simpson 求积公式的误差估计为

$$\begin{aligned}R_n^S(f) &= I(f)-S_n(f)\\ &= \sum_{i=1}^{n}\left[\int_{x_{i-1}}^{x_i} f(x)\mathrm{d}x - \frac{h}{6}(f(x_{i-1})+4f(x_{i-1/2})+f(x_i))\right].\end{aligned}$$

取绝对值有

$$
\begin{aligned}
|R_n^S(f)| &\leqslant \frac{h^5}{2880}\sum_{i=1}^{n}\left(\max_{x\in[x_{i-1},x_i]}|f^{(4)}(x)|\right)\\
&\leqslant \frac{(b-a)^5}{2880n^4}M_4,
\end{aligned}
$$

其中 $M_4 = \max\limits_{x\in[a,b]}|f^{(4)}(x)|$.

注意到复合梯形求积公式和复合 Simpson 求积公式的系数都为正数, 所以两种复合求积公式都是数值稳定的. 另外当 $n\to\infty$ 时, 两种复合求积公式的误差都趋向零, 即两种复合求积方法是收敛的.

例 5.4.1 用 $n=8$ 的复合梯形求积公式和 $n=4$ 的复合 Simpson 求积公式计算定积分

$$
I(f) = \int_0^1 \frac{\sin(x)}{x}\mathrm{d}x.
$$

并估计误差.

解 将区间 $[0,1]$ 等分为 8 段, 得到求积节点 $x_i = \dfrac{i}{8}, i=0,\cdots,8$. 首先用复合梯形求积公式计算

$$
\begin{aligned}
T_8(f) &= \frac{1-0}{2\times 8}\left(f(0)+2\sum_{i=1}^{7}f(x_i)+f(1)\right)\\
&= 0.94569081.
\end{aligned}
$$

复合梯形求积公式的误差估计为

$$
|R_8^T(f)| \leqslant \frac{1}{12\times 8^2}M_2.
$$

通过求导计算得 $M_2\approx 0.3333$, 所以有

$$
|R_8^T(f)| \leqslant 4.3403\times 10^{-4}.
$$

再用复合 Simpson 求积公式计算

$$
\begin{aligned}
S_4(f) =& \frac{1-0}{4\times 6}[f(0)+4(f(0.125)+f(0.375)+f(0.624)+f(0.875))\\
&+2(f(0.25)+f(0.5)+f(0.75))+f(1)]\\
=&0.94608325.
\end{aligned}
$$

复合 Simpson 求积公式的误差估计为

$$|R_4^S(f)| \leqslant \frac{1}{2880 \times 4^4} M_4.$$

通过求导计算得 $M_4 \approx 0.1992$, 所以有

$$|R_4^S(f)| \leqslant 2.7021 \times 10^{-7}.$$

可见 $S_4(f)$ 要比 $T_8(f)$ 精确很多. 同时注意到 $T_8(f)$ 和 $S_4(f)$ 用到了相同的 9 个求积节点, 所以 $S_4(f)$ 比 $T_8(f)$ 的计算效率高很多. □

5.5 外插值法及 Romberg 算法

5.5.1 Euler-Maclaurin 展开

由复合梯形公式的误差估计可以看到 $R_n^T(f)$ 中含有 $\frac{1}{n^2}$ 项, 其中 n 是区间 $[a,b]$ 的等分数. Euler-Maclaurin 展开式的目的就是将复合梯形公式的余项写成关于 $\frac{1}{n^2}$ 的级数形式, 并借助 Euler-Maclaurin 展开式构造高阶算法.

首先定义一组多项式系.

定义 5.5.1 记多项式系 $q_r, r = 1, 2, \cdots$ 满足以下条件.

(i) q_r 是 r 次多项式.

(ii) $\forall r \geqslant 1$ 有 $q'_{r+1} = q_r$.

(iii) 如果 r 是奇数, 则 q_r 是奇函数; 如果 r 是偶数, 则 q_r 是偶函数.

(iv) 如果 $r > 1$ 是奇数, 则有 $q_r(-1) = 0$ 且 $q_r(1) = 0$.

(v) $q_1(t) = -t$.

根据多项系满足的条件就可以逐一地推导出 q_r. 例如由条件 (ii) 和 (v) 得到

$$q_2(t) = -\frac{1}{2}t^2 + A_2, \quad q_3(t) = -\frac{1}{6}t^3 + A_2 t + A^3,$$

其中 A_2 和 A_3 为常数. 根据条件 (iii) 得到 $A_3 = 0$, 再根据条件 (iv) 得到 $A_2 = \frac{1}{6}$. 于是

$$q_2(t) = -\frac{1}{2}t^2 + \frac{1}{6}, \quad q_3(t) = -\frac{1}{6}t^3 + \frac{1}{6}t.$$

类似地, 每次可以得到多项式系中的两个多项式.

定理 5.5.1 设 $g \in C^{2m}[-1,1]$, 则有

$$\begin{aligned}&\int_{-1}^{1} g(t)\mathrm{d}t - [g(-1) + g(1)] = \int_{-1}^{1} -tg'(t)\mathrm{d}t \\ =&\sum_{r=1}^{m} q_{2r}(1)[g^{(2r-1)}(1) - g^{(2r-1)}(-1)] - \int_{-1}^{1} q_{2m}(t)g^{(2m)}(t)\mathrm{d}t.\end{aligned} \tag{5.16}$$

证明 注意到 $\int_{-1}^{1} g(t)\mathrm{d}t - [g(-1)+g(1)]$ 是梯形求积公式逼近 $\int_{-1}^{1} g(t)\mathrm{d}t$ 时的余项, 应用一次分部积分就立即得到 (5.16) 式中的第一个等式.

再对 $\int_{-1}^{1} -tg'(t)\mathrm{d}t$ 从另一方向反复使用分部积分, 并根据定义 5.5.1 中的条件 (ii) 有

$$
\begin{aligned}
\int_{-1}^{1} -tg'(t)\mathrm{d}t = & \int_{-1}^{1} q_1(t)tg'(t)\mathrm{d}t \\
= & q_2(1)g'(1) - q_2(-1)q'(-1) - \int_{-1}^{1} q_2(t)g''(t)\mathrm{d}t \\
& \cdots\cdots \\
= & \left[\sum_{r=1}^{2m-1}(-1)^{r+1}q_{r+1}(t)g^{(r)}(t)\right]\Bigg|_{-1}^{1} - \int_{-1}^{1} q_{2m}(t)g^{(2m)}(t)\mathrm{d}t.
\end{aligned}
$$

最后根据定义 5.5.1 中的条件 (iv) 得证结论. □

定理 5.5.2 (Euler-Maclaurin 展开) 设 $f\in C^{2m}[a,b]$, 并定义等距节点 $x_i = a+ih, i=0,\cdots,n$, $h=\dfrac{b-a}{n}$. 用复合梯形求积公式 $T_n(f)$ 逼近定积分 $I(f) = \int_a^b f(x)\mathrm{d}x$, 则有以下余项公式:

$$
\begin{aligned}
I(f) - T_n(f) = & \sum_{r=1}^{m} c_r h^{2r}[f^{(2r-1)}(b) - f^{(2r-1)}(a)] \\
& - \left(\frac{h}{2}\right)^{2m}\sum_{i=1}^{n}\int_{x_{i-1}}^{x_i} q_{2m}(t)f^{(2m)}(x)\mathrm{d}x,
\end{aligned} \tag{5.17}
$$

其中 $t = t(x) = -1 + \dfrac{2}{h}(x - x_{i-1})$, 对应于 $x\in[x_{i-1}, x_i], i=1,\cdots,n$, 且 $c_r = q_{2r}(1)/2^{2r}$, $r=1,\cdots,m$.

证明 将定积分写成如下形式

$$
I(f) = \sum_{i=1}^{n}\int_{x_{i-1}}^{x_i} f(x)\mathrm{d}x.
$$

接着在每个子区间 $[x_{i-1}, x_i]$ 上作坐标变换 $x = x_{i-1} + h(t+1)/2$ 得到

$$
\int_{x_{i-1}}^{x_i} f(x)\mathrm{d}x = \frac{h}{2}\int_{-1}^{1} g(t)\mathrm{d}t,
$$

其中 $f(x) = g(t)$. 根据定理 5.5.1 有

$$
\begin{aligned}
&\int_{x_{i-1}}^{x_i} f(x)\mathrm{d}x - \frac{h}{2}[f(x_{i-1}) + f(x_i)] \\
=&\frac{h}{2}\left\{\int_{-1}^{1} g(t)\mathrm{d}t - [g(-1) + g(1)]\right\} \\
=&\frac{h}{2}\left\{\sum_{r=1}^{m} q_{2m}(1)[g^{(2r-1)}(1) - g^{(2r-1)}(-1)] - \int_{-1}^{1} q_{2m}(t)g^{(2m)}(t)\mathrm{d}t\right\}.
\end{aligned} \tag{5.18}
$$

注意到

$$
g^{(r)}(t) = \left(\frac{h}{2}\right)^r f^{(r)}(x), \quad r = 1, \cdots, 2m, \mathrm{d}t = \frac{h}{2}\mathrm{d}x.
$$

并将所有子区间上的 (5.18) 式累加起来有

$$
\begin{aligned}
I(f) - T_n(f) =&\frac{h}{2}\sum_{i=1}^{n}\left\{\sum_{r=1}^{m} q_{2r}(1)\left(\frac{h}{2}\right)^{2r-1}[f^{(2r-1)}(x_i) - f^{(2r-1)}(x_{i-1})]\right. \\
&\left. - \frac{2}{h}\int_{x_{i-1}}^{x_i} q_{2m}(t)\left(\frac{h}{2}\right)^{2m} f^{(2m)}(x)\mathrm{d}x\right\}.
\end{aligned}
$$

将上式右边第一项中的两个求和号交换次序并化简整理就得到 (5.17) 式. □

注 1 Euler-Maclaurin 展开式中的系数 $c_r = \dfrac{q_{2r}(1)}{2^{2r}} = -\dfrac{B_{2r}}{(2r)!}$, 其中 B_{2r} 是 Bernoulli 数中对应下指标集为偶数的项.

注 2 若函数 f 以及直到 $2m$ 阶导数都是以 $b-a$ 为周期的函数, 则有

$$
f^{(2r-1)}(b) - f^{(2r-1)}(a) = 0, \quad r = 1, \cdots, m.
$$

于是应用 Euler-Maclaurin 展开式有

$$
\begin{aligned}
I(f) - T_n(f) &= -\left(\frac{h}{2}\right)^{2m}\sum_{i=1}^{n}\int_{x_{i-1}}^{x_i} q_{2m}(t)f^{(2m)}(x)\mathrm{d}x \\
&= \mathcal{O}(h^{2m}).
\end{aligned}
$$

若 $m \gg 1$, 则复合梯形求积公式在光滑周期函数情况下的误差会远小于非周期函数情况下的误差.

5.5.2 外插值法及 Romberg 算法

外插值法可以看作是 Euler-Maclaurin 展开式的一个应用. 当 $m = 2$ 时, (5.17) 式可以写成

$$
\int_a^b f(x)\mathrm{d}x - T_n(f) = C_1h^2 + \mathcal{O}(h^4),
$$

其中 $C_1 = c_1[f'(b) - f'(a)]$, $h = \dfrac{b-a}{n}$. 在每两个求积节点中点处增加一个节点就有下面结果

$$\int_a^b f(x)\mathrm{d}x - T_{2n}(f) = C_1\left(\frac{h}{2}\right)^2 + \mathcal{O}(h^4).$$

利用以上两式消除带有 h^2 的项得到

$$I(f) = \frac{4T_{2n}(f) - T_n(f)}{3} + \mathcal{O}(h^4).$$

于是得到了定积分 $I(f)$ 的一个新的逼近公式 $\dfrac{4T_{2n}(f) - T_n(f)}{3}$, 且收敛速度为四阶, 故也称为梯形加速公式. 不难验证梯形加速公式就是复合 Simpson 公式

$$S_n(f) = \frac{4T_{2n}(f) - T_n(f)}{3}.$$

记 $T_k^0 = T_n$, $n = 2^k$, $T_{k+1}^0 = T_{2n}$, $2n = 2^{k+1}$, $T_{k+1}^1 = S_n$, 则梯形加速公式可写成

$$T_{k+1}^1(f) = \frac{4T_{k+1}^0(f) - T_k^0(f)}{3}.$$

注意到这种通过消除 h^2 项的方式构造高阶公式的方法可以被应用于任何两个不同的 n 值, 例如 $T_{n_1}(f)$ 和 $T_{n_2}(f)$, 但这里特别选取 $T_n(f)$ 和 $T_{2n}(f)$ 的优点是计算 $T_{2n}(f)$ 中一半的 $f(x_i)$ 已经在计算 $T_n(f)$ 时获得, 所以大大提高了计算效率. 一般地, 称这种通过消除 h^2 项而获得高阶求积公式的方法为 Richardson 外插值法.

类似地, 可以将 Richardson 外插值方法推广到高阶情况. 例如

$$\int_a^b f(x)\mathrm{d}x - T_k^1(f) = C_2 h^4 + \mathcal{O}(h^6),$$

$$\int_a^b f(x)\mathrm{d}x - T_{k+1}^1(f) = C_2\left(\frac{h}{2}\right)^4 + \mathcal{O}(h^6).$$

消除以上两式中的 h^4 项得到

$$I(f) = \frac{16T_{k+1}^1(f) - T_k^1(f)}{15} + \mathcal{O}(h^6).$$

记

$$T_{k+1}^2(f) = \frac{16T_{k+1}^1(f) - T_k^1(f)}{15}.$$

$T_{k+1}^2(f)$ 也是 $I(f)$ 的近似求积公式, 称为 Simpson 加速公式, 收敛阶数为 6.

一般地有

$$T_{k+1}^m(f) = \frac{4^m T_{k+1}^{m-1}(f) - T_k^{m-1}(f)}{4^m - 1}, \quad k = 0, 1, \cdots, \ m = 1, 2, \cdots. \tag{5.19}$$

通过 (5.19) 式由低阶算法构造高阶算法的方法称为 Romberg 算法 (参见算法 5.1).

定理 5.5.3　设 $f \in C^{2m+2}[a,b]$, 那么 Romberg 算法有如下误差估计

$$\int_a^b f(x)\mathrm{d}x - T_{k+m}^m(f) = \mathcal{O}(h^{2m+2}), \quad k \geqslant 1. \tag{5.20}$$

证明　根据定理 5.5.2 得到 Euler-Maclaurin 展开式

$$\begin{aligned} I(f) - T_n(f) = & \sum_{r=1}^{m+1} c_r h^{2r}[f^{(2r-1)}(b) - f^{(2r-1)}(a)] \\ & - \left(\frac{h}{2}\right)^{2m+2} \sum_{i=1}^{n} \int_{x_{i-1}}^{x_i} q_{2m+2}(t) f^{(2m+2)}(x)\mathrm{d}x. \end{aligned}$$

上式可以简记为

$$I(f) - T_k^0(f) = \sum_{r=1}^{m+1} \gamma_{r,1} h^{2r} + \mathcal{O}(h^{2m+2}),$$

其中 $\gamma_{r,1} = c_r[f^{(2r-1)}(b) - f^{(2r-1)}(a)]$ 为常数系数. 显然当 $m=1$ 时 (5.20) 式成立. 接着将求积节点均匀加细一次, 即在每两个节点的中点处增加一个节点. 于是有

$$I(f) - T_{k+1}^0(f) = \sum_{r=1}^{m+1} \gamma_{r,1} \left(\frac{h}{2}\right)^{2r} + \mathcal{O}(h^{2m+2}).$$

利用梯形加速公式得到

$$I(f) - T_{k+1}^1(f) = \sum_{r=2}^{m+1} \gamma_{r,2} h^{2r} + \mathcal{O}(h^{2m+2}),$$

其中 $\gamma_{r,2} = \gamma_{r,1}\left(\dfrac{2^{2-2r}-1}{3}\right)$ 为常数系数. 重复以上过程, 每次消去 $h^{2r}, r = 2, \cdots, m$ 项. 所以最后有

$$I(f) - T_{k+m}^m(f) = \mathcal{O}(h^{2m+2}).$$

□

下面的定理说明了 Romberg 算法的数值稳定性.

定理 5.5.4　若 Romberg 求积公式可以表示为

$$T_k^m(f) = \sum_{i=0}^{2^k} c_{i,m} f(x_i), \quad m = 1, 2, \cdots, k \geqslant m. \tag{5.21}$$

其中 $c_{i,m}$ 为求积系数, 则所有的 $c_{i,m}$ 都为正数.

证明 定义递归式

$$\begin{cases} Q_k^0 = 4T_{k+1}^0 - 2T_k^0, \\ Q_k^m = \dfrac{1}{4^m - 1}(2^{2m+1}T_{k+1}^{m-1} + 2T_k^{m-1} + 4^{m+1}Q_{k+1}^{m-1}), \end{cases} \quad m = 1, 2, \cdots, k \geqslant m - 1. \tag{5.22}$$

下面用归纳法证明:

$$T_{k+1}^m = \frac{1}{4^m - 1}(T_k^{m-1} + Q_k^{m-1}). \tag{5.23}$$

当 $m = 1$ 时

$$\frac{1}{4-1}(T_k^0 + Q_k^0) = \frac{1}{3}(T_k^0 + 4T_{k+1}^0 - 2T_k^0) = \frac{1}{3}(4T_{k+1}^0 - T_k^0) = T_{k+1}^1.$$

所以当 $m = 1$ 时 (5.23) 式成立.

现在假设 $m = s$ 时 (5.23) 式成立, 下面证明当 $m = s + 1$ 时, (5.23) 式也成立.

$$\begin{aligned} T_k^s + Q_k^s &= \frac{1}{4^s - 1}(4^s T_k^{s-1} - T_{k-1}^{s-1}) + \frac{1}{4^s - 1}(2^{2s+1}T_k^{s-1} + 2T_{k-1}^{s-1} + 4^{s+1}Q_k^{s-1}) \\ &= \frac{4^{s+1}}{4^s - 1}(T_k^{s-1} + Q_k^{s-1}) - \frac{1}{4^s - 1}(4T_k^{s-1} - T_{k-1}^{s-1}) \\ &= 4^{s+1}T_{k+1}^s - T_k^s \\ &= (4^{s+1} - 1)T_{k+1}^{s+1}. \end{aligned}$$

所以当 $m = s + 1$ 时 (5.23) 式成立.

由于 (5.22) 式和 (5.23) 式中的系数为正数, 因此通过归纳法可以证明 Romberg 公式 (5.21) 中的系数为正数. 类似于定理 5.3.4, 可以证明 Romberg 算法是数值稳定的. □

用 Romberg 算法就可以建立 Romberg 表格如下所示.

k	T_k^0	T_k^1	T_k^2	T_k^3
0	T_0^0			
1	T_1^0	T_1^1		
2	T_2^0	T_2^1	T_2^2	
3	T_3^0	T_3^1	T_3^2	T_3^3
$\vdots$	$\vdots$	$\vdots$	$\vdots$	$\vdots$

算法 5.1 Romberg 算法

给定整数 m, 记 $h = b - a$

for $k = 0, \cdots, K$ **do**

  $T_k^0 = \dfrac{h}{2}[f(a) + \sum\limits_{i=1}^{2^k-1} f(a+ih) + f(b)]$ (复合梯形公式)

  for $j = 1, \cdots, k$ **do**

    $T_{k+1}^j = \dfrac{1}{4^k-1}(4^k T_{k+1}^{j-1} - T_k^{j-1})$ (Richardson 外插值法)

  end for

  $h = h/2$

end for

例 5.5.1 用 Romberg 算法计算 $I(f) = \displaystyle\int_0^1 \frac{\sin(x)}{x}\mathrm{d}x$ 的近似值.

解 利用 Romberg 表格直接计算得

k	T_k^0	T_k^1	T_k^2	T_k^3
0	0.9207355			
1	0.9397933	0.9461459		
2	0.9445135	0.9460869	0.9460830	
3	0.9456909	0.9460834	0.9460831	0.9460831

定积分的精确值约等于 0.9460831, 因此 T_3^3 有 7 位有效数字, 且只需要计算 9 个节点值. 而要使复合梯形公式达到相同的精度, 则需要计算到 T_{11}^0, 即需要计算 2057 个节点值. 可见 Romberg 算法大大提高了计算效率. □

5.6 Gauss 求积公式

5.6.1 Gauss 点及 Gauss 求积公式

插值型求积公式的代数精度与求积节点的个数有关. 具有 $n+1$ 个节点的插值型求积公式至少具有 n 次代数精度. 不仅如此, 代数精度与节点的选取方式有关. 在构造 Newton-Cotes 求积公式时, 为了简化处理过程, 限定用等距节点作为求积节点. 这样做虽然使公式得到了化简, 但同时也限制了公式的代数精度. 这一节将介绍具有更高代数精度的求积公式.

考虑定积分

$$I(f) = \int_a^b \rho(x) f(x)\mathrm{d}x,$$

其中 ρ 是权函数. 设有 $n+1$ 个求积节点 $x_i \in [a,b], i=0,\cdots,n$, 则求积分公式为

$$I_n(f)=\sum_{i=0}^{n} W_i f(x_i), \tag{5.24}$$

其中 $W_i, i=0,\cdots,n$ 为求积系数. 下面将说明若 $I_n(f)$ 是插值型求积公式, 则 $I_n(f)$ 能达到的最高代数精度如下定理所述.

定理 5.6.1 若 (5.24) 式为插值型求积公式, 则 (5.24) 式的代数精度最高不超过 $2n+1$ 次.

证明 由代数精度的定义, 只要找到一个 $2n+2$ 次多项式求积公式 (5.24) 不能精度成立即可.

设 $\pi_{n+1}(x)=\prod\limits_{i=0}^{n}(x-x_i)$ 为 $n+1$ 次多项式, 则 $p(x)=\pi_{n+1}^2(x)$ 为 $2n+2$ 次多项式, 且 $x_i, i=0,\cdots,n$ 为 $p(x)$ 的二重零点.

一方面

$$\int_a^b \rho(x)p(x)\mathrm{d}x=\int_a^b \rho(x)\pi_{n+1}^2(x)\mathrm{d}x>0.$$

另一方面, 将 p 代入求积公式 (5.24) 有

$$I_n(p)=\sum_{i=0}^{n} W_i p(x_i)=0.$$

因此求积公式 (5.24) 对 $2n+2$ 次多项式 p 不能精确成立, 即得证结论. □

定义 5.6.1 (Gauss 点) 若有一组节点 $x_i \in [a,b], i=0,\cdots,n$ 使得插值型求积公式 (5.24) 具有 $2n+1$ 次代数精度, 则称此组节点为 Gauss 点, 并称相应的求积公式 (5.24) 为 Gauss 求积公式.

记函数 f 的 $2n+1$ 次 Hermite 插值多项式为 H_{2n+1}, 且满足以下插值条件.

$$\begin{aligned}&H_{2n+1}(x_i)=f(x_i), \quad i=0,\cdots,n,\\&H_{2n+1}'(x_i)=f'(x_i), \quad i=0,\cdots,n.\end{aligned}$$

则根据 2.7 节, Hermite 插值多项式可以表示为

$$H_{2n+1}(x)=\sum_{i=0}^{n} h_i(x)f(x_i)+\sum_{i=0}^{n}\bar{h}_i(x)f'(x_i),$$

其中

$$\begin{aligned}&h_i(x)=(l_{i,n}(x))^2(1-2l_{i,n}'(x_i)(x-x_i)),\\&\bar{h}_i(x)=(l_{i,n}(x))^2(x-x_i),\end{aligned}$$

而 $l_{i,n}, i=0,\cdots,n$ 为 n 次 Lagrange 插值基函数, 定义为

$$l_{i,n}(x)=\prod_{\substack{j=0,\\ j\neq i}}^{n}\frac{x-x_j}{x_i-x_j},\quad i=0,\cdots,n.$$

对 H_{2n+1} 积分得

$$\begin{aligned}\int_a^b \rho(x)f(x)\mathrm{d}x &\approx \int_a^b \rho(x)H_{2n+1}(x)\mathrm{d}x\\ &=\sum_{i=0}^{n}W_i f(x_i)+\sum_{i=0}^{n}V_i f'(x_i),\end{aligned}$$

其中

$$W_i=\int_a^b \rho(x)h_i(x)\mathrm{d}x,\quad i=0,\cdots,n,$$
$$V_i=\int_a^b \rho(x)\bar{h}_i(x)\mathrm{d}x,\quad i=0,\cdots,n.$$

要使求积公式中不出现 $f'(x_i), i=0,\cdots,n$, 就要让

$$V_i=0,\quad i=0,\cdots,n. \tag{5.25}$$

而

$$\begin{aligned}V_i&=\int_a^b \rho(x)\bar{h}_i(x)\mathrm{d}x\\ &=c_i\int_a^b \rho(x)\pi_{n+1}(x)l_{i,n}(x)\mathrm{d}x,\end{aligned}$$

其中

$$c_i=\prod_{\substack{j=0,\\ j\neq i}}^{n}\frac{1}{x_i-x_j},\quad i=0,\cdots,n.$$

(5.25) 式等价于 π_{n+1} 与所有 n 次 Lagrange 插值基函数正交, 所以 π_{n+1} 与所有次数不超过 n 次的多项式正交. 因此, π_{n+1} 是定义在区间 $[a,b]$ 上带权 ρ 的 $n+1$ 次正交多项式, 而求积节点 $x_i, i=0,\cdots,n$ 就是正交多项式 π_{n+1} 的零点.

接着利用 (5.25) 式可以得到

$$\begin{aligned}W_i&=\int_a^b \rho(x)(l_{i,n}(x))^2(1-2l'_{i,n}(x_i)(x-x_i)),\\ &=\int_a^b \rho(x)l_{i,n}^2(x)\mathrm{d}x-2l'_{i,n}(x_i)V_i,\\ &=\int_a^b \rho(x)l_{i,n}^2(x)\mathrm{d}x.\end{aligned}$$

于是

$$\int_a^b \rho(x)f(x)\mathrm{d}x \approx \sum_{i=0}^{n} W_i f(x_i). \tag{5.26}$$

由于求积公式 (5.26) 是由 $2n+1$ 次 Hermite 插值多项式构造出来的, 所以对 $2n+1$ 次 Hermite 插值多项式是精确成立的. 又由于任何 $2n+1$ 次多项式的 Hermite 插值多项式是其本身, 所以求积公式 (5.26) 具有 $2n+1$ 次代数精度, 即 (5.26) 式是 Gauss 求积公式, 记为

$$G_n(f) = \sum_{i=0}^{n} W_i f(x_i). \tag{5.27}$$

若令 $f(x) = l_{k,n}(x)$, 则有

$$\int_a^b \rho(x) l_{k,n}(x)\mathrm{d}x = \sum_{i=0}^{n} W_i l_{k,n}(x_i) = W_k.$$

因此 Gauss 求积公式 (5.24) 也是插值型求积公式.

定理 5.6.2 插值型求积公式 (5.24) 中, 求积节点 $x_i, i=0,\cdots,n$ 为 Gauss 点的充分必要条件: 在区间 $[a,b]$ 内以这些点为零点的 $n+1$ 次多项式 π_{n+1} 与所有次数不超过 n 的多项式 p 正交, 即

$$\int_a^b \rho(x)p(x)\pi_{n+1}(x)\mathrm{d}x = 0, \quad \forall p \in \mathcal{P}_n.$$

由于 Gauss 求积公式 (5.24) 的求积系数满足

$$W_i = \int_a^b \rho(x) l_{i,n}(x)\mathrm{d}x = \int_a^b \rho(x) l_{i,n}^2(x)\mathrm{d}x > 0, \quad i = 0,\cdots,n.$$

即 Gauss 求积公式 (5.27) 的求积系数均为正数. 类似于定理 5.3.4, 可以证明 Gauss 求积公式 (5.24) 是数值稳定的.

最后还可以根据正交多项式的性质将求积系数进一步化简.

定理 5.6.3 设定义在 $[a,b]$ 上的正交多项式系为 $p_i, i=0,1\cdots$, 则 Gauss 求积公式 (5.27) 的求积系数可表示为

$$W_i = -\frac{A_{n+2}\gamma_{n+1}}{A_{n+1}p_{n+2}(x_i)p'_{n+1}(x_i)} = \frac{A_{n+1}\gamma_n}{A_n p_n(x_i)p'_{n+1}(x_i)}, \quad i=0,\cdots,n, \tag{5.28}$$

其中 A_n 是正交多项式 p_n 的首项系数, $\gamma_n = \int_a^b \rho(x)p_n^2(x)\mathrm{d}x$.

证明 首先证明第一个等式. 由 Christoffel-Dardoux 恒等式 (4.8), 对任何实数 x, y 有

$$\sum_{k=0}^{n+1}\frac{p_k(x)p_k(y)}{\gamma_k}=\frac{A_{n+1}}{A_{n+2}\gamma_{n+1}}\cdot\frac{p_{n+2}(x)p_{n+1}(y)-p_{n+1}(x)p_{n+2}(y)}{x-y}. \tag{5.29}$$

设 $x_i\in[a,b], i=0,\cdots,n$ 是正交多项式 p_{n+1} 的零点, 并令 $y=x_i$ 得到

$$\begin{aligned}\sum_{k=0}^{n+1}\frac{p_k(x)p_k(x_i)}{\gamma_k}&=\frac{A_{n+1}}{A_{n+2}\gamma_{n+1}}\cdot\frac{p_{n+2}(x)p_{n+1}(x_i)-p_{n+1}(x)p_{n+2}(x_i)}{x-x_i}\\&=-\frac{A_{n+1}}{A_{n+2}\gamma_{n+1}}\cdot\frac{p_{n+1}(x)p_{n+2}(x_i)}{x-x_i}.\end{aligned}$$

在上式中乘以 ρp_0, 并在 $[a,b]$ 上积分有

$$\begin{aligned}\frac{p_0(x_i)\gamma_0}{\gamma_0}&=-\frac{p_{n+2}(x_i)A_{n+1}}{A_{n+2}\gamma_{n+1}}\cdot\int_a^b\rho(x)\frac{p_0(x)p_{n+1}(x)}{x-x_i}\mathrm{d}x\\1&=-\frac{p_{n+2}(x_i)A_{n+1}}{A_{n+2}\gamma_{n+1}}\cdot\int_a^b\rho(x)\frac{p_{n+1}(x)}{x-x_i}\mathrm{d}x\\1&=-\frac{p_{n+2}(x_i)p'_{n+1}(x_i)A_{n+1}}{A_{n+2}\gamma_{n+1}}\cdot\int_a^b\rho(x)l_{i,n+1}(x)\mathrm{d}x\end{aligned}$$

整理得到

$$W_i=\int_a^b\rho(x)l_{i,n}(x)\mathrm{d}x=-\frac{A_{n+2}\gamma_{n+1}}{A_{n+1}p_{n+2}(x_i)p'_{n+1}(x_i)}.$$

类似地可以证明 (5.28) 式中的第二个等式. □

5.6.2 Gauss 求积公式的误差估计

定理 5.6.4 设 ρ 是定义在区间 $[a,b]$ 上的权函数, f 是定义在区间 $[a,b]$ 上的连续函数, 且具有直到 $2n+2$ 阶的连续导数, $n\geqslant 0$. 那么存在 $\xi\in(a,b)$ 使得

$$\int_a^b\rho(x)f(x)\mathrm{d}x-\sum_{i=0}^{n}W_if(x_i)=\frac{f^{(2n+2)}(\xi)}{(2n+2)!}\int_a^b\rho(x)\pi_{n+1}^2(x)\mathrm{d}x. \tag{5.30}$$

证明 由定理 2.7.1 有 $2n+1$ 次 Hermite 插值多项式的余项为

$$f(x)-H_{2n+1}(x)=\frac{f^{(2n+2)}(\xi_x)}{(2n+2)!}\pi_{n+1}^2(x),\quad \xi_x\in(a,b).$$

对上式积分得到

$$\int_a^b\rho(x)f(x)\mathrm{d}x-\sum_{i=0}^{n}W_if(x_i)=\int_a^b\frac{f^{(2n+2)}(\xi_x)}{(2n+2)!}\pi_{n+1}^2(x)\mathrm{d}x.$$

根据积分中值定理, 存在 $\xi \in (a,b)$ 使得

$$\int_a^b \frac{f^{(2n+2)}(\xi_x)}{(2n+2)!}\pi_{n+1}^2(x)\mathrm{d}x = \frac{f^{(2n+2)}(\xi)}{(2n+2)!}\int_a^b \pi_{n+1}^2(x)\mathrm{d}x.$$

即得证结论. □

定理 5.6.4 再次说明 Gauss 求积公式具有 $2n+1$ 次代数精度. 下面的定理给出了 Gauss 求积公式的收敛性.

定理 5.6.5 设 ρ 是定义在区间 $[a,b]$ 上的权函数, f 是定义在区间 $[a,b]$ 上的连续函数, 则有

$$\lim_{n\to\infty} G_n(f) = \int_a^b \rho(x)f(x)\mathrm{d}x. \tag{5.31}$$

证明 对任意正实数 ε_0, 由于 f 是 $[a,b]$ 上的连续函数, 所以根据 Weierstress 定理 4.3.1, 存在多项式 p 使得

$$|f(x)-p(x)| \leqslant \varepsilon_0, \quad \forall x \in [a,b]. \tag{5.32}$$

设 $n \geqslant 0$, 则

$$\begin{aligned}&\int_a^b \rho(x)f(x)\mathrm{d}x - G_n(f)\\ =&\int_a^b \rho(x)[f(x)-p(x)]\mathrm{d}x + \int_a^b \rho(x)p(x)\mathrm{d}x - G_n(p) + G_n(p) - G_n(f).\end{aligned} \tag{5.33}$$

根据 Weierstress 定理, (5.33) 式的第一项有

$$\left|\int_a^b \rho(x)[f(x)-p(x)]\mathrm{d}x\right| \leqslant \varepsilon_0 W,$$

其中 $W = \displaystyle\int_a^b \rho(x)\mathrm{d}x$.

同理 (5.33) 式的第三项有

$$\begin{aligned}|G_n(p)-G_n(f)| &\leqslant \sum_{i=0}^n |W_i[f(x_i)-p(x_i)]|\\ &\leqslant \varepsilon_0\sum_{i=0}^n W_i\\ &= \varepsilon_0\int_a^b \rho(x)\mathrm{d}x\\ &= \varepsilon_0 W.\end{aligned}$$

最后只剩下 (5.33) 式的第二项. 记 N 为多项式 p 的次数, 令 N_0 为 $\frac{1}{2}N$ 的整数部分, 则当 $n \geqslant N_0$ 时, Gauss 求积公式 (5.27) 对次数不超过 $2N_0+1$ 的多项式准确成立. 由于 $N \leqslant 2N_0+1 \leqslant 2n+1$, 所以

$$\int_a^b \rho(x)p(x)\mathrm{d}x - G_n(p) = 0, \quad \forall n \geqslant N_0.$$

综上所述有

$$\left|\int_a^b \rho(x)f(x)\mathrm{d}x - G_n(f)\right| \leqslant 2\varepsilon_0 W, \quad \forall n \geqslant N_0.$$

因此 $\forall \varepsilon > 0$, 定义 $\varepsilon_0 = \varepsilon/(2W)$, 由 (5.32) 式找到对应的 $N_0 = N_0(\varepsilon)$, 则当 $n \geqslant N_0$ 时就有

$$\left|\int_a^b \rho(x)f(x)\mathrm{d}x - G_n(f)\right| \leqslant \varepsilon.$$

□

5.6.3 常用的 Gauss 求积公式

Gauss-Legendre 求积公式 当区间为 $[-1,1]$, 权函数为 $\rho(x) \equiv 1$ 时, 正交多项式为 Legendre 多项式 $\mathsf{P}_i, i = 0, 1, \cdots$, 此时 Gauss 求积公式为 Gauss-Legendre 求积公式. 此时

$$A_n = \frac{(2n)!}{2^n (n!)^2}, \quad \gamma_n = \frac{2}{2n+1}.$$

根据定理 5.6.3, 求积系数简化为

$$W_i = \frac{2}{n+1} \cdot \frac{1}{\mathsf{P}_n(x_i)\mathsf{P}'_{n+1}(x_i)}, \quad i = 0, \cdots, n. \tag{5.34}$$

前几项 Gauss-Legendre 求积公式的节点和求积系数分别如表 5.2 所示.

表 5.2

n	x_i	W_i
1	±0.5773502692	1.0000000000
2	0	0.8888888889
	±0.7745966692	0.5555555556
3	±0.3399810436	0.6521451549
	±0.8611363116	0.3478548451
4	0	0.5688888889
	±0.5384693101	0.4786286705
	±0.9061798459	0.2369268851

Gauss-Legendre 求积公式的余项为

$$\begin{aligned}R(f) &= \frac{f^{(2n+2)}(\xi)}{(2n+2)!A_{n+1^2}}\int_a^b \mathsf{P}_{n+1}^2(x)\mathrm{d}x \\ &= \frac{2^{2n+3}[(n+1)!]^4}{(2n+3)[(2n+2)!]^3}f^{(2n+2)}(\xi), \quad \xi \in (-1,1).\end{aligned}$$

对一般区间 $[a,b]$, 则可以通过坐标变换

$$x = \frac{b-a}{2}t + \frac{a+b}{2}, \quad t \in [-1,1],$$

得到求积公式

$$\begin{aligned}\int_a^b f(x)\mathrm{d}x &= \frac{b-a}{2}\int_{-1}^1 f(\frac{b-a}{2}t + \frac{a+b}{2})\mathrm{d}t \\ &\approx \frac{b-a}{2}\sum_{i=0}^n W_i f(\frac{b-a}{2}t_i + \frac{a+b}{2}),\end{aligned}$$

其中 $t_i \in [-1,1], i = 0,\cdots,n$ 是 Legendre 多项式 P_{n+1} 的零点.

例 5.6.1 用 Gauss-Legendre 求积公式计算定积分 $I(f) = \int_0^1 \frac{\sin(x)}{x}\mathrm{d}x$.

解 作换元 $x = \frac{1}{2}(t+1)$ 得

$$I(f) = \int_{-1}^1 \frac{\sin((1+t)/2)}{1+t}\mathrm{d}t.$$

当 $n=1$ 时有

$$I(f) \approx f(-0.5773502692) + f(0.5773502692) \approx 0.8995087.$$

当 $n=2$ 时有

$$\begin{aligned}I(f) &\approx 0.5555555556f(-0.7745966692) \\ &\quad + 0.8888888889f(0) + 0.5555555556f(0.7745966692) \\ &\approx 0.9460831.\end{aligned}$$

可见当计算中保留 7 位有效数字时, Gauss-Legendre 求积公式只用计算 3 个节点上的值就能达到 Romberg 算法中 T_3^3 的计算精度. □

Chebyshev-Gauss 求积公式 当区间为 $[-1,1]$, 权函数为 $\rho(x) = \frac{1}{\sqrt{1-x^2}}$

时, 正交多项式为 Chebyshev 多项式 $\mathsf{T}_i, i=0,1,\cdots$, 此时 Gauss 求积公式为 Chebyshev-Gauss 求积公式. 此时

$$A_0=1,\quad A_n=2^{n-1},\quad n\geqslant 1.$$

$$\gamma_0=\pi,\quad \gamma_n=\frac{\pi}{2},\quad n\geqslant 1.$$

根据定理 5.6.3, 求积系数简化为

$$W_i=\frac{\pi}{\mathsf{T}_n(x_i)\mathsf{T}'_{n+1}(x_i)},\quad i=0,\cdots,n. \tag{5.35}$$

设 $\theta=\arccos(x)$, 则 $x=\cos(\theta)$. T_{n+1} 的零点为 $x_i=\cos(\theta_i)=\cos\left(\frac{2i+1}{2n+2}\pi\right), i=0,\cdots,n$.

$$\begin{aligned}
\mathsf{T}_n(x_i)&=\cos(n\theta_i)=\cos((n+1)\theta_i-\theta_i)\\
&=\cos\left((n+1)\frac{2i+1}{2n+2}\pi-\theta_i\right)\\
&=(-1)^i\sin(\theta_i).\\
\mathsf{T}'_{n+1}(x)&=(n+1)\sin((n+1)\theta)\frac{1}{\sqrt{1-x^2}}\\
&=(n+1)\sin((n+1)\theta)\frac{1}{\sqrt{1-\cos^2(\theta)}}\\
&=(n+1)\sin((n+1)\theta)\frac{1}{\sin(\theta)}.\\
\mathsf{T}'_{n+1}(x_i)&=(n+1)\sin\left((n+1)\frac{2i+1}{2n+2}\pi\right)\frac{1}{\sin(\theta_i)}\\
&=(-1)^i(n+1)\frac{1}{\sin(\theta_i)}.
\end{aligned}$$

将 $\mathsf{T}_n(x_i)$ 和 $\mathsf{T}'_{n+1}(x_i)$ 代入 (5.35) 式得到

$$W_i=\frac{\pi}{n+1},\quad i=0,\cdots,n.$$

容易发现 Chebyshev-Gauss 求积公式的求积系数与指标集 i 无关, 因此 Chebyshev-Gauss 求积公式可以写成

$$G_n(f)=\frac{\pi}{n+1}\sum_{i=0}^{n}f(x_i).$$

前几项 Chebyshev-Gauss 求积公式的节点和求积系数分别如表 5.3 所示.

表 5.3

n	x_i	W_i
1	±0.7071067812	1.5707963268
2	0	1.0471975512
	±0.8660254038	1.0471975512
3	±0.3826834324	0.7853981634
	±0.9238795325	0.7853981634
4	0	0.6283185307
	±0.5877852523	0.6283185307
	±0.9510565163	0.6283185307

Chebyshev-Gauss 求积公式的余项为

$$\begin{aligned}R(f) &= \frac{f^{(2n+2)}(\xi)}{(2n+2)!A_{n+1^2}}\int_a^b \frac{\mathsf{T}_{n+1}^2(x)}{\sqrt{1-x^2}}\mathrm{d}x \\ &= \frac{\pi}{2^{2n+1}(2n+2)!}f^{(2n+2)}(\xi), \quad \xi \in (-1,1).\end{aligned}$$

例 5.6.2 用 Chebyshev-Gauss 求积公式计算定积分 $I(f)=\int_{-1}^{1}\frac{\cos(\pi x)}{\sqrt{1-x^2}}\mathrm{d}x$.

解 直接利用 Chebyshev-Gauss 求积公式有

$$I(f) \approx \frac{\pi}{n+1}\sum_{i=0}^{n}\cos(\pi x_i).$$

当 $n=1$ 时有

$$I(f) \approx 1.5707963268 \times (f(-0.7071067812) + f(0.7071067812)) \approx -1.9028622.$$

当 $n=2$ 时有

$$I(f) \approx -0.8644075.$$

当 $n=3$ 时有

$$I(f) \approx -0.9601788.$$

当 $n=4$ 时有

$$I(f) \approx -0.9556787.$$

用复合 Simpson 公式计算出定积分的近似值大约为 -0.9558260. 因此 5 个点的 Chebyshev-Gauss 公式已经有较好的计算结果. □

注　对于一般的定积分 $\int_{-1}^{1} f(x)\mathrm{d}x$ 可以通过转化为如下形式:

$$\int_{-1}^{1} (f(x)\sqrt{1-x^2})/\sqrt{1-x^2}\mathrm{d}x,$$

然后再应用 Chebyshev-Gauss 公式得到

$$\int_{-1}^{1} (f(x)\sqrt{1-x^2})/\sqrt{1-x^2}\mathrm{d}x \approx \frac{\pi}{n+1}\sum_{i=0}^{n} f(x_i)\sqrt{1-x_i^2}.$$

然而若被积函数 f 本身就有很好的光滑性质, 则应用 Chebyshev-Gauss 公式的意义就不大了.

Gauss-Laguerre 求积公式　当区间为 $[0,\infty)$, 权函数为 $\rho(x)=\mathrm{e}^{-x}$ 时, 正交多项式为 Laguerre 多项式 $\mathsf{L}_i, i=0,1,\cdots$, 此时 Gauss 求积公式为 Chebyshev-Gauss 求积公式. 此时

$$A_n = \frac{(-1)^n}{n!}, \quad \gamma_n = 1.$$

根据定理 5.6.3, 求积系数简化为

$$W_i = -\frac{1}{(n+1)\mathsf{L}_n(x_i)\mathsf{L}'_{n+1}(x_i)} = \frac{1}{(n+2)\mathsf{L}'_{n+1}(x_i)\mathsf{L}_{n+2}(x_i)}, \quad i=0,\cdots,n. \tag{5.36}$$

由 Laguerre 多项式的求导性质和三项递推公式有

$$x\mathsf{L}'_{n+1}(x) = (x-n-2)\mathsf{L}_{n+1}(x) + (n+2)\mathsf{L}_{n+2}(x).$$

设 x_i 为 L_{n+1} 的零点, 所以有

$$x\mathsf{L}'_{n+1}(x_i) = (n+2)\mathsf{L}_{n+2}(x_i).$$

代入 (5.36) 式的第二个等式有

$$W_i = \frac{x_i}{(n+2)^2\mathsf{L}^2_{n+2}(x_i)}, \quad i=0,\cdots,n.$$

类似地可以证明 W_i 还等于

$$W_i = \frac{x_i}{(n+1)^2\mathsf{L}^2_{n}(x_i)}, \quad i=0,\cdots,n.$$

前几项 Gauss-Laguerre 求积公式的节点和求积系数分别如表 5.4 所示.

表 5.4

n	x_i	W_i
1	0.5857864376	0.8535533905
	3.4142135623	0.1464466094
2	0.4157745567	0.7110930099
	2.2942803602	0.2785177335
	6.2899450829	0.0103892565
3	0.3225476896	0.6031541043
	1.7457611011	0.3574186924
	4.5366202969	0.0388879085
	9.3950709123	0.0005392947
4	0.2635603197	0.5217556105
	1.4134030591	0.3986668110
	3.5964257710	0.0759424496
	7.0858100058	0.0036117586
	12.6408008442	0.0000233600

Gauss-Laguerre 求积公式的余项为

$$
\begin{aligned}
R(f) &= \frac{f^{(2n+2)}(\xi)}{(2n+2)!A_{n+1^2}} \\
&= \frac{[(n+1)!]^2}{(2n+2)!} f^{(2n+2)}(\xi), \quad \xi \in (0,\infty).
\end{aligned}
$$

例 5.6.3 用 Gauss-Laguerre 求积公式求无界积分区域的定积分

$$
I(f) = \int_0^\infty \cos^2(x) \mathrm{e}^{-x} \mathrm{d}x.
$$

解 定积分的准确值为

$$
I(f) = -\frac{1}{5}\left(\cos^2(x) - 2\cos(x)\sin(x) + 2\right)\mathrm{e}^{-x}\Big|_{x=0}^{\infty} = \frac{3}{5}.
$$

直接利用 Gauss-Laguerre 求积公式

$$
I(f) \approx \sum_{i=0}^{n} W_i \cos^2(x_i).
$$

计算的结果如表 5.5 所示.

表 5.5

n	I_n	n	I_n
1	0.7284954	7	0.5961158
2	0.7275369	8	0.5966352
3	0.5551081	9	0.6010834
4	0.5591913	10	0.6009268
5	0.6134932	11	0.5997036
6	0.6119320	12	0.5997486

可见只用 12 个求积节点就能得到 4 位有效数字. □

Gauss-Hermite 求积公式 当区间为 $[-\infty,\infty]$, 权函数为 $\rho(x)=\mathrm{e}^{-x^2}$ 时, 正交多项式为 Hermite 多项式 $\mathsf{H}_i, i=0,1,\cdots$, 此时 Gauss 求积公式为 Gauss-Hermite 求积公式. 此时

$$A_n=2^n,\quad \gamma_n=2^n n!\sqrt{\pi}.$$

根据定理 5.6.3, 求积系数简化为

$$W_i=\frac{2^{n+1}n!\sqrt{\pi}}{\mathsf{H}_n(x_i)\mathsf{H}'_{n+1}(x_i)},\quad i=0,\cdots,n. \tag{5.37}$$

由 Hermite 多项式的求导性质有

$$W_i=\frac{2^n(n+1)!\sqrt{\pi}}{(n+1)^2\mathsf{H}_n^2(x_i)},\quad i=0,\cdots,n. \tag{5.38}$$

前几项 Gauss-Hermite 求积公式的节点和求积系数分别如表 5.6 所示.

表 5.6

n	x_i	W_i
1	±0.7071067811	0.8862269254
2	0	1.1816359006
	±1.2247448713	0.2954089751
3	±0.5246476232	0.8049140900
	±1.6506801238	0.0813128354
4	0	0.9453087204
	±0.9585724646	0.3936193231
	±2.0201828704	0.0199532420

Gauss-Hermite 求积公式的余项为

$$R(f)=\frac{f^{(2n+2)}(\xi)}{(2n+2)!A_{n+1^2}}\int_a^b\rho(x)\mathsf{H}_{n+1}^2(x)\mathrm{d}x$$
$$=\frac{(n+1)!\sqrt{\pi}}{(2n+2)!2^{n+1}}f^{(2n+2)}(\xi),\quad \xi\in(-\infty,\infty).$$

例 5.6.4 设函数 $h(y)$, 其中 y 服从正态分布 $y\sim\mathcal{N}(\mu,\sigma)$, 则 h 的期望为

$$E[h(y)]=\int_{-\infty}^{\infty}\frac{1}{\sigma\sqrt{2\pi}}\exp\left(-\frac{(y-\mu)^2}{2\sigma^2}\right)h(y)\mathrm{d}y.$$

引入坐标变换

$$x=\frac{y-\mu}{\sqrt{2}\sigma}\Leftrightarrow y=\sqrt{2}\sigma x+\mu.$$

于是有

$$E[h(y)]=\int_{-\infty}^{\infty}\frac{1}{\sqrt{\pi}}\exp(-x^2)h(\sqrt{2}\sigma x+\mu)\mathrm{d}x.$$

现在就可以应用 Gauss-Hermite 求积公式

$$E[h(y)]\approx\frac{1}{\sqrt{\pi}}\sum_{i=0}^{n}W_ih(\sqrt{2}\sigma x_i+\mu).$$

5.6.4 复合 Gauss 求积公式

如同复合梯形求积公式和复合 Simpson 求积公式, 有时也需要定义复合 Gauss 求积公式. 为了表述简洁, 将只讨论权函数 $\rho\equiv 1$ 的情况.

将区间 $[a,b]$ 分成 n 等分 $[x_{i-1},x_i], i=1,\cdots,n,\ n\geqslant 2$, 每个等分的长度为 $h=(b-a)/n$. 于是将定积分拆分为

$$\int_a^b f(x)\mathrm{d}x=\sum_{i=1}^{n}\int_{x_{i-1}}^{x_i}f(x)\mathrm{d}x,$$

其中 $x_i=a+ih, i=0,\cdots,n$.

通过坐标变换

$$x=\frac{1}{2}(x_{i-1}+x_i)+\frac{1}{2}ht,\quad t\in[-1,1],$$

将子区间 $[x_{i-1},x_i], i=1,\cdots,n$ 变换到标准区间 $[-1,1]$ 上, 于是有

$$\int_a^b f(x)\mathrm{d}x=\frac{1}{2}h\sum_{i=1}^{n}\int_{-1}^{1}g_i(t)\mathrm{d}t=\frac{1}{2}h\sum_{i=1}^{n}I_i,$$

其中

$$g_i(t)=f\left(\frac{1}{2}(x_{i-1}+x_i)+\frac{1}{2}ht\right),\quad I_i=\int_{-1}^{1}g_i(t)\mathrm{d}t.$$

接着对每个 I_i 用 Gauss 求积公式就得到了复合 Gauss 求积公式

$$\begin{aligned}\int_a^b f(x)\mathrm{d}x&\approx\frac{1}{2}h\sum_{i=1}^{n}\sum_{k=0}^{m}W_k g_i(\xi_k)\\&=\frac{1}{2}h\sum_{i=1}^{n}\sum_{k=0}^{m}W_k f\left(\frac{1}{2}(x_{i-1}+x_i)+\frac{1}{2}h\xi_k\right),\end{aligned}$$

其中 $\xi_k\in(-1,1)$ 为 Gauss 点, W_k 是相应的 Gauss 求积系数.

复合 Gauss 求积公式的余项为

$$\begin{aligned}R(f)=&\int_a^b f(x)\mathrm{d}x-\frac{1}{2}h\sum_{i=1}^{n}\sum_{k=0}^{m}W_k f\left(\frac{1}{2}(x_{i-1}+x_i)+\frac{1}{2}h\xi_k\right)\\=&\sum_{i=1}^{n}\left[\int_{x_{i-1}}^{x_i}f(x)\mathrm{d}x-\frac{1}{2}h\sum_{k=0}^{m}W_k f\left(\frac{1}{2}(x_{i-1}+x_i)+\frac{1}{2}h\xi_k\right)\right]\\=&\frac{1}{2}h\sum_{i=1}^{n}\left[\int_{-1}^{1}f\left(\frac{1}{2}(x_{i-1}+x_i)+\frac{1}{2}ht\right)\mathrm{d}t\right.\\&\left.-\sum_{k=0}^{m}W_k f\left(\frac{1}{2}(x_{i-1}+x_i)+\frac{1}{2}h\xi_k\right)\right]\\=&\left(\frac{1}{2}h\right)^{2m+3}\sum_{i=1}^{n}\frac{2^{2m+3}[(m+1)!]^4}{(2m+3)[(2m+2)!]^3}f^{2m+2}(\eta_i),\quad \eta_i\in(x_{i-1},x_i)\\=&\frac{(b-a)^{2m+3}[(m+1)!]^4}{n^{2m+2}(2m+3)[(2m+2)!]^3}f^{2m+2}(\eta),\quad \eta\in(a,b).\end{aligned}$$

例 5.6.5 当 $m=0$ 时, 在每个小区间内的 Gauss 求积公式就是中点公式, 此时的复合 Gauss 求积公式就是复合中点公式

$$\int_a^b f(x)\mathrm{d}x\approx h\sum_{i=1}^{n}f\left(a+\left(i-\frac{1}{2}h\right)\right).$$

将 $m=0$ 代入复合 Gauss 求积公式的余项中就得到了复合中点公式的余项

$$R(f)=\frac{h^2}{24}(b-a)f''(\eta),\quad \eta\in(a,b).$$

5.6.5 Gauss-Radau 和 Gauss-Lobatto 求积公式

在 Newton-Cotes 求积公式中, 固定了所有 $n+1$ 个求积节点, 且求积节点为等距节点. 而在 Gauss 求积公式中, 求积节点可以自由选择, 所以 Gauss 求积公式的代数精度最高可以达到 $2n+1$ 次. 因此通过选取求积节点的自由度, 就能构造出不同代数精度的求积公式. 这一节将特别讨论区间端点作为求积节点的情况.

考虑 $[-1,1]$ 上的定积分

$$I(f)=\int_{-1}^{1}\rho(x)f(x)\mathrm{d}x,$$

其中 ρ 是定义在 $[-1,1]$ 上的权函数. 设共有 $n+1$ 个互异的求积节点 $x_i, i=0,\cdots,n$, 且其中第一个节点为 $x_0=-1$, 另外 n 个求积节点可以自由选择. 下面将确定 n 个求积节点和 $n+1$ 个求积系数使求积公式

$$I_n(f)=W_0f(-1)+\sum_{i=1}^{n}W_if(x_i) \tag{5.39}$$

达到最高代数精度.

记 H_{2n} 为 $2n$ 次 Hermite 插值多项式, 且满足以下插值条件

$$H_{2n}(x_i)=f(x_i),\quad i=0,\cdots,n,$$

$$H_{2n}'(x_i)=f'(x_i),\quad i=1,\cdots,n.$$

令

$$H_{2n}(x)=\sum_{i=0}^{n}h_i(x)f(x_i)+\sum_{i=1}^{n}\bar{h}_i(x)f'(x_i),$$

其中

$$h_0(x)=\prod_{j=1}^{n}\left(\frac{x-x_j}{-1-x_j}\right)^2,$$

$$h_i(x)=(l_{i,n-1}(x))^2\frac{x+1}{x_i+1}\left(1-(x-x_i)\left[\sum_{\substack{j=1\\j\neq i}}^{n}\frac{2}{x_i-x_j}+\frac{1}{x_i+1}\right]\right),$$

$$i=1,\cdots,n,$$

$$\bar{h}_i(x)=(l_{i,n-1}(x))^2(x-x_i)\frac{x+1}{x_i+1},\quad i=1,\cdots,n,$$

$$l_{i,n-1}(x)=\sum_{\substack{j=1\\j\neq i}}^{n}\frac{x-x_j}{x_i-x_j},\quad i=1,\cdots,n.$$

对 H_{2n} 积分得到

$$\int_{-1}^{1}\rho(x)H_{2n}(x)\mathrm{d}x=W_0f(-1)+\sum_{i=1}^{n}W_if(x_i)+\sum_{i=1}^{n}V_if'(x_i),$$

其中

$$W_i=\int_{-1}^{1}h_i(x)\mathrm{d}x,\quad i=0,\cdots,n,$$

$$V_i=\int_{-1}^{1}\bar{h}_i(x)\mathrm{d}x,\quad i=1,\cdots,n.$$

要使求积公式中不出现导数项 $f'(x_i),i=1,\cdots,n$ 就要

$$V_i=0,\quad i=1,\cdots,n. \tag{5.40}$$

而

$$\begin{aligned}V_i&=\int_{-1}^{1}\rho(x)\bar{h}_i(x)\mathrm{d}x\\&=\int_{-1}^{1}(x+1)\rho(x)\prod_{i=1}^{n}(x-x_i)l_{i,n-1}(x)\mathrm{d}x\sum_{\substack{j=1\\j\neq i}}^{n}\frac{1}{x_i-x_j}.\end{aligned}$$

因此, 只要以 $(x+1)\rho(x)$ 为权函数的正交多项式 p_n 的 n 个零点作为求积节点, 就能满足 (5.40) 式.

求积系数 $W_i,i=0,\cdots,n$ 分别为

$$W_0=\int_{-1}^{1}\rho(x)\prod_{j=1}^{n}\left(\frac{x-x_j}{-1-x_j}\right)^2\mathrm{d}x,$$

$$\begin{aligned}W_i&=\int_{-1}^{1}\rho(x)h_i(x)\mathrm{d}x\\&=\int_{-1}^{1}(x+1)\rho(x)l_{i,n-1}^2(x)\mathrm{d}x\frac{1}{x_i+1}\\&=\int_{-1}^{1}(x+1)\rho(x)l_{i,n-1}(x)\mathrm{d}x\frac{1}{x_i+1}.\end{aligned}$$

由此就求出了求积公式 (5.39) 中的所有求积系数. 形如 (5.39) 式的求积公式称为 Gauss-Radau 求积公式. 由于 (5.39) 式对 $2n$ 次 Hermite 插值多项式 H_{2n} 准确成立, 所以 Gauss-Radau 求积公式具有 $2n$ 次代数精度, 其余项为

$$R(f)=\frac{f^{(2n+1)}}{(2n+1)!}\int_{-1}^{1}(x+1)\rho(x)\prod_{i=1}^{n}(x-x_i)^2.$$

特别地, 当权函数为 $\rho\equiv 1$ 时, 求积节点 $x_i, i=1,\cdots,n$ 是多项式

$$\frac{\mathsf{P}_n(x)+\mathsf{P}_{n+1}(x)}{1+x}$$

在区间 $[-1,1]$ 上的零点, 其中 P_n 是 Legendre 多项式. 对应的求积系数为

$$W_0=\frac{2}{(n+1)^2},$$

$$W_i=\frac{1-x_i}{(n+1)!\mathsf{P}_n^2(x_i)}=\frac{1}{(1-x_i)(\mathsf{P}_n'(x_i))^2},\quad i=1,\cdots,n.$$

前几项 Gauss-Radau 求积公式的节点和求积系数分别如表 5.7 所示.

表 5.7

n	x_i	W_i
1	-1	0.5
	0.3333333333	1.5
2	-1	0.2222222222
	-0.2898979485	1.0249716523
	0.6898979485	0.7528061254
3	-1	0.125
	-0.5753189235	0.6576886399
	0.1810662711	0.7763869376
	0.8228240809	0.4409244223
4	-1	0.08
	-0.7204802713	0.4462078021
	-0.1671808647	0.6236530459
	0.4463139727	0.5627120302
	0.8857916077	0.2874271215

Gauss-Radau 求积公式的余项为

$$R(f)=\frac{2^{2n+1}(n+1)[n!]^4}{[(2n+1)!]^3}f^{(2n+1)}(\xi),\quad \xi\in(-1,1).$$

当左端点 $x_0=-1$ 和右端点 $x_n=1$ 固定, 而中间 $n-1$ 个节点可以自由选择时, 也可以类似于 Gauss-Radau 求积公式, 构造出具有 $2n-1$ 次代数精度求积公式, 称为 Gauss-Lobatto 求积公式.

$$I_n(f)=W_0f(-1)+\sum_{i=1}^{n-1}W_if(x_i)+W_nf(1).$$

特别地当权函数 $\rho=1$, 节点 $x_i, i=1,\cdots,n-1$ 是多项式 P_n' 的零点. 对应的求积系数为

$$W_0=W_n=\frac{2}{n(n+1)}, \tag{5.41}$$

$$\begin{aligned} W_i&=-\frac{2(n+1)}{(1-x_i^2)\mathsf{P}_n''(x_i)\mathsf{P}_{n+1}'(x_i)}\\ &=\frac{2}{n(n+1)[\mathsf{P}_n(x_i)]^2},\quad i=1,\cdots,n-1. \end{aligned} \tag{5.42}$$

前几项 Gauss-Lobatto 求积公式的节点和求积系数分别如表 5.8 所示.

表 5.8

n	x_i	W_i
2	0	1.3333333333
	±1	0.3333333333
3	±0.4472135954	0.8333333333
	±1	0.1666666666
4	0	0.7111111111
	±0.6546536707	0.5444444444
	±1	0.1

不难发现, 当 $n=2$ 时, Gauss-Lobatto 求积公式就是 $[-1,1]$ 上的 Simpson 求积公式.

Gauss-Lobatto 求积公式的余项为

$$R(f)=-\frac{n^3(n+1)2^{2n+1}[(n-1)!]^4}{(2n+1)[(2n)!]^3}f^{(2n)}(\xi),\quad \xi\in(-1,1). \tag{5.43}$$

例 5.6.6　用 Gausso-Lobatto 求积公式计算定积分 $I(f)=\int_{-1}^{1}\sin^2(x)\mathrm{d}x$.

解　定积分 $I(f)$ 的准确值为 0.5453513. 首先用四个求积节点的 Gauss-Lobatto 求积公式计算

$$\begin{aligned} I(f)=&0.1666666666(\sin(-1)^2+\sin(1)^2)\\ &+0.8333333333(\sin(-0.4472135954)^2+\sin(0.4472135954)^2)\\ \approx&0.5477197. \end{aligned}$$

误差大约为 2.3685×10^{-3}.

接着将求积区间对分, 然后在每个子区间上应用四个求积节点的 Gauss-Lobatto

求积公式, 得到

$$\begin{aligned}I(f)&=\int_0^1\sin^2(x)\mathrm{d}x+\int_{-1}^0\sin^2(x)\mathrm{d}x\\&=\frac{1}{2}\int_{-1}^1\sin^2\left(\frac{x+1}{2}\right)\mathrm{d}x+\frac{1}{2}\int_{-1}^1\sin^2\left(\frac{x-1}{2}\right)\mathrm{d}x\\&\approx 0.5453734.\end{aligned}$$

误差大约为 2.2118×10^{-5}. 上面的计算相当于两个子区间上的复合型 Gauss-Lobatto 求积公式, 只需要计算 7 个节点上的值, 而计算精度却大大提高了. □

习 题 5

1. 求下面插值型求积公式的代数精度.

(a)

$$\int_{-1}^1 f(x)\mathrm{d}x\approx\frac{2}{3}[2f(-1/2)-f(0)+2f(1/2)].$$

(b)

$$\int_{-1}^1 f(x)\mathrm{d}x\approx\frac{1}{4}[f(-1)+3f(-1/3)+3f(1/3)+f(1)].$$

2. 已知求积公式

$$\int_0^1 f(x)\mathrm{d}x\approx W_0f(0)+f(x_1)$$

至少具有 1 次度数精度. 试确定求积系数 W_0 和求积节点 x_1.

3. 确定求积公式

$$\int_0^1 f(x)\mathrm{d}x\approx W_0f(0)+W_1f(1)+W_2f'(1)$$

的系数, 使其具有 2 次代数精度.

4. 用 Newton 向前差分公式推导出梯形公式和 Simpson 公式.

5. 利用 Taylor 级数证明 Simpson 求积公式的余项公式.

6. 设函数 f 定义在区间 $[a,b]$ 上, 记 p_3 是 f 的 3 次插值多项式, 且满足以下条件

$$p_3(a)=f(a),\ p_3(c)=f(c),\ p_3'(c)=f'(c),\ p_3(b)=f(b).$$

其中 $c=\dfrac{a+b}{2}$.

(a) 若用 $\int_a^b p_3(x)\mathrm{d}x$ 逼近定积分 $\int_a^b f(x)\mathrm{d}x$, 证明所得到的求积公式就是 Simpson 求积公式.

(b) 利用 Hermite 插值的余项求 Simpson 求积公式的余项.

7. (a) 证明 Simpson 求积公式能准确计算定积分 $\int_0^{2\pi}\sin(x)\mathrm{d}x$.

(b) 给出 Simpson 求积公式能准确计算定积分 $\int_a^b f(x)\mathrm{d}x$ 的条件, 并验证 $\int_0^{\pi/2} \cos^2(x)\mathrm{d}x$ 能被 Simpson 公式准确计算.

8. 当 $n=3$ 时, Newton-Cotes 求积公式也被称为 Simpson$\frac{3}{8}$ 求积公式.

(a) 证明 Simpson$\frac{3}{8}$ 求积公式为

$$\int_a^b f(x)\mathrm{d}x \approx \frac{3h}{8}[f(a)+3f(a+h)+3f(b-h)+f(b)],$$

其中 $h=\dfrac{b-a}{3}$.

(b) 证明 Simpson$\frac{3}{8}$ 求积公式的余项为

$$R(f)=-\frac{3h^5}{80}f^{(4)}(\eta),\ \eta\in(a,b).$$

9. 已知函数 f 定义在区间 $[a,b]$ 上, 且 $f\in C^1[a,b]$. 用 3 次 Hermite 插值多项式 H_3 逼近 f, 且满足

$$H_3(a)=f(a),\ H_3(b)=f(b),\ H_3'(a)=f'(a),\ H_3'(b)=f'(b).$$

在 $[a,b]$ 上对 H_3 积分就得到修正的梯形积分公式.

(a) 证明修正的梯形积分公式为

$$\int_a^b f(x)\mathrm{d}x \approx \frac{b-a}{2}[f(a)+f(b)]+\frac{(b-a)^2}{12}[f'(a)+f'(b)].$$

(b) 证明修正的梯形积分公式的余项为

$$R(f)=\frac{(b-a)^5}{720}f^{(4)}(\eta),\quad \eta\in(a,b).$$

10. (a) 用复合梯形求积公式计算定积分 $\int_0^1 \mathrm{e}^{-t^2}\mathrm{d}t$, 若要计算误差小于 10^{-5}, 则需要多少求积节点?

(b) 再用复合 Simpson 求积公式计算此定积分, 则需要多少求积节点就可以达到相同的精度?

11. 5.3 节中介绍的等距节点求积公式又被称为闭 Newton-Cotes 求积公式, 其中包含了区间的两个端点. 若去掉两个区间端点, 则得到开 Newton-Cotes 求积公式.

(a) 最简单的开 Newton-Cotes 公式也称为中点公式, 即只用区间中点为求积节点. 证明中点公式为

$$\int_a^b f(x)\mathrm{d}x = hf(c)+\frac{h^3}{24}f''(\eta),$$

其中 $c=\dfrac{a+b}{2}$, $\eta\in(a,b)$. 进而说明中点公式与梯形公式有相同的收敛阶数, 但误差大约是梯形公式的一半.

(b) 证明复合型中点公式为

$$\int_a^b f(x)\mathrm{d}x = h\sum_{i=1}^{n} f(c_i) + \frac{(b-a)h^2}{24}f''(\eta),$$

其中 $h = \dfrac{b-a}{n}$, $c_i = a + (i-1/2)h$, $i = 1, \cdots, n$, $\eta \in (a, b)$.

(c) 取 $n = 10$, 用复合中点公式求 $\displaystyle\int_0^1 \frac{\sin(x)}{x}\mathrm{d}x$ 的近似值.

12. (a) 证明 3 个求积节点的开 Newton-Cotes 公式形如

$$\int_a^b f(x)\mathrm{d}x = \frac{4h}{3}[2f(x_1) - f(x_2) + 2f(x_3)] + \frac{14h^5}{45}f^{(4)}(\eta),$$

其中 $h = \dfrac{(b-a)}{4}, x_1 = a + h, x_2 = a + 2h, x_3 = a + 3h, \eta \in (a, b)$.

(b) 求上面求积公式的复合求积公式.

(c) 若用此复合求积公式近似 $\displaystyle\int_0^1 \frac{\sin x}{x}\mathrm{d}x$, 则需要多少个求积节点才能达到 $n = 10$ 时复合中点公式的计算精度?

13. 利用以下关系式

$$2\sin(1/2x)\sum_{j=1}^{m}\cos(jx) = \sin[(m+1/2)x] - \sin(1/2x)$$

证明 $m+1$ 个节点的复合梯形公式计算 $\displaystyle\int_{-\pi}^{\pi}\cos(rx)\mathrm{d}x$ 的结果为

$$T_m(f) = \begin{cases} (-1)^r 2\pi, & r = km, \\ 0, & \text{其他}. \end{cases}$$

14. 利用复合中点公式、复合梯形公式和复合 Simpson 公式计算定积分

$$\int_{-1}^{1} |x|\mathrm{e}^x\mathrm{d}x.$$

并比较计算误差.

15. (a) 分别用复合梯形求积公式和复合 Simpson 求积公式计算下面定积分

$$\int_0^{2\pi} \frac{1}{5 - 4\cos(x)}\mathrm{d}x = \frac{2\pi}{3}.$$

(b) 根据计算结果说明对于周期函数, 复合梯形求积公式要优于复合 Simpson 求积公式.

16. 用 Romberg 算法计算以下定积分, 要求误差小于 10^{-6}.

(a) $\displaystyle\int_0^1 \mathrm{e}^x\mathrm{d}x$.

(b) $\displaystyle\int_0^1 \sin(\pi x)\mathrm{d}x$.

17. 用 $n+1$ 个节点的 Chebyshev-Gauss 求积公式计算暇积分

$$\int_{-1}^{1} \frac{x^4}{\sqrt{1-x^2}} \mathrm{d}x.$$

18. 证明 Guass-Lobatto 求积公式的系数 (5.41)—(5.42), 以及余项 (5.43).

19. 用 Gauss 求积公式计算下面定积分, 使得计算误差小于 10^{-4}：

(a)

$$\int_0^{\infty} \mathrm{e}^{-x}(1+x)^{-5} \mathrm{d}x.$$

(b)

$$\int_0^{\infty} \mathrm{e}^{-x^2} \cos(x) \mathrm{d}x.$$

20. (a) 求下面 Gauss 求积公式

$$\int_0^1 \frac{f(x)}{\sqrt{x-x^2}} \mathrm{d}x \approx W_0 f(x_0) + W_1 f(x_1).$$

的求积节点和求积系数.

(b) 设 $f \in C^4[0,1]$, 证明上面 Gauss 求积公式的余项为

$$\frac{\pi}{3072} f^{(4)}(\eta), \quad \eta \in (0,1).$$

第 6 章　有理逼近介绍

6.1　引　　言

之前介绍的插值、拟合等算法大部分选用多项式函数进行逼近, 求解的系数参数都是以线性形式出现, 算法计算相对简单, 且多项式函数具有良好的光滑性可以很好地逼近光滑函数. 但伴随的缺点包括: 多项式不能很好地逼近在某点附近无界的函数, 也不能表示 $x \to \infty$ 的有界函数.

事实上所要确定的参数为非线性问题是普遍存在的, 问题中的参数原则上可以采用任何函数方式. 有理函数逼近则是用一个易于计算的有理函数有效地代表较复杂的被逼近函数. 在第 3 章中, 我们知道了有理 Bezier 曲线曲面、有理 B 样条曲线曲面要较非有理形式的曲线曲面具有更强大的造型表示能力. 有理逼近仍属于简单函数, 虽然较多项式要复杂, 但用它来近似表示函数时更加灵活、有效、可以在极点附近取得很好的逼近效果. 例如: D.J. 纽曼在 1964 年指出对 $f(x) = |x|$ 用 n 次有理函数逼近得到的阶的估计为 $\mathrm{e}^{-c\sqrt{n}}(c > 0)$, 大大地超过用 n 次多项式逼近得到的阶 $\dfrac{1}{n}$. 有理逼近作为非线性问题的一个重要特殊情形受到广泛关注, 关于有理逼近的理论研究和应用有着巨大的发展潜力.

考虑有理函数如下:

$$R_{m,n}(x) = \frac{p(x)}{q(x)} = \frac{a_m x^m + \cdots + a_1 x + a_0}{b_n x^n + \cdots + b_1 x + b_0},$$

其中 m, n 为给定的非负整数, $p(x)$, $q(x) \neq 0$ 分别为次数不高于 m, n 的多项式, 并假设 $R_{m,n}$ 是最简分式, 即 $p(x), q(x)$ 是不可约的. 由于有理函数分子分母同时乘以常数时, 函数是 (等价的) 保持不变的, 故还会给出有理函数的标准化条件. 定义 $\mathbb{R}_{m,n}$ 为所有满足上述条件的有理函数的集合.

给定函数 $f(x)$ 是在有界区间 $[\alpha, \beta]$ 上的连续函数, 定义 $R_{m,n}(x)$ 与 $f(x)$ 的偏差为

$$\Delta_f(R_{m,n}(x)) = \sup_{\alpha \leqslant x \leqslant \beta} |f(x) - R_{m,n}(x)|. \tag{6.1}$$

最佳有理逼近问题则是寻找有理函数, 使得

$$\Delta_f(R^*_{m,n}(x)) = \inf_{R_{m,n}(x) \in \mathbb{R}_{m,n}} \sup_{\alpha \leqslant x \leqslant \beta} \|f(x) - R_{m,n}(x)\|.$$

此时, $R^*_{m,n}(x)$ 称为 $f(x)$ 的最佳一致逼近有理函数.

本章将略去最佳有理逼近的存在性、唯一性的理论分析 (冯玉瑜, 2013; 朱功勤, 2004), 重在给出有理逼近算法的介绍: 有理函数插值算法以及 Pade 逼近方法.

6.2 有理函数插值

接下来介绍如何构造有理函数, 插值给定点列. 记

$$R_{m,n}(x)=\frac{p(x)}{q(x)}=\frac{a_m x^m+\cdots+a_1x+a_0}{b_n x^n+\cdots+b_1x+b_0}$$

为有理分式函数, 其中 $p(x)$, $q(x)$ 分别为次数不高于 m,n 的多项式并且是不可约的, m,n 为给定的非负整数. 有理函数 $R_{m,n}$ 包含了 $m+n+2$ 个参数:

$$a_m,\cdots,a_1,a_0;\quad b_n,\cdots,b_1,b_0.$$

但当分子分母同时乘以一个非零常数时, 我们把它看成是同一个有理函数 (等价的), 因此 $R_{m,n}(x)$ 的自由度只是 $m+n+1$ 个.

给定 $m+n+1$ 个不同的点 $x_0,x_1,\cdots,x_{m+n}$ 以及对应的函数值 $y_i=f(x_i)(i=0,\cdots,m+n)$, 确定有理函数 $R_{m,n}(x)$ 满足插值条件

$$R_{m,n}(x_i)=f(x_i),\quad i=0,1,\cdots,m+n$$

这就是所谓的有理函数插值问题. 特别地, 当 $n=0$ 时, 问题退化为多项式插值, 已知此时解存在且唯一. 那么当 $n>0$ 时, 用真正意义上的有理函数来插值的问题是否有解? 如果有解, 解是否唯一? 若有唯一解, 如何构造出满足插值条件的有理函数呢?

例 6.2.1 给定三个点 $(x_0,y_0)=(0,0),(x_1,y_1)=(1,0),(x_2,y_2)=(2,2)$, 求 $R_{1,1}$ 形式的有理函数插值此点列.

解 记有理函数 $R_{1,1}=\dfrac{a_1x+a_0}{b_1x+b_0}$ 插值给定的三个点. 由 $x_0=0,y_0=0$ 得 $a_0=0$; 再通过 $x_1=1,y_1=0$ 得 $a_0=0$. 得到 $R_{1,1}(x)=0$, 无法插值第三个点. 因此为 $R_{1,1}$ 形式的有理插值问题此时无解. □

存在有理函数插值问题无解的情况. 但一旦问题有解, 则插值函数具有唯一性.

定理 6.2.1 有理函数插值问题: 给定 $m+n+1$ 个不同的点 $x_0,x_1,\cdots,x_{m+n}$ 以及对应的函数值 $y_i=f(x_i)(i=0,\cdots,m+n)$, 若存在有理函数 $R_{m,n}(x)$ 满足

$$R_{m,n}(x_i)=f(x_i),\ i=0,1,\cdots,m+n.$$

则此插值函数唯一.

证明 设

$$R_{m,n}(x)=\frac{p(x)}{q(x)},\quad \bar{R}_{m,n}(x)=\frac{\bar{p}(x)}{\bar{q}(x)}$$

同时插值给定点列, 即 $R_{m,n}(x_i)=y_i=\bar{R}_{m,n}(x_i), i=0,\cdots,m+n$. 可推得

$$p(x_i)\bar{q}(x_i)-\bar{p}(x_i)q(x_i)=0,\quad i=0,\cdots,m+n.$$

由于 $p(x),\bar{p}(x)$ 是 m 次的多项式, $q(x),\bar{q}(x)$ 是 n 次的多项式, 则得到一个 $m+n$ 次多项式有 $m+n+1$ 个根. 根据代数基本定理, 得到

$$p(x)\bar{q}(x)-\bar{p}(x)q(x)\equiv 0.$$

由于 $p(x),q(x)$ 是互质的, $\bar{p}(x),\bar{q}(x)$ 是互质的. 则此时存在常数 k, 使得

$$p(x)=k\bar{p}(x),\quad q(x)=k\bar{q}(x).$$

因此 (等价情况下), 有 $R_{m,n}(x)=\bar{R}_{m,n}(x)$. □

因此有理函数插值问题的解存在性及如何构造插值有理函数成为相关学者的研究问题. 一般来说, 有理插值问题是关于参数的非线性问题. 我们将插值条件通分后将问题转换为

$$p(x_i)-y_iq(x_i)=(a_mx_i^m+\cdots+a_1x_i+a_0)-y_i(b_nx_i^n+\cdots+b_1x_i+b_0)=0,$$

其中 $i=0,\cdots,m+n$. 问题成为对参数 $a_m,\cdots,a_1,a_0;b_n,\cdots,b_1,b_0$ 的线性约束方程组. 构造相关矩阵及对矩阵秩的分析, N.Macon 和 D.E.Dupree 给出了有理插值函数存在性的判别方法. 记

$$T=\begin{pmatrix} 1 & x_0 & x_0^2 & \cdots & x_0^{m-1} & y_0 & x_0y_0 & \cdots & x_0^{n-1}y_0 \\ 1 & x_1 & x_1^2 & \cdots & x_1^{m-1} & y_1 & x_1y_1 & \cdots & x_1^{n-1}y_1 \\ \vdots & \vdots & \vdots & & \vdots & \vdots & \vdots & & \vdots \\ 1 & x_{m+n} & x_{m+n}^2 & \cdots & x_{m+n}^{m-1} & y_{m+n} & x_{m+n}y_{m+n} & \cdots & x_{m+n}^{n-1}y_{m+n} \end{pmatrix},$$

为 $(m+n+1)\times(m+n)$ 的矩阵.

定理 6.2.2 *有理插值问题有解的充分必要条件是矩阵 $T_i, i=1,\cdots,m+n+1$ 是非奇异的, 其中 T_i 是矩阵 T 去掉第 i 行后余下的元素按原结构次序组成的矩阵.*

由于需要用到若干引理, 在此不给出上述定理的证明过程. 此时判断有理插值问题解的存在性, 是要通过 $m+n+1$ 个 $(m+n)\times(m+n)$ 阶矩阵的秩, 计算量较大. 还有其他的方法判断有理插值的存在性条件, 但总体来说相关的研究还不多.

接下来, 介绍利用连分式构造插值函数的方法. 首先, 介绍一些连分式的预备知识.

例 6.2.2　将分子分母辗转相除表示有理函数

$$R=\frac{2x^4+45x^3+381x^2+1353x+1511}{x^3+21x^2+157x+409}.$$

解　$R=\dfrac{2x^4+45x^3+381x^2+1353x+1511}{x^3+21x^2+157x+409}=2x+3+\dfrac{4(x^2+16x+71)}{x^3+21x^2+157x+409}$

此时再用高次项 $x^3+21x^2+157x+409$ 除以 $x^2+16x+71$, 得

$$R=2x+3+\frac{4}{x+5+\dfrac{6(x+9)}{x^2+16x+71}}=2x+3+\frac{4}{x+5+\dfrac{6}{\dfrac{x^2+16x+71}{(x+9)}}}$$

$$=2x+3+\frac{4}{x+5+\dfrac{6}{x+7+\dfrac{x+8}{x+9}}}.$$

此表示方法也称为连分式法, 通过分子分母的辗转相除得到. □

定义连分式 $R=b_0+\dfrac{a_1}{b_1}{}_{+\cdots+}\dfrac{a_n}{b_n}{}_{+\cdots}$ 表示

$$b_0+\cfrac{a_1}{b_1+\cfrac{a_2}{b_2+\ddots+\cfrac{a_n}{b_n+\ddots}}}$$

并令 $R_n=b_0+\dfrac{a_1}{b_1}{}_{+\cdots+}\dfrac{a_n}{b_n}=\dfrac{P_n}{Q_n}$ 为连分式 R 的第 n 个渐近分式逼近. 可得渐近分式之间的递推关系是

$$\begin{aligned}P_k&=b_kP_{k-1}+a_kP_{k-2},\\Q_k&=b_kQ_{k-1}+a_kQ_{k-2},\ \text{其中}k=1,2,\cdots.\end{aligned}\tag{6.2}$$

此处规定 $P_{-1}=1,Q_{-1}=0$.

证明　按定义知 $R_0=\dfrac{P_0}{Q_0}=\dfrac{b_0}{1}$, 得 $P_0=b_0,Q_0=1$.

当 $k=1$ 时, $R_1=\dfrac{P_1}{Q_1}=\dfrac{b_0b_1+a_1}{b_1}=\dfrac{b_1P_0+a_1P_{-1}}{b_1Q_0+a_1Q_{-1}}$.

当 $k=l$ 时, 假设递推关系成立, 即 $R_l=\dfrac{P_l}{Q_l}=\dfrac{b_lP_{l-1}+a_lP_{l-2}}{b_lQ_{l-1}+a_lQ_{l-2}}$.

当 $k=l+1$ 时, 发现 R_{l+1} 是将 R_l 中的项 b_l 拿 $b_l+\dfrac{a_{l+1}}{b_{l+1}}$ 替代. 因此

$$R_{l+1}=\frac{P_{l+1}}{Q_{l+1}}=\frac{(b_l+\dfrac{a_{l+1}}{b_{l+1}})P_{l-1}+a_lP_{l-2}}{(b_l+\dfrac{a_{l+1}}{b_{l+1}})Q_{l-1}+a_lQ_{l-2}}$$

$$=\frac{b_{l+1}(b_lP_{l-1}+a_lP_{l-2})+a_{l+1}P_{l-1}}{b_{l+1}(b_lQ_{l-1}+a_lQ_{l-2})+a_{l+1}Q_{l-1}}=\frac{b_{l+1}P_l+a_{l+1}P_{l-1}}{b_{l+1}Q_l+a_{l+1}Q_{l-1}}$$

综上对任意正整数 k, 得到渐近分式之间的递推关系式成立. □

连分式 $R_n=b_0+\dfrac{a_1}{b_1}{}_{+\cdots+}\dfrac{a_n}{b_n}$, 若已知每一项 $a_i,b_i,i=1,\cdots,n$, 通过反序迭代可获得 R_n 的值. 令

$$v_n=b_n,\quad v_{k-1}=b_{k-1}+\frac{a_k}{v_k},\quad k=n,\quad n-1,\cdots,1. \tag{6.3}$$

得到序列 $\{v_k\}_{k=0,\cdots,n}$, 易证 $R_n=v_0$. 接下来基于 Newton 插值多项式构造一个特定的连分式 $R(x)$ 来满足插值条件.

定义 6.2.1 给定一组点集 $F=\{x_0,x_1,\cdots\}$, 定义函数序列 $b_k(x)$ 为

$$b_0(x)=f(x),\quad b_k(x)=\frac{x-x_{k-1}}{b_{k-1}(x)-b_{k-1}(x_{k-1})}\quad (k=1,2,\cdots)$$

则称 $b_k(x)$ 为函数 $f(x)$ 在 F 上的 k 阶反差商.

由反差商的递推关系 $\Rightarrow b_{k-1}(x)=b_{k-1}(x_{k-1})+\dfrac{x-x_{k-1}}{b_k(x)}$, 得到函数 $f(x)$ 的如下表示.

$$f(x)=b_0(x)=b_0(x_0)+\frac{x-x_0}{b_1(x)}=b_0(x_0)+\frac{x-x_0}{b_1(x_1)+\dfrac{x-x_1}{b_2(x)}}=\cdots.$$

$$=b_0(x_0)+\frac{x-x_0}{b_1(x_1)}{}_{+\cdots+}\frac{x-x_n}{b_{n+1}(x)},$$

略去上式中 $\dfrac{x-x_n}{b_{n+1}(x)}$ 项, 记

$$R_n(x)=b_0(x_0)+\frac{x-x_0}{b_1(x_1)}{}_{+\cdots+}\frac{x-x_{n-1}}{b_n(x_n)},$$

通过公式 (6.3) 及反差商函数的迭代公式可得到如下结论.

定理 6.2.3 给定不同的点 $x_0,\cdots,x_n$ 以及对应的函数值 $f(x_i)(i=0,\cdots,n)$, 令

$$b_0(x_i)=f(x_i),i=1,\cdots,n.$$

$$b_k(x_i)=\frac{x_i-x_{k-1}}{b_{k-1}(x_i)-b_{k-1}(x_{k-1})},\quad k=1,\cdots,n;i=k,\cdots,n.$$

假设函数 $b_k(x)$ 在 x_k 处有定义, 那么 $R_n(x)=b_0(x_0)+\dfrac{x-x_0}{b_1(x_1)}{}_{+\cdots+}\dfrac{x-x_{n-1}}{b_n(x_n)}$ 插值给定点列 $f(x_0),\cdots,f(x_n)$, 即

$$R(x_k)=f(x_k),\quad k=0,\cdots,n.$$

构造反差商表计算反差商 $b_k(x_k)$ 如表 6.1 所示.

表 6.1

x	$b_0(x)$	$b_1(x)$	$\cdots$	$b_n(x)$
x_0	$b_0(x_0)$			
x_1	$b_0(x_1)$	$b_1(x_1)$		
$\vdots$	$\vdots$	$\vdots$		
x_n	$b_0(x_n)$	$b_1(x_n)$	$\cdots$	$b_n(x_n)$

例 6.2.3 给定点列 $(0,1),\left(1,\dfrac{1}{2}\right),\left(2,\dfrac{1}{5}\right),\left(3,\dfrac{1}{10}\right),\left(4,\dfrac{1}{17}\right)$ 求它的连分式插值.

解 计算反差商表 6.2

表 6.2

x	$b_0(x)$	$b_1(x)$	$b_2(x)$	$b_3(x)$	$b_4(x)$
0	1				
1	$\frac{1}{2}$	-2			
2	$\frac{1}{5}$	$-\frac{5}{2}$	-2		
3	$\frac{1}{10}$	$-\frac{10}{3}$	$-\frac{3}{2}$	2	
4	$\frac{1}{17}$	$-\frac{17}{4}$	$-\frac{4}{3}$	3	1

得到连分式

$$R_n(x)=1+\cfrac{x-0}{-2+\cfrac{x-1}{-2+\cfrac{x-2}{2+\cfrac{x-3}{1}}}}=\frac{1}{1+x^2}.$$

□

例 6.2.4 求函数 $f=\sqrt{1+x}$ 的连分式逼近.

解 已知 $f=\sqrt{1+x}$, 得到 $f^2-1=x$. 于是有 $f=1+\dfrac{x}{1+f}$, 反复将右端的 f 用 $1+\dfrac{x}{1+f}$ 替代, 得到 f 的连分式表示

$$f=1+\cfrac{x}{2+\cfrac{x}{1+f}}=\cdots=1+\frac{x}{2}+\frac{x}{2}+\cdots+\frac{x}{2}+\cdots$$

令 $R_n = \dfrac{P_n}{Q_n}$ 为连分式 f 的第 n 个渐近分式逼近. 通过 $a_k = x, b_k = 2(k = 1, \cdots)$ 得到

$$R_1 = \frac{x+2}{2}, \quad R_2 = \frac{3x+4}{x+4}, \quad R_3 = \frac{x^2+8x+8}{4x+8}, \quad R_4 = \frac{5x^2+20x+16}{x^2+12x+16}, \cdots$$

将 $x = 1$ 代入以上渐近分式, 得到 $\sqrt{2}(= 1.414\cdots)$ 的近似逼近分别为

$$\frac{3}{2} = 1.5, \quad \frac{7}{5} = 1.4, \quad \frac{17}{12} = 1.417, \quad \frac{41}{29} = 1.4138, \ \cdots.$$

□

注 给定 $n+1$ 个不同点, 若 $n = 2m$ 是偶数, 插值连分式是 $R_{m,m}(x)$ 型有理式; 若 $n = 2m+1$ 是奇数, 插值连分式是 $R_{m+1,m}(x)$ 型有理式.

6.3 Pade 逼近的介绍

首先, 回顾一下函数的泰勒级数展开. 如果函数足够平滑的话, 知道函数在某一点的各阶导数值的情况下, 泰勒公式可以用这些导数值作系数构建一个多项式来近似函数在这一点的邻域中的值. 泰勒公式还给出了泰勒多项式和实际的函数值之间的偏差. 不妨设函数 $f(x)$ 在包含 x_0 的某个闭区间 $[a, b]$ 上具有 n 阶导数, 且在开区间 (a, b) 上具有 $(n+1)$ 阶导数, 则对闭区间 $[a, b]$ 上任意一点 x, 下式成立:

$$\begin{aligned} f(x) = & f(x_0) + \frac{f'(x_0)}{1!}(x-x_0) + \frac{f''(x_0)}{2!}(x-x_0)^2 \\ & + \cdots + \frac{f^{(n)}(x_0)}{n!}(x-x_0)^n + R_n(x) \end{aligned} \tag{6.4}$$

其中, $f^{(n)}(x)$ 表示 $f(x)$ 的 n 阶导数, 等号右侧称为函数 $f(x)$ 在 x_0 处的泰勒展开式, $R_n(x)$ 称为泰勒公式的余项, 是 $(x-x_0)^n$ 的高阶无穷小. 特别地, 如果 $f(x)$ 在点 $x = x_0$ 具有任意阶导数, 则幂级数

$$f(x) = \sum_{n=0}^{\infty} \frac{f^{(n)}(x_0)}{n!}(x-x_0)^n$$

称为 $f(x)$ 在点 x_0 处的泰勒级数. 截取泰勒级数, 令

$$P_n(x) = f(x_0) + \frac{f'(x_0)}{1!}(x-x_0) + \frac{f''(x_0)}{2!}(x-x_0)^2 + \cdots + \frac{f^{(n)}(x_0)}{n!}(x-x_0)^n$$

为函数 $f(x)$ 的 n 次多项式逼近. $P_n(x)$ 满足插值性质

$$P_n^{(i)}(x_0) = f^{(i)}(x_0), \quad i = 0, 1, \cdots, n. \tag{6.5}$$

且 $P_n(x)$ 是拟范数 $\|f(x)\| = \sum_{i=0}^{n}|f^{(i)}(x_0)|$ 意义下对函数的最佳逼近. 类比泰勒多项式, 接下来构建有理函数

$$R_{m,n}(x) = \frac{p(x)}{q(x)} = \frac{p_m x^m + \cdots + p_1 x + p_0}{q_n x^n + \cdots + q_1 x + q_0},$$

仍满足插值性质, 使得尽可能多的项与泰勒级数展开式相匹配. 这就是要介绍的 Pade 逼近.

定义 6.3.1 令 $x_0; y_0, y_1, \cdots, y_{m+n}$ 是给定常数, Pade 插值问题是寻求有理多项式 $R_{m,n}(x)$, 使得

$$R_{m,n}^{(i)}(x_0) = y_k, \quad k = 0, 1, \cdots, m+n. \tag{6.6}$$

若选择 $y_k = f^{(k)}(x_0)$, 称满足上式的有理函数 $R_{m,n}(x)$ 为 $f(x)$ 在 x_0 处的 $[n/m]$ 次的 Pade 逼近.

接下来, 不妨假设 $x_0 = 0$, Pade 逼近也可以按下述方式表述. 设 $f(x)$ 在原点附近用幂级数所定义:

$$f(x) = \sum_{j=0}^{\infty} a_j x^j.$$

有理函数 $R_{m,n}(x) = \dfrac{p(x)}{q(x)}$, 其中 $p(x)$, $q(x)$ 分别为次数不高于 m, n 次的多项式且是不可约的. $[n/m]$ 次的 Pade 逼近是按下述方程来确定的:

$$f(x) - R_{m,n}(x) = O(x^{n+m+1}). \tag{6.7}$$

因此需要满足

$$\sum_{j=0}^{m+n} a_j x^j + O(x^{n+m+1}) = \frac{\sum_{i=0}^{m} p_i x^i}{\sum_{k=0}^{n} q_k x^k}.$$

将上述约束转化成乘积问题, 即

$$\sum_{j=0}^{m+n} a_j x^j \sum_{k=0}^{n} q_k x^k + O(x^{n+m+1}) = \sum_{i=0}^{m} p_i x^i.$$

为了使 $\dfrac{p(0)}{q(0)}$ 有意义, 要求 $q(0) \neq 0$. 且由于有理多项式的分子分母同乘以一个

常数时是等价的看成是同一个有理式, 规定标准化条件 $q_0 = q(0) = 1$. 因此系数 $p_0, \cdots, p_m; q_0 = 1, q_1, \cdots, q+n$ 满足如下线性方程组.

$$
\begin{aligned}
&p_0 = a_0,\\
&p_1 = a_1 + a_0 q_1,\\
&\qquad \cdots\cdots\\
&p_m = a_m + a_{m-1}q_1 + \cdots + a_0 q_m,\\
&0 = a_{m+1} + a_m q_1 + \cdots + a_{m-n+1}q_n,\\
&\qquad \cdots\cdots\\
&0 = a_{m+n} + a_{m+n-1}q_1 + \cdots + a_m q_n.
\end{aligned}
$$

其中规定 $a_n = 0(当n < 0)$, $q_j = 0(当j > n)$.

此时得到矩阵

$$
A = \begin{pmatrix} a_m & a_{m-1} & \cdots & a_{m-n+1} \\ a_{m+1} & a_m & \cdots & a_{m-n+2} \\ \vdots & \vdots & & \vdots \\ a_{m+n-1} & a_{m+n-2} & \cdots & a_m \end{pmatrix}
$$

当 A 非奇异时, 有解. 即 Pade 插值问题的解存在. 而对于唯一性, 是一定成立的.

定理 6.3.1 (唯一性) 当幂级数的 Pade 逼近存在时, 它的 $[n/m]$ 次的 Pade 逼近的解是唯一的.

证明 假设有两个满足标准化条件的 Pade 逼近解存在, 令其分别为

$$
\frac{X(x)}{Y(x)}, \quad \frac{U(x)}{V(x)},
$$

其中 $X(x)$ 和 $U(x)$ 的次数小于等于 n, $Y(x)$ 和 $V(x)$ 的次数小于等于 m. 由于两个逼近求的是同一个问题, 所以有

$$
\frac{X(x)}{Y(x)} - \frac{U(x)}{V(x)} = O(x^{m+n+1}).
$$

用 $Y(x)V(x)$ 乘以等式两边, 得到

$$
X(x)V(x) - U(x)Y(x) = O(x^{m+n+1}).
$$

但此等式的左侧是一个次数最高为 $m+n$ 的多项式, 所以两端都为零. 又因为 $Y(x)$ 和 $V(x)$ 都不恒为零, 所以

$$
\frac{X(x)}{Y(x)} = \frac{U(x)}{V(x)}.
$$

又由于 $Y(0)=V(0)=1$, 得出假设的两个 Pade 逼近实际上是相同的. 唯一性成立. □

并且可以得到 Pade 逼近的误差估计.

定理 6.3.2 如果 $\frac{p(x)}{q(x)}$ 为函数 $f(x)=\sum_{j=0}^{\infty} a_j t^j$ 的 $[m/n]$ 次的 Pade 逼近, 则误差为

$$\frac{\sum_{k=n+1}^{\infty} c_k t^k}{q(t)}, \tag{6.8}$$

其中 $c_k=\sum_{i=0}^{k} a_{k-i} q_i$.

注 通过大量的具体算例发现, 当 $l=m+n$ 为固定常数时, 所有可能的 $[m/n]$ 次 Pade 逼近中, m 和 n 相等或接近相等的情况逼近效果最精确. 因此当 l 为偶数时, 采用 $\left[\frac{l}{2}\Big/\frac{l}{2}\right]$ 次的 Pade 逼近; 当 l 为奇数时, 采用 $\left[\frac{l+1}{2}\Big/\frac{l-1}{2}\right]$ 次或 $\left[\frac{l-1}{2}\Big/\frac{l+1}{2}\right]$ 次的 Pade 逼近.

例 6.3.1 取 $x=0, y_0=y_1=1, y_2=2, y_3=18$, 建立 $[1/2]$ 的 Pade 插值函数.

解 令 $a_k=y_k/k!$, 得到 $a_0=1, a_1=1, a_2=1, a_3=3$. 设 $[1/2]$ 的 Pade 插值函数为 $\frac{p_0+p_1x}{1+q_1x+q_2x^2}$. 得到系数的线性约束为

$$\begin{pmatrix} a_2+a_1q_1+a_2q_2 \\ a_3+a_2q_1+a_1q_2 \end{pmatrix}=0 \text{ 和 } \begin{pmatrix} p_0 \\ p_1 \end{pmatrix}=\begin{pmatrix} a_0 \\ a_1+a_0q_1 \end{pmatrix}.$$

发现左边方程无解, 故此 $[1/2]$ 的 Pade 插值问题无解. □

例 6.3.2 给定函数 $f(x)=\ln(1+x)$, 取

$$x_0=0, \quad y_k=f^{(k)}(0) \quad (k=0,\cdots,5)$$

构造泰勒多项式 $P_5(x)$ 和 $[3/2]$ 的 Pade 逼近, 并分别近似计算 $\ln(2)$.

解 令 $a_k=y_k/k! \Rightarrow a_0=0, a_1=1, a_2=-\frac{1}{2}, a_3=\frac{1}{3}, a_4=-\frac{1}{4}, a_5=\frac{1}{5}$. 构造对应的泰勒多项式为

$$P_5(x)=\sum_{i=0}^{5} a_i x^i = x-\frac{1}{2}x^2+\frac{1}{3}x^3-\frac{1}{4}x^4+\frac{1}{5}x^5.$$

此时 $\ln(2)\approx P_5(1)=0.78333$, 对应误差为 $\ln(2)-P_5(1)\approx -0.09018$.

设满足条件的 Pade 逼近函数为 $\dfrac{p_0+p_1x+p_2x^2+p_3x^3}{1+q_1x+q_2x^2}$, 得到方程组

$$\begin{pmatrix} a_3 & a_2 \\ a_4 & a_3 \end{pmatrix}\begin{pmatrix} q_1 \\ q_2 \end{pmatrix}=\begin{pmatrix} -a_4 \\ -a_5 \end{pmatrix} \text{ 和 } \begin{pmatrix} p_0 \\ p_1 \\ p_2 \\ p_3 \end{pmatrix}=\begin{pmatrix} a_0 \\ a_1+a_0q_1 \\ a_2+a_1q_1+a_0q_2 \\ a_3+a_2q_1+a_1q_2 \end{pmatrix}.$$

得到系数解 $q_1=\dfrac{6}{5}, q_2=\dfrac{3}{10}, p_0=0, p_1=1, p_2=\dfrac{7}{10}, p_3=\dfrac{1}{30}$. 代入化简得到 Pade 逼近函数为

$$R_{3,2}(x)=\frac{x^3+21x^2+30x}{9x^2+36x+30}.$$

此时 $\ln(2)\approx R_{3,2}(1)=0.69333$, 对应误差为 $\ln(2)-R_{3,2}(1)\approx -0.0018$. 此时同样的数据点, 有理插值更精确 □

对于广义 Pade 逼近及 Pade 逼近的推广, 此处不再介绍.

习 题 6

1. 给定点列 $\left(0,\dfrac{1}{5}\right)\left(1,\dfrac{1}{6}\right)\left(2,\dfrac{1}{9}\right)\left(3,\dfrac{1}{14}\right)\left(4,\dfrac{1}{21}\right)\left(5,\dfrac{1}{30}\right)$, 求它的连分式插值函数.

2. 给定点列 $(0,1)\left(1,\dfrac{1}{3}\right)\left(2,\dfrac{1}{9}\right)\left(3,\dfrac{1}{19}\right)\left(4,\dfrac{1}{33}\right)\left(5,\dfrac{1}{51}\right)$, 求它的连分式插值函数.

3. 利用 $f(x)=\mathrm{e}^x$ 的 [1/1],[2/2],[3/3] 的 Pade 逼近, 分别计算出 $f(1)=\mathrm{e}$ 的近似值.

4. 利用 $f(x)=\sqrt{\dfrac{1+2x}{1+x}}$ 的 [1/1],[2/2],[3/3] 的 Pade 逼近, 分别计算出 $f(\infty)=\sqrt{2}$ 的近似值.

5. 求 $\cos(x)$ 的 [6/6] 的 Pade 逼近, 并将其表示成下述形式

$$\frac{p_0+p_2t^2+p_4t^4+p_6t^6}{1+q_2t^2+q_4t^4+q_6t^6}.$$

估计它与 $\cos(x)$ 在区间 $[-1,1]$ 上的误差.

参 考 文 献

冯玉瑜, 2013. 样条函数与逼近论. 合肥: 中国科学技术大学出版社.

戈德曼, 2011. 计算机图形学与几何造型导论. 邓建松译. 北京: 清华大学出版社.

关治，陆金甫, 1998. 数值分析基础. 北京: 高等教育出版社.

蒋尔雄，赵风光，苏仰锋, 2008. 数值逼近. 上海: 复旦大学出版社.

李桂成, 2013. 计算方法. 北京: 电子工业出版社.

雷金贵，蒋勇，陈文兵, 2012. 数值计算方法理论与典型例题选讲. 北京: 科学出版社.

李庆扬，王能超，易大义, 2008. 数值分析. 北京: 清华大学出版社.

王仁宏, 1999. 数值逼近. 北京: 高等教育出版社.

郑建民，王国瑾，汪国昭, 2001. 计算机辅助几何设计. 北京: 高等教育出版社.

朱功勤，王仁宏, 2004.有理函数逼近及其应用.北京: 科学出版社.

周国标，谢建利, 2008. 数值计算. 北京: 高等教育出版社.

ABRAMOWITZ M, STEGUN I A, 1983. Handbook of Mathematical Functions with Formulas, Graphs, and Mathematical Tables. Washington D.C.; New York: United States Department of Commerce, National Bureau of Standards; Dover Publications.

BURDEN R L, FAIRES J D, 2001. Numerical Analysis. Thomson Learning.

CHENEY E W, 1982. Introduction to Approximation Theory. AMS Chelsea Publishing.

DAVIS P J, RABINOWITZ P, 1984. Methods of Numerical Integration. New York: Academic Press, Inc.

FARIN G, 1993.Curves and surfaces for computer aided geometric design. 3rd ed. Mathematics of Computation, 55(192): 96.

HANDSCOMB D C, 1965. Methods of Numerical Approximation. Oxford: Pergamon Press.

HILDEBRAND F B, 1956. Introduction to Numerical Analysis. New York: Dover Publication, Inc.

HOSCHEK J, LASSER D, 1993. Fundamentals of Computer Aided Geometric Design. A. K. Peters, Ltd., Natick, MA, USA.

KRESS R, 1998. Numerical Analysis. New York: Springer.

KYTHE P K, sCHÄFERKOTTER M R, 2005. Handbook of Computational Methods for Integration. Chapman & Hall/CRC.

LORENTZ G G, 1997. Approximation of Functions. New York: Chelsea Pub Co.

NEVILLE E H, 1933. Iterative interpolation. Indian Math. Soc., 20:87–120.

QUARTERONI A, SACCO R, SALERI F, 2000. Numerical Mathematics. New York: Springer.

REMEZ E Y, 1934. Sur la détermination des polynômes d'approximation de degré donnée. Comm. Soc. Math. Kharkov, 41.

RIVLIN T J, 1969. An Introduction To The Approximation of Functions. Blaisdell Publishing Company.

RUNGE C, 1901. Über empirische funktionen und die interpolation zwischen äquidistanten ordinaten. Zeitschrift für Mathematik und Physik, 46:224–243.

SAUER T, 2012. Numerical Analysis. New York: Pearson.

SCHULTZ M H, 1973. Spline Analysis. Englewood Cliffs, NJ: Prentice-Hall.

SONNEVELD P, 1969. Errors in cubic spline interpolation. Journal of Engineering Mathematics, 3(2): 107–117.

SÜLI E, MAYERS D F, 2003. An Introduction to Numerical Analysis. Cambridge: Cambridge University Press.

TIMAN A F, 1963. Theory of Approximation of Functions of a Real Variable. New York: Pergamon Press.